50 Jahre Universitäts-Informatik in München

Arndt Bode · Manfred Broy ·
Hans-Joachim Bungartz · Florian Matthes
(Hrsg.)

50 Jahre
Universitäts-Informatik in
München

Springer Vieweg

Herausgeber

Arndt Bode
Inst. f. Informatik, LS Rechnertechnik
Technische Universität München
Garching, Deutschland

Hans-Joachim Bungartz
Inst. f. Informatik
Technische Universität München
Garching, Deutschland

Manfred Broy
Zentrum Digitalisierung Bayern
Garching, Deutschland

Florian Matthes
Inst. f. Informatik
Technische Universität München
Garching, Deutschland

ISBN 978-3-662-54711-3
DOI 10.1007/978-3-662-54712-0

ISBN 978-3-662-54712-0 (eBook)

Die Deutsche Nationalbibliothek verzeichnet diese Publikation in der Deutschen Nationalbibliografie; detaillierte bibliografische Daten sind im Internet über http://dnb.d-nb.de abrufbar.

Springer Vieweg
© Springer-Verlag GmbH Deutschland 2017

Gedruckt auf säurefreiem und chlorfrei gebleichtem Papier

Springer Vieweg ist Teil von Springer Nature
Die eingetragene Gesellschaft ist Springer-Verlag GmbH Deutschland
Die Anschrift der Gesellschaft ist: Heidelberger Platz 3, 14197 Berlin, Germany

50 Jahre Informatik an den Universitäten in München

Mit der Feier zu „50 Jahre Universitäts-Informatik in München" wird des Ereignisses gedacht, dass im Jahre 1967 F.L. Bauer an der Technischen Universität München erstmalig eine Lehrveranstaltung durchführte, die den Begriff „Informatik" verwendete.

Das Entstehen der Informatik in München war stark geprägt durch die Rechenanlage PERM. Neben den riesigen Herausforderungen bei ihrer Konstruktion wurde den Beteiligten schnell deutlich, dass die Programmierung ganz besondere Fragestellungen mit sich brachte. F.L. Bauer und K. Samuelson waren dadurch frühzeitig auf dieses Thema aufmerksam geworden. Im Zentrum stand zunächst die Suche nach einer algorithmischen Sprache, insbesondere für numerische Anwendungen. ALGOL war die Antwort aus München und wurde 1960 die erste durch ein internationales Komitee festgelegte Programmiersprache. Schnell zeigte sich, dass nicht nur die Sprache von Bedeutung ist, sondern dass auch die methodische Beherrschung der Programmierung eine große Herausforderung darstellt. Mit der „NATO Software Engineering Conference" 1968 in Garmisch, organisiert von F.L. Bauer, wurde der Begriff des Software Engineerings eingeführt und nachhaltig geprägt. Zur gleichen Zeit waren erste Vorlesungen zum Thema Informatik entstanden.

Schnell wuchs das Fach heran. Die hohe Bedeutung des Themas „Informatik" für die Wirtschaft ging Hand in Hand mit dem Auf- und Ausbau des Faches. So entstand ein Institut für Informatik an der Technischen Universität München. Schritt für Schritt wurden weitere Lehrstühle eingerichtet. Die Fakultät für Mathematik wurde umbenannt in eine Fakultät für Mathematik und Informatik. Anfang der 90er-Jahre zeigte sich, dass das Fach Informatik so viel Eigenständigkeit entwickelt hatte, dass es eine eigene Fakultät rechtfertigte.

Schon in den 80er-Jahren hatte die Universität der Bundeswehr das Fach Informatik mit starker Unterstützung der Technischen Universität München eingerichtet. An der Ludwig-Maximilians-Universität entstand das Fach der Informatik Anfang der 90er-Jahre, nachdem bereits 1974 das Institut für Informatik gegründet worden war. An der Technischen Universität München zeigte sich Ende der 90er-Jahre, dass eine Erweiterung des Faches von der Kerninformatik auf relevante, aufstrebende Anwendungsfächer notwendig war. So entstanden die Wirtschaftsinformatik und zusätzliche Lehrstühle in einzelnen Anwendungsgebieten. Die ersten zwei Jahrzehnte des 21sten Jahrhunderts waren dann geprägt durch die schnelle Ausweitung des Faches auf die unterschiedlichsten Anwendungsgebiete in praktisch allen Wissensbereichen und insbesondere durch die Nutzung von Informatik, nicht zuletzt durch eingebettete Systeme, Smartphones, World Wide Web, im täglichen Leben nahezu aller Menschen.

Parallel zum schnellen Ausbau des Faches an den Universitäten entstanden in München eine Fülle von Instituten zu Fragen der Informatik in der Fraunhofer Gesellschaft, aber auch unabhängigen Forschungsinstituten wie fortiss. Bereits 1962 entstand mit dem Leibniz-Rechenzentrum der Bayerischen Akademie der Wissenschaften ein hoch effizienter IT-Dienstleister für die Münchner Universitäten, der heute auch Querschnittsaufgaben, wie den Betrieb eines Supercomputers der weltweit höchsten Leistungsklasse, sicherstellt. Heute ist die Münchner Informatik die wohl stärkste Informatik in Deutschland, nicht zuletzt auch geprägt durch den Umstand, dass München einer der führenden Digital Hubs in Europa ist.

Der Sammelband „50 Jahre Informatik", kann nicht die Entwicklung der Informatik in München umfassend nachzeichnen, sondern soll durch exemplarisch ausgewählte Beiträge aus den drei universitären Münchner Informatiken die Vielfalt der Arbeitsgebiete der modernen Informatik darstellen. Damit sind bei weitem nicht alle Teilgebiete abgedeckt, auf denen in den Informatiken der Münchner Universitäten geforscht und gelehrt wird. Auch wurde bewusst darauf verzichtet, Beiträge von Informatikerinnen und Informatikern aufzunehmen, deren Arbeitsgebiete zur Angewandten Informatik in anderen Fächern zählen. Bewusst wurde auf Beiträge aus den Hochschulen für Angewandte Wissenschaften sowie auf die gesamte außeruniversitäre Forschung und Lehre in der Wirtschaft, den Kommunen und der Verwaltung verzichtet. Einschlägige Übersichten nennen eine drei- bis vierstellige Zahl von informatiknahen Unternehmen allein im Großraum München. Allein daran ist zu sehen, welche Bedeutung für Wertschöpfung und Arbeitsplätze aus den ersten Anfängen der Informatik vor 50 Jahren entstanden ist, ganz zu schweigen von der Wucht, mit der die Informatik heute unser Leben prägt.

Die Herausgeber danken an dieser Stelle den Autorinnen und Autoren, den Gutachterinnen und Gutachtern und insbesondere dem Redaktionsteam, allen voran Frau Ursula Eschbach, die die Zusammenstellung massiv unterstützt haben.

Allen Lesern wünschen wir informative Lektüre und der Informatik – nicht nur in München – die Fortsetzung ihrer Erfolgsgeschichte entlang der Entwicklungslinien, die die Beiträge dieses Bandes aufzeichnen.

Arndt Bode, Manfred Broy, Hans-Joachim Bungartz, Forian Matthes

Inhaltsverzeichnis

Über die Herausgeber

Professor Dr. Dr. h.c. Arndt Bode war von 1987 bis 2017 Inhaber des Lehrstuhls für Rechnertechnik und Rechnerarchitektur der Fakultät für Informatik an der Technischen Universität München. Von 1999 bis 2008 war er Vizepräsident und CIO der TU München, von 2008 bis 2017 war er Vorsitzender des Direktoriums des Leibniz-Rechenzentrums der Bayerischen Akademie der Wissenschaften. Nach Studium und Promotion in Karlsruhe war er wissenschaftlicher Mitarbeiter an den Universitäten Gießen und Erlangen-Nürnberg. Sein wissenschaftlicher Schwerpunkt liegt im Bereich der Rechnerarchitektur, speziell von Höchstleistungsrechnern und zugehörigen Programmiermodellen und -werkzeugen sowie im Bereich des energieeffizienten Betriebs großer Rechenzentren.

Professor Dr. Dr. h.c. Manfred Broy leitete von 1989 bis 2015 als ordentlicher Professor für Informatik am Institut für Informatik der Technischen Universität München den Lehrstuhl Software & Systems Engineering. Seine Forschung zielt auf die Beherrschung der Evolution leistungsstarker Software-Systeme durch den Einsatz wohldurchdachter Prozesse, langlebiger flexibler Softwarearchitekturen und moderner Werkzeuge auf Basis mathematisch und logisch fundierter Methoden. Er gründete das Forschungsinstitut für angewandte Forschungstechnik fortiss. Seit Januar 2016 ist der Gründungspräsident des Zentrums Digitalisierung.Bayern. Durch die unter der Leitung von Professor Broy erarbeitete acatech-Studie agenda cyber-physical systems wurden maßgebliche Initiativen auf nationaler Ebene wie Industrie 4.0 angestoßen.

Professor Dr. Hans-Joachim Bungartz ist seit 2005 Ordinarius für Informatik (Wissenschaftliches Rechnen) und seit 2013 Dekan der Fakultät für Informatik sowie Graduate Dean an der TU München. Er ist Mitglied des Direktoriums des Leibniz-Rechenzentrums und seit 2011 Vorsitzender des Vorstands des Deutschen Forschungsnetzes (DFN-Verein). Frühere Stationen – nach Studium (Mathematik und Informatik), Promotion und Habilitation an der TUM – waren die Universitäten Augsburg und Stuttgart. Seine Arbeitsgebiete liegen im Scientific Computing, High-Performance Computing sowie Computational Science and Engineering.

Professor Dr. Florian Matthes leitet den Lehrstuhl für Software Engineering betrieblicher Informationssysteme am Institut für Informatik der Technischen Universität München. Seine aktuellen Forschungsschwerpunkte sind das Enterprise Architecture Management, Software-Plattformen und -Ökosysteme sowie Soziale Software. Als Leiter der Fachgruppe für Softwarearchitektur der Gesellschaft für Informatik, Beiratsmitglied der Ernst Denert-Stiftung für Software Engineering und Organisator zahlreicher Fachveranstaltungen im Bereich Unternehmensarchitektur legt er besonderen Wert auf die interdisziplinäre Zusammenarbeit zwischen Praktikern und Wissenschaftlern (Informatik, Wirtschaft, Design, Rechtswissenschaften). Er ist Mitgründer und Aufsichtsratsvorsitzender der CoreMedia AG und infoAsset AG und Gründungsbotschafter der TU München.

Claudia Eckert

Zusammenfassung

Mit der Zusammenführung von physischen Systemen mit virtuellen Objekten zu Cyber-Physischen Systemen (CPS) schwinden die Grenzen zwischen digitaler und physikalischer Welt und damit auch ein bisher verlässlicher Schutzwall. Dies erhöht die potentiellen Auswirkungen von erfolgreichen Angriffen und macht ein prinzipielles Umdenken beim Umgang mit diesen Gefahren notwendig. Die Gewährleistung der Integrität, Vertraulichkeit und Verfügbarkeit sind die bekannten Schutzziele, die bereits bei der klassischen IT-Sicherheit verfolgt werden. Durch die Verbindung zwischen digitaler und physischer Welt wird jedoch die Erfüllung der Ziele zunehmend schwieriger und komplexer; die IT-Sicherheitsforschung steht vor neuen Herausforderungen. Der Beitrag diskutiert wichtige derartige Herausforderungen, wie die Erforschung proaktiver Schutzverfahren, die Entwicklung resilienter System-Architekturen oder aber auch die Erforschung neuer Ansätze für eine kontrollierbare Weitergabe und Nutzung von Informationen in vernetzten Umgebungen.

1.1 Einführung

Informations- und Kommunikationstechnologie (IKT) durchdringt alle unsere Lebens- und Arbeitsbereiche. Dies manifestiert sich in der so genannten digitalen Transformation dieser Bereiche. In der digitalen Produktion ist dieser digitale Wandel durch das Schlagwort Industrie 4.0 charakterisiert. Er betrifft sowohl die Produktionsabläufe als auch die entstehenden smarten Produkte, wie Maschinen, Werkstücke oder die Endpro-

C. Eckert (✉)
Fakultät für Informatik, Lehrstuhl für Sicherheit in der Informatik, I20, TU München,
Fraunhofer-Institut AISEC München
München, Deutschland

© Springer-Verlag GmbH Deutschland 2017
A. Bode et al. (Hrsg.), *50 Jahre Universitäts-Informatik in München*,
DOI 10.1007/978-3-662-54712-0_1

dukte, die durch die integrierten IKT Technologien neue Fähigkeiten erlangen. Durch die digitale Transformation und die zunehmende Vernetzung verschwinden die Grenzen zwischen den vormals getrennten Informations- und Kommunikationstechnik-Bereichen. IT-Systeme mit ganz unterschiedlichen Sicherheitsanforderungen werden miteinander verbunden. Dadurch eröffnen sich neue Verwundbarkeiten und Möglichkeiten für gezielte Angriffe, um Daten zu manipulieren, Know-how abfließen zu lassen oder aber auch die Verfügbarkeit von Anlagen und Systemen zu stören. Über smarte Sensorik und Aktorik werden kontinuierlich Daten erhoben, vorverarbeitet und für die Bereitstellung von Mehrwertdiensten, wie vorausschauende Wartung, auf Cloud-basierten Plattformen verfügbar gemacht. Die entsprechenden Daten beinhalten häufig unternehmensrelevantes Know-how, wie beispielsweise Details aus Produktionsabläufen, die nur kontrolliert weitergegeben und auch nur kontrollierbar genutzt werden dürfen.

Konsequenzen für die IT-Sicherheit

Das Beispiel der digitalen Transformation in der Industrie 4.0 verdeutlicht charakteristische Phänomene, die sich aus der Zusammenführung von physischen Systemen mit virtuellen Objekten zu Cyber-Physischen Systemen (CPS) ergeben. Analoge Herausforderungen ergeben sich beispielsweise auch bei der vernetzten Mobilität, Stichwort automatisiertes Fahren, der vernetzten Gesundheitsversorgung oder aber auch der Vernetzung von Heimumgebungen und ganz allgemein im Internet of Things (IoT). In allen diesen Zukunftsszenarien schwinden die Grenzen zwischen digitaler und physikalischer Welt und damit auch ein bisher verlässlicher Schutzwall. Dies erhöht nicht nur die potentiellen Auswirkungen von erfolgreichen Angriffen, sondern macht auch ein prinzipielles Umdenken beim Umgang mit diesen Gefahren notwendig, da sich auch die Angriffslandschaft in den letzten Jahren dramatisch verändert hat. Cyberkriminalität und Cyber-Spionage haben sich professionalisiert. Angriffe richten sich zunehmend gezielt auf bestimmte Organisationen oder einzelne Personen und entziehen sich den üblichen Schutzmechanismen wie Firewalls, Anti-Viren-Programmen und Intrusion Detection Systemen. Die finanziellen Möglichkeiten der Angreifer wachsen mit dem Anstieg des Schadenspotenzials. Die Frühwarn- und Verteidigungsstrategien von Unternehmen, Verwaltung und privaten Nutzern sind dieser Situation nicht gewachsen. Die IT-Sicherheitsforschung steht vor erheblichen Herausforderungen, die nicht nur technologische Innovationen erfordern, sondern auch ein Umdenken bei der sicheren Entwicklung und dem Betrieb von sicheren Cyber-Physischen-Systemen. Eine ausführliche Darstellung der Sicherheitsherausforderungen im Bereich Industrie 4.0 sowie konkrete Lösungsansätze hierzu findet man u. a. in [1, 2].

Mit dem Begriff der Cyber-Sicherheit wird der Konvergenz von realer mit virtueller, IT-getriebener Welt und der damit einhergehenden Herausforderungen an die IT-Sicherheit, Rechnung getragen. Cyber-Sicherheit kann damit als konsequente Weiterentwicklung der IT-Sicherheit (vgl. [3]) verstanden werden. Der Forschungs- und Entwicklungsbedarf im Bereich der Cybersicherheit wurde bereits in verschiedenen Positionspapieren aus unterschiedlichen Blickwinkeln sowohl für die nationale Forschung (vgl. [4]), als auch die europäische Forschung (vgl. [5]) sowie auch die internationale Forschung und Standardisierung (vgl. [6]) erarbeitet. Nachfolgend werden ausgewählte Herausforderungen diskutiert und es wird auf ausgewählte aktuelle Forschungsarbeiten in diesen Bereichen, die am Lehrstuhl I20 der TU München sowie am assoziierten Fraunhofer-Institut AISEC durchgeführt werden, verwiesen.

1.2 Cybersicherheit Beyond 2020

Cybersicherheit umfasst Maßnahmen, um Systeme und einzelne Komponenten vor Manipulationen zu schützen, man spricht hier vom Schutzziel der Integrität, um die Vertraulichkeit sensibler Informationen zu gewährleisten, aber auch um die Verfügbarkeit von Funktionen und Diensten zu gewährleisten. Die Gewährleistung der Integrität, Vertraulichkeit und Verfügbarkeit sind die bekannten Schutzziele, die bereits bei der klassischen IT-Sicherheit verfolgt werden. Durch die Verbindung zwischen digitaler und physischer Welt wird jedoch die Erfüllung der Ziele zunehmend schwieriger und komplexer.

Kognitive Sicherheit

Um die Schutzziele zu erfüllen, werden neue Analyse- und Erkennungsverfahren benötigt, um Schwachstellen und konkrete Angriffe oder Angriffsversuche auf vernetzte Systeme frühzeitig und mit möglichst hoher Präzision zu erkennen, damit ein möglicher Schaden begrenzt werden kann. Gefordert ist der nächste große Schritt im Bereich der IT-Sicherheitsforschung, der sich gerade unter dem Begriff **kognitive Sicherheit** etabliert. Während herkömmliche Sicherheitsdienste im Wesentlichen reaktiv entsprechend vordefinierter Parameter und Konfigurationen Analysen durchführen und Entscheidungen treffen (z. B. Zugriff ist berechtigt, Benutzer ist authentisch), agieren kognitive Sicherheitsdienste proaktiv. Basierend auf maschinellen Lernverfahren und Methoden der künstlichen Intelligenz sind sie in der Lage, Daten zu interpretieren, proaktiv Abweichungen von Normalverhalten zu detektieren, autonom nach Sicherheitslücken zu suchen und automatisiert und effizient riesige, strukturierte und unstrukturierte Datensätze aus verschiedensten Quellen zu analysieren und daraus automatisiert evidenzbasierte Rückschlüsse und Handlungsempfehlungen zu generieren. Kognitive Sicherheitstechnologie orientiert sich an bewährten menschlichen Denkstrukturen: (1) verstehen (u. a. Analyse großer Datenvolumina von Schadcode, um Gemeinsamkeiten zu identifizieren und Verhaltensweisen von bösartigen Software-Artefakten zu verstehen), (2) Schlüsse ziehen (u. a. Interpretation von Informationen) und (3) kontinuierliches Lernen (u. a. Sammeln von Daten über Sicherheitsbedrohungen und -Vorfälle und Ableiten von Erkenntnissen). Mittels solcher proaktiver Maßnahmen zur Überwachung und Kontrolle sind Manipulationsversuche und unerwünschte Informationsabflüsse wirksam zu verhindern oder zumindest so substantiell zu erschweren, dass für Angreifer das Kosten-Nutzenverhältnis unattraktiv wird. Am Lehrstuhl I20 der TUM und am Fraunhofer AISEC werden in Forschungsprojekten erste entsprechende Lösungen für kognitive Sicherheitssysteme erarbeitet (u. a. [7, 8]).

Digitale Identitäten für Objekte und Transaktionen

In vernetzten Cyber-Physischen Systemen werden Daten unternehmensübergreifend von Maschine zu Maschine ausgetauscht, wobei zukünftig Maschinen oder Objekte direkt mit z. B. einem Lieferanten kommunizieren werden. Ein sicherer Informationsaustausch entlang des gesamten Wertschöpfungsprozesses erfordert Konzepte um Menschen, Maschinen und Prozesse eindeutig auch über Unternehmensgrenzen hinweg zu identifizieren. Kommunikationsbeziehungen müssen agil etabliert werden können, d. h. Kommunikationspartner müssen in der Lage sein, auch ad-hoc einen vertrauenswürdigen Kommunikationskanal aufzubauen. Benötigt werden neue Ansätze zur skalierenden, **fälschungssicheren Identifizierung** von Systemkomponenten, wie dies beispielsweise mit Smarten Materialien, wie Physical Unclonable Functions (PUF), in Ansätzen bereits heute möglich ist (vgl. u. a. [9]). Neue Protokolle sind zu erforschen und in die System-Architekturen zu integrieren, um die Potentiale Smarter Materialien für zukünftige vernetzte IoT-Systeme nutzbar zu machen. Mit der PEP-Schutzfolie (vgl. u. a [10]). wird eine smarte, PUF-basierte Schutzfolie entwickelt, die es ermöglicht, Objekte mit einer eindeutigen Identität zu versorgen und zudem einen Manipulationsschutz für die Objekte realisiert.

Ein zunehmend wichtiges Thema bei der Vernetzung und Kooperation von Cyber-Physischen Systemen wird die Abbildung von rechtlich relevanten Transaktionen durch direkte Maschine-zu-Maschine Interaktionen sein, wie sich dies beispielswiese in Bestellprozessen oder auch in der Logistik bereits anbahnt. Hierbei sind Fragen der Nicht-abstreitbarkeit, also Zuordenbarkeit von Aktionen ebenso zu klären, wie die Frage der Rechtzeitigkeit, Vollständigkeit und Korrektheit von Aktionen oder aber auch Haftungsfragen. Das automatisierte Aushandeln von so genannten smarten, rechtssicheren Verträgen (**smart contracts**) zwischen Maschinen wird derzeit sehr intensiv erforscht. Mit der Blockchain-Technologie stehen interessante Konzepte zur Verfügung, um Transaktionen zu identifizieren und ohne zentrale Vertrauensstrukturen zu verwalten, jedoch ist es derzeit noch nicht umfassend geklärt, welche verlässlichen und nachvollziehbaren Sicherheitsgarantien eine Blockchain-basierte Anwendung tatsächlich geben kann und wie das Risiko ihres Einsatzes zu beurteilen ist. In dem Blockchain-Labor am Fraunhofer AISEC wird deshalb eine Experimentier- und Evaluationsumgebung aufgebaut, in der verschiedene Blockchain-Technologien in unterschiedlichen Szenarien aufgesetzt und hinsichtlich ihrer Sicherheit und Robustheit untersucht werden können.

Angriffs-Resilienz-by-Design

Da aufgrund der Komplexität der vernetzten Systeme, der Vielfalt der vernetzten Hard- und Software-Komponenten, aber auch der hohen Dynamik der Prozesse erfolgreiche Angriffe nicht ausgeschlossen werden können, ist es erforderlich, die Systeme durch technische Maßnahmen und organisatorische Prozesse proaktiv auf die Behandlung von Schadenssituationen vorzubereiten. Es sind neue System-Architekturen, sowie Methoden und Werkzeuge erforderlich, um vernetzte Systeme so zu entwickeln, dass sie qua Design ein hohes Maß an Sicherheit bieten. Man spricht in diesem Zusammenhang auch oft von Security by Design, wobei hierbei vordringlich Maßnahmen zum Manipulations- und Vertraulichkeitsschutz betrachtet werden. Zukünftige vernetzte Systeme erfordern darüber hinausgehende Ansätze, die das neue Paradigma der **Angriffs-Resilienz-by-Design** unterstützen. Erforderlich sind Angriffs-resiliente Techniken zur kontinuierlichen, lernenden Selbstüberwachung und auch zur Threat Analytics, um mit neuen Techniken der Datenfusion, Angriffsmuster frühzeitig zu erkennen. Die Absicherung physikalischer Kommunikations-Verbindungen (physical layer) mit möglichst geringer Latenz erfordert neue Sicherheitskonzepte, durch die beispielsweise kryptographische Schlüssel aus den individuellen, charakteristischen Eigenschaften des physikalischen Kanals abgeleitet werden. Mit solchen Ansätzen könnten, vergleichbar mit Quanten-Kryptographie-Lösungen, Angriffs-resiliente Übertragungssysteme entwickelt werden. Es werden vertrauenswürdige Hard- und Software-Architekturen benötigt, um geschützte Ausführungsumgebungen für die Verarbeitung sensitiver Daten zu ermöglichen. Durch fortgeschrittene Isolations- und Virtualisierungstechniken sowie Maßnahmen zur kontinuierlichen Integritätsmessung kombiniert mit fortgeschrittenen Techniken der Virtual Machine Introspection (VMI) (vgl. u. a [11, 12]), kann ein vernetztes Cyber-Physisches System resilient betrieben werden. Das System kann damit kontinuierlich und autonom seinen Systemzustand gegen einzuhaltende Regelwerke und Anforderungen abgleichen. Es ist zudem sicherzustellen, dass keine manipulierten Code-Teile geladen und zur Ausführung gebracht werden. Kritische Systembereiche sollten von unkritischen Teilen isoliert werden, um mögliche Schadensrisiken zu begrenzen. Neue Software-Architekturen und Konzepte hierzu werden derzeit erforscht und erprobt (vgl. u. a. [13, 14]).

Software-Sicherheit

Vernetzte Cyber-Physische Systeme sind Software-intensive Systeme, in denen Altsysteme mit Neuentwicklungen integriert betrieben werden müssen. Es werden Methoden und Werkzeuge benötigt, um Software möglichst automatisiert vor deren Inbetriebnahme hinsichtlich möglicher Schwachstellen zu analysieren und diese soweit möglich, automatisiert und semantikerhaltend zu beheben. Es müssen Kapselungstechniken, wie isolierte Container und Sandboxes, weiterentwickelt werden, so dass auch unsichere Komponenten von Dritten bzw. Legacy-Systeme, die nicht gehärtet werden können, sicher integriert werden können, so dass ein Zusammenspiel zwischen sicheren und unsicheren Komponenten unter nachweislicher Einhaltung von geforderten Sicherheitsniveaus möglich ist. Erforderlich sind fortgeschrittene Test-Umgebungen, um mit Werkzeugen die Sicherheit von Software automatisiert prüfen zu können. In aktuellen Projekten werden bereits Methoden und Werkzeugumgebungen entwickelt (vgl. [15, 16]), die eine automatische Analyse von C-Code hinsichtlich Sicherheitsschwachstellen ermöglichen, oder auch die automatisierte Analyse von Apps (u. a. [17]). Darüber hinaus sind Methoden und Werkzeuge zu etablieren, um Software in einem durchgehenden Software-Lebenszyklus-Prozess sicher zu entwickeln, sicher auszurollen, sicher zu warten und aktuell zu halten. Fragen des sicheren Software-Updates nehmen hierbei eine besondere Rolle ein. Am Fraunhofer AISEC werden Methoden, Werkzeuge und Vorgehensweisen zur Entwicklung und Analyse von sicheren Softwarekomponenten erforscht, die den gesamten Lebenszyklus von Softwarelösungen abdecken. Ein Fokus der aktuellen Arbeiten liegt auf der Entwicklung konstruktiver Maßnahmen, um Sicherheit bereits im Entwurf zu planen und angemessen bei Integration und Konfiguration zu berücksichtigen (vgl. u. a. [18, 19]).

Information Rights Management

Mit der zunehmenden Vernetzung und Digitalisierung entstehen große Datenmengen. Diese Daten werden zu einem wichtigen Bestandteil sowohl der Wertschöpfung durch die Entwicklung datenbasierter Mehrwertdienste, als auch zur Qualitätsverbesserung durch datenbasierte Steuerungen und Planungen. Daten und die datenzentrischen Anwendungen werden damit zu einem werthaltigen und schützenswerten Gut. Dies erfordert Konzepte für ein **Information-Rights-Management**, das sicherstellt, dass der Daten-Eigentümer nachvollziehbar bestimmen kann, wer seine Daten besitzen und weiterverarbeiten darf. Abschließend gehen wir etwas ausführlicher auf das aktuelle Forschungsprojekt des Industrial Data Space (IDS) der Fraunhofer-Gesellschaft ein, dessen Ziel es ist, hierfür Referenzarchitekturen und -Implementierungen zu erforschen und zusammen mit industriellen Partnern zu erproben (vgl. [13, 20]). Der IDS hat das Ziel, eine Referenzarchitektur für einen sicheren Datenraum zu schaffen, der Unternehmen verschiedener Branchen die souveräne Bewirtschaftung ihrer Datengüter ermöglicht. Der Datenraum basiert auf einem dezentralen Architektur-Ansatz (vgl. Abb. 1.1), bei dem die Dateneigner ihre Datenhoheit und Datensouveränität nicht aufgeben müssen. Der Industrial Data Space ist im Kern eine serviceorientierte Architektur. Eine zentrale Komponente der Architektur ist der Industrial Data Space Konnektor (siehe Abb. 1.1), der den kontrollierten Austausch von Daten zwischen den Teilnehmern am Industrial Data Space ermöglicht.

Die Architektur aus Abb. 1.1 enthält zudem einen Broker, der die Veröffentlichung von Diensten ermöglicht. Im ebenfalls aufgeführten AppStore werden Vokabulare, Systemadapter und Daten- und Service-Apps vorgehalten. Diese Komponenten können auf einen IDS-Konnektor geladen und dort ausgeführt werden. Systemadapter dienen dabei der Anbindung von Systemen, die nicht Bestandteil des Data Space sind. Daten- und

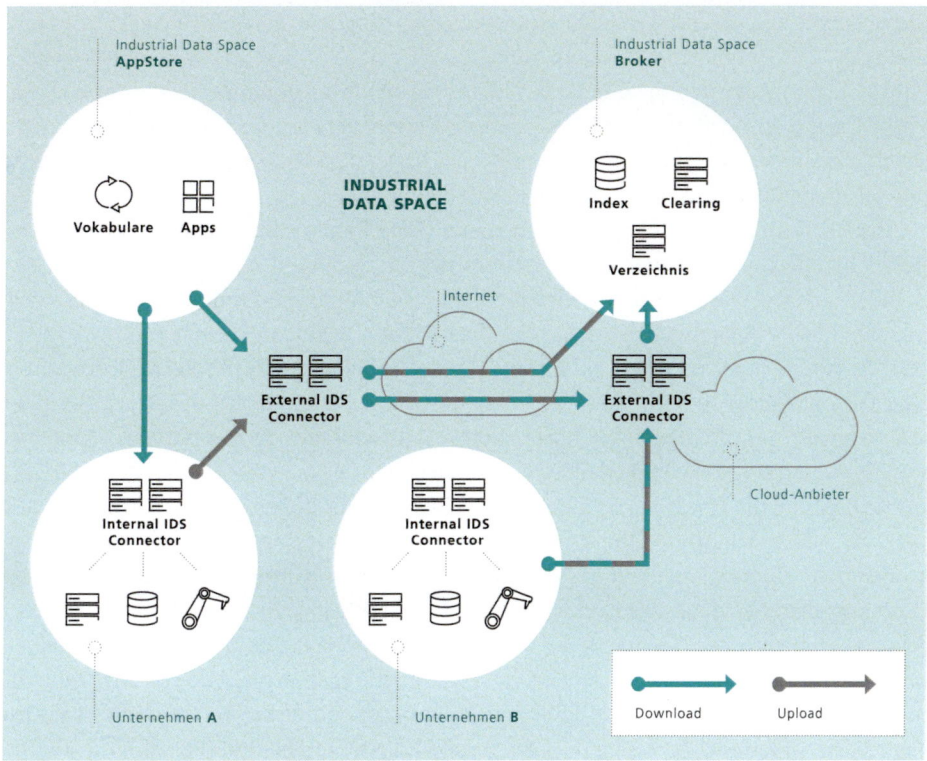

Abb. 1.1 Software-Architektur des Industrial Data Space

Service-Apps können einfach sein und lediglich der Filterung oder Anonymisierung von Daten dienen. Sie können aber auch Daten aus mehreren Quellen verdichten und komplexe Operationen ausführen. Einzelne Datendienste können miteinander verknüpft werden und ermöglichen so die Kombination zu komplexen Diensten mit hohem Mehrwert.

Die Sicherheits-Architektur des Industrial Data Space gewährleistet eine sichere Kommunikation zwischen seinen Teilnehmern. Auch der Nutzung von Daten können Beschränkungen auferlegt werden. So ist es z. B. möglich, die Nutzungsdauer festzulegen, die Weitergabe von Daten per Richtlinie zu unterbinden oder nur bestimmte Abfragen und Aggregationslevel zuzulassen, während die Roh- und die nicht benötigten Daten unzugänglich bleiben. Der Industrial Data Space wird verschiedene Sicherheitsstufen unterstützen. Die niedrigste Stufe erlaubt es, Industrial Data Space Konnektoren auf unsicheren Plattformen auszuführen. Ein höheres Sicherheitsniveau wird durch die Bereitstellung einer sicheren Ausführungsumgebung basierend auf einem Container-Konzept gewährleistet. Dadurch können Dienste in einzelnen Containern abgeschottet werden, die über einen privilegierten, eigens gehärteten Core-Container gesteuert werden. Dieser hat auch die Möglichkeit, Kommunikationsvorgänge freizugeben oder zu unterbinden.

So haben Dienste unterschiedlicher Anbieter keine Möglichkeit, sich gegenseitig zu beeinflussen. Die Container sind standardmäßig vollständig isoliert und werden bei Bedarf explizit miteinander verkoppelt. Eine Umsetzung der Konnektor-Sicherheitsarchitektur wird derzeit am Fraunhofer AISEC schrittweise erarbeitet. Zur Umsetzung der höchsten Sicherheitsstufe wird eine auf Linux-Containern basierende hoch-sichere Lösung Trust-X entwickelt, die den TPM2.0 als Sicherheitsmodul einbindet.

Abschließend wird der Nutzen der Industrial Data Space Konzepte anhand eines Predictive Maintenance Anwendungsszenarios erläutert. Damit ein Zulieferer einer Maschine einen solchen Wartungsdienst anbieten kann, benötigt er die Produktionsdaten seines Kunden. Eine vollständige Preisgabe aller dieser Daten liegt jedoch nicht in dessen Interesse, da diese Daten Aufschluss über Produktionsdetails wie Arbeitsabläufe, Rezepturen oder Personaleinsatz liefern könnten. Weiterhin würden erhebliche Datenmengen anfallen, wenn alle Sensordaten direkt übermittelt werden müssten. In dem Szenario kann die Vorverarbeitung der Daten im Quellkonnektor erfolgen. Dabei werden sensitive Daten herausgefiltert und die Daten vorverdichtet. Die Analysealgorithmen des Zulieferers können dann im Zielkonnektor ausgeführt werden. Erfordert die Erbringung des Mehrwertdienstes die Bereitstellung unternehmenskritischer Daten aus der Produktion und verfügt der Datenanbieter über einen Konnektor auf höchstem Sicherheitsniveau, so können Garantien über den Schutz der Daten und des Codes gegeben werden, der in einem der Container auf diesem Konnektor ausgeführt wird. Der Zulieferer kann seine Analyse-Algorithmen in einen solchen Container des Quellkonnektors laden und direkt Vorort ausführen. Der Konnektor garantiert zum einen, dass die Analyse-Verfahren nur auf die dafür erforderlichen Daten zugreifen können und garantiert zudem dem Zulieferer, dass der Code seines Analyse-Verfahrens geschützt ist. Dadurch erfolgen alle aufwendigen uns sensitiven Berechnungen nahe an den Quelldaten. Alternativ können sensitive Daten aus der Quelle zum Zulieferer übermittelt werden, wenn der Zielkonnektor auf höchster Sicherheitsstufe umgesetzt ist. Die Daten können zusätzlich mit Nutzungsbedingungen und einer definierten Löschfrist ausgeliefert werden. Diese Anforderungen an die vertrauenswürdige Datenverarbeitung werden durch den Zielkonnektor nachprüfbar erfüllt.

1.3 Fazit

Neue Ansätze und Methoden sind erforderlich, um vernetzte komplexe Cyber-Physische Systeme abzusichern und über deren Lebenszeit sicher in unterschiedlichen Umgebungen zu betreiben. Ergänzend zu den herkömmlichen Ansätzen der reaktiven IT-Sicherheitsforschung sind proaktive Maßnahmen erforderlich, wie sie im neuen Forschungsfeld der kognitiven Sicherheit zu erarbeiten sind. Maschinellen Lernverfahren und Methoden der künstlichen Intelligenz zur Erhöhung der Sicherheit und auch smarte Materialien eröffnen neue Wege und Möglichkeiten im Bereich Cybersicherheit.

Literatur

1. C. Eckert: Cyber-Sicherheit in der Industrie 4.0: in Handbuch Industrie 4.0: Geschäftsmodelle, Prozesse, Technik, Carl-Hanser Verlag, erscheint April 2017, Hrsg Gunther Reinhart
2. C. Eckert, N. Fallenbeck: Industrie 4.0 meets IT-Sicherheit: eine Herausforderung! In Informatik-Spektrum, Springer, March 2015.
3. Claudia Eckert: IT-Sicherheit: Konzepte – Verfahren – Protokolle, 9th Edition, De Gruyter, 2014
4. J. Beyerer, C. Eckert, P. Martini, Michael Waidner: Strategie- und Positionspapier Cyber-Sicherheit 2020, Herausforderungen für die IT-Sicherheitsforschung, Fraunhofer-Gesellschaft 2014, https://www.aisec.fraunhofer.de/content/dam/aisec/Dokumente/Publikationen/Studien_TechReports/Fraunhofer-Strategie-und_Positionspapier_Cyber-Sicherheit2020.pdf
5. M. Backes, P. Buxmann, C. Eckert, T. Holz, J. Müller-Quade, O. Raabe, M. Waidner: Key Challenges in IT Security Research, Discussion Paper for the Dialogue on IT Security 2016, SecUnity, https://it-security-map.eu
6. B. Leukert, T. Kubach, C. Eckert et al.: IoT 2020: Smart and secure IoT platform. http://www.iec.ch/whitepaper/pdf/iecWP-IoT2020-LR.pdf
7. H. Xiao and C. Eckert. Indicative Support Vector Clustering with its Application on Anomaly Detection. In IEEE 12th International Conference on Machine Learning and Applications, December 2013.
8. B. Kolosnjaji, A. Zarras, T. Lengyel, G. Webster, C. Eckert: Adaptive Semantics-Aware Malware Classification. In 13th Conference on Detection of Intrusions and Malware & Vulnerability Assessment, July 2016.
9. D. Merli, G. Sigl, C. Eckert: Identities for Embedded Systems Enabled by Physical Unclonable Functions. Number Theory and Cryptography (Lecture Notes in Computer Science), 8260:125–138, 2013.
10. O. Schimmel, M. Hennig: Kopier- und Manipulationsschutz für eingebettete Systeme. In: Datenschutz und Datensicherheit – DuD, Volume 38, Issue 11, pp 742–746, November 2014.
11. T. Lengyel, T. Kittel, C. Eckert: Virtual Machine Introspection with Xen on ARM. In 2nd Workshop on Security in highly connected IT systems (SHCIS), September 2015
12. J. Pfoh: Leveraging Derivative Virtual Machine Introspection Methods for Security Applications. Technische Universität München, 2013. Doctoral Thesis.
13. J. Schütte and G. Brost. „A Data Usage Control System using Dynamic Taint Tracking". In: Proceedings of the International Conference on Advanced Information Network and Applications (AINA), March 2016.
14. M. Huber, J. Horsch, M. Velten, M. Weiß and S. Wessel. „A Secure Architecture for Operating System-Level Virtualization on Mobile Devices". In: 11th International Conference on Information Security and Cryptology Inscrypt 2015. 2015.
15. A. Ibing: Dynamic Symbolic Execution with Interpolation Based Path Merging. In Int. Conf. Advances and Trends in Software Engineering, February 2016.
16. P. Muntean, R. Adnan, A. Ibing, C. Eckert: Automated Detection of Information Flow Vulnerabilities in UML State Charts and C Code. In International Conference on Software Quality, Reliability and Security Companion (QRS-C), Vancouver, Canada, August 2015. IEEE Computer Society.
17. D. Titze, P. Stephanow and J. Schütte: App-Ray: User-driven and fully automated Android app security assessment. Fraunhofer AISEC TechReport May 2014.
18. C. Teichmann, S. Renatus and J. Eichler. „Agile Threat Assessment and Mitigation: An Approach for Method Selection and Tailoring". International Journal of Secure Software Engineering (IJSSE), 7 (1), 2016.

19. D. Angermeier and J. Eichler. „Risk-driven Security Engineering in the Automotive Domain". Embedded Security in Cars (escar USA), 2016.
20. B. Otto et. al: Industrial Data Space, Whitepaper, https://www.fraunhofer.de/de/forschung/fraunhofer-initiativen/industrial-data-space.htm

Beispiele aus der Interaktion in öffentlichen und halb-öffentlichen Raum und von benutzbarer Sicherheit

Michael Koch und Florian Alt

Zusammenfassung

Computer durchdringen unseren Alltag. Dabei sind diese derart in unsere Umgebung eingebettet, dass diese von uns nicht mehr als solche wahrgenommen werden. Hierdurch entsteht die Notwendigkeit zur Schaffung unmittelbar verständlicher Benutzerschnittstellen – sowohl für Individuen als auch für Gruppen von Benutzern. Mit diesem Teilbereich der Informatik beschäftigt sich die Mensch-Computer-Interaktion. Dieser Beitrag bietet zunächst eine kurze Einführung in die Forschungsmethodik der MCI und gibt einen Einblick in die Forschungsaktivitäten zu diesem Thema an den Münchner Universitäten. Im Fokus stehen hierbei Arbeiten zu öffentlichen Bildschirmen, Blickinteraktion im öffentlichen Raum, sowie die Entwicklung sicherer und gleichzeitig benutzbarer Authentifizierungsverfahren.

2.1 Motivation

Die erfolgreiche und wirkungsvolle Nutzung von technikgestützten Kommunikations- und Informationsangeboten wird zunehmend für Menschen aller gesellschaftlicher Schichten und Funktionen relevant. Gleichzeitig werden technische Systeme, ihre Struktur, Funktionalitäten und Interaktionsformen komplexer, obwohl oder gerade weil die Systeme durch Miniaturisierung, Vernetzung und Einbettung immer weniger sichtbar und damit auch immer weniger (be)greifbar werden [1–3]. Die zukünftige Nutzung von Kommunikations-

M. Koch (✉)
Fakultät für Informatik, Universität der Bundeswehr München
München, Deutschland

F. Alt
Fakultät für Mathematik, Informatik und Statistik, Ludwig-Maximilians-Universität München
München, Deutschland

© Springer-Verlag GmbH Deutschland 2017
A. Bode et al. (Hrsg.), *50 Jahre Universitäts-Informatik in München*,
DOI 10.1007/978-3-662-54712-0_2

und Informationsangeboten wird dabei insbesondere von unterschiedlichen Interaktions-
geräten geprägt sein – von persönlichen Mobilgeräten über öffentliche oder halböffent-
liche interaktive Tische und Wände hin zu digital vernetzten Alltagsgeräten – und erhält
somit Einzug in alle Bereiche des täglichen Lebens (siehe Abb. 2.1).

Diese steigende Komplexität und Allgegenwärtigkeit bei gleichzeitig abnehmender
Sichtbarkeit erzeugt zunehmend – Herausforderungen an die Gestaltung von Technologi-
en [6]. Die Gerätevielfalt muss durch Einzelpersonen, aber auch durch Gruppen möglichst
intuitiv, d. h. vor allem unmittelbar verständlich und im Verhalten erwartungskonform,
nutzbar sein.

Der Teilbereich der Informatik, der sich mit allen Fragen rund um die benutzer- und
kontextgerechte Gestaltung von IT-Systemen beschäftigt, wird als „Mensch-Computer-
Interaktion (MCI)" bezeichnet.

Bedeutsam ist MCI vor Allem, weil

- Systeme, die nicht benutzbar sind, aus Sicht des Kunden nicht funktionieren – für den
  Nutzer/Kunden wertlos sind,
- nicht benutzbare Systeme für den Nutzer/Kunden nicht nur wertlos, sondern sogar ge-
  fährlich sein können – beispielsweise wenn die Sicherheit persönlicher Daten gefährdet
  wird oder eine Fehlbedienung zu materiellen oder auch körperlichen Schäden führt.

Die zunehmende Bedeutung von MCI in den letzten Jahrzehnten geht einher mit einem perspektivischen Wandel in der Informatik. Anstelle von Insellösungen, die Experten
unterstützen, durchdringen Anwendungen der Informatik die Lebenswelt in zunehmend
mehr Bereichen und verändern Alltagspraktiken in Beruf, Haushalt und Freizeit. Die
Gestaltung dieser Anwendungen strukturiert die tatsächlichen Arbeitsweisen und Ent-
wicklungsmöglichkeiten von Organisationen, Gemeinschaften oder Familien. Der große
Erfolg der Informatik hat zur Folge, dass sich deren Selbstverständnis über eine rein formale, technik-immanente Sichtweise hinaus weiter entwickeln muss. Die Qualität von IT-

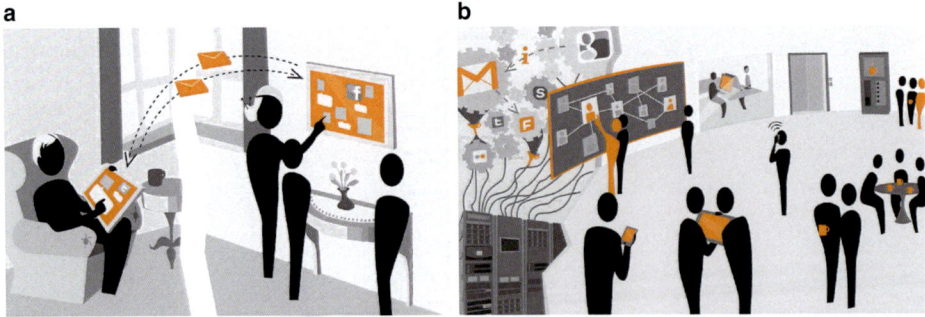

Abb. 2.1 Allgegenwärtige Dienstenutzung im privaten Umfeld (**a**) [4] und im Organisationsum-
feld (**b**) [5]

Design zeigt sich heute letztendlich in der Art, auf welche Weise technische Artefakte für den alltäglichen Gebrauch genutzt und angeeignet werden können. Dabei ist insbesondere die Einbeziehung des Nutzungskontextes zentral.

Aus all diesen Gründen wurde die allgegenwärtige MCI von der Gesellschaft für Informatik auch 2014 als eine der ersten fünf Grand Challenges der Informatik gewählt [7].

Neben der eigentlichen Aufgabe der Erlangung von Erkenntnissen und der Gestaltung von Systemen gibt es für den Bereich MCI deshalb auch einige interessante erkenntnistheoretische Herausforderungen:

- Traditionellerweise ging die Informatik von einer vom sozialen Kontext unabhängigen Gültigkeit ihrer Ergebnisse aus (Korrektheitsbeweise, Performanz-Tests, Standardisierung und weitergehende Generalisierbarkeit).
- Im Bereich der MCI entsteht aber typischerweise hoch kontextualisiertes Wissen. IT-Design in sozialer Praxis ist kontextspezifisch und situiert (Lösungsbeitrag für konkret situierte Problemlage, Forderung der Transferierbarkeit). Während die Informatik traditionellerweise von einer Generalisierbarkeit von Erkenntnissen ausgeht, tritt im Bereich der MCI eher das Kriterium der Transferierbarkeit an dessen Stelle.
- Dokumentation, Analyse, Aufbereitung und Zugänglichmachen von hoch konzeptualisiertem Wissen (Experten, Netzwerke, Praxisgemeinschaften, innovative sozio-technische Assemblagen) brauchen neue Wege zur langfristigen Strukturierung.

An allen drei Münchner Universitäten ist die MCI präsent – mit entsprechend ausgerichteten Professuren oder Forschungsclustern in den Informatik-Fakultäten aber auch in anderen Fakultäten. Im Folgenden gehen wir – nach ein paar Ausführungen zur Bedeutung Deployment-basierter Forschung – auf ein paar ausgewählte Beispiele der aktuellen Arbeit an allgegenwärtiger MCI an den Münchner Universitäten näher ein – insbesondere im Bereich von öffentlichen oder halb-öffentlichen Räumen.

2.2 Deployment-basierte Forschung – Notwendigkeit und Herausforderungen

Die in diesem Beitrag aufgeführten Beispiele von Forschungsbereichen und Forschungszielen verdeutlichen die in der Einführung angesprochene Entwicklung in der MCI hin zu einem Mix aus verschiedenen Forschungsparadigmen. Forschung findet heute sowohl innerhalb als auch außerhalb des Labors statt. Der Grund liegt darin, dass kein Paradigma geeignet ist, einen Forschungsbereich in seiner Gesamtheit zu untersuchen, sondern dass Paradigmen und Methoden sich an die zugrundeliegenden Forschungsfragen anpassen müssen.

Dies wird besonders deutlich im Bereich interaktiver Displays. Während Fragen nach der Performanz (beispielsweise einer neuen Interaktionstechnik) mithilfe kontrollierter Experimente in Laborumgebungen beantwortet werden können, ergeben sich zunehmend

Fragestellungen, welche ausschließlich im Feld sinnvoll untersucht werden können. Hierzu gehört unter anderem das Verhalten von Benutzern (z. B. Laufwege, Bewegen durch
verschiedene Interaktionsphasen), User Experience, Akzeptanz (z. B. hinsichtlich Schutz
der Privatsphäre oder Datenschutz) sowie der sozialen Einfluss neuer Technologien [8].
Bei diesen spielt die ökologische Validität der erhobenen Daten eine wichtige Rolle, also
ob diese in einer realistischen Situation erhoben wurden.

Bei der Untersuchung im Feld ist zu unterscheiden zwischen *Feldexperimenten*, bei
denen ein Artefakt unter dem Wissen verwendet wird, dass es sich um ein Forschungs-
experiment handelt. Beispielsweise können Benutzer explizit rekrutiert werden, um eine
neue Applikation für ihr Smartphone für eine Dauer von mehreren Wochen zu verwenden,
oder Probanden kann die Aufgabe gegeben werden, eine bestimmte Aufgabe mit einem
Display in einer öffentlichen Umgebung zu lösen. Dem gegenüber steht *Deployment-basierte Forschung*, bei welcher Artefakte in den Alltag des Benutzers derart eingebettet
werden, dass der Forschungskontext nicht erkennbar ist. Benutzer verwenden Artefakte
aus freier Entscheidung, was zu hochvaliden Daten führt. In den meisten Fällen kommen
als Datenerhebungsmethoden Logging oder Beobachtungen zum Einsatz. Auch Inter-
views ermöglichen es im direkten Anschluss an die Interaktion wertvolles Feedback vom
Benutzer zu sammeln.

Eine große Herausforderung stellt das Deployment an sich dar [9]. Im Gegensatz zu
kontrollierten Experimenten sind vollständig funktionsfähige und robuste Systeme not-
wendig, welche über einen längeren Zeitraum ohne Beobachtung laufen. Während über
App-Stores einfach eine große Anzahl an Benutzern erreicht werden kann, stellt sich das
Finden eines geeigneten Standorts für ein interaktives Display deutlich schwieriger dar.
Häufig werden Deployments in Umgebungen durchgeführt, welche für Forscher einfach
zugänglich sind, z. B. Universitätsgebäude wie Mensen, Cafeterien oder Institutsgebäude.
Solche *forschungs-basierte Deployments* zeichnen sich in der Regel durch große Freiheit
hinsichtlich der Forschungsfragen und durchgeführten Erhebungen aus. Modifikationen
während des Deployments sind oft problemlos möglich. Zeitgleich sind aber Forscher
selbst für die Bereitstellung und Wartung der Infrastruktur verantwortlich und Benutzergruppen sind in vielen Fällen homogen. Demgegenüber stehen Fälle, in denen Forscher
Zugriff auf nicht allgemein zugängliche Infrastrukturen bekommen (Flughäfen, Bahnhöfe,
etc.) – sogenannte *opportunistische Deployments*. Diese ermöglichen es, spezielle Benut-
zungskontexte und heterogene Benutzergruppen zu erforschen. Häufig kann in solchen
Fällen auch vorhandene Infrastruktur (z. B. Displaynetzwerke) genutzt werden. Jedoch
steht hinter den Deployments in vielen Fällen ein kommerzieller Zweck, so dass eine Vielzahl an Interessenvertretern in solche Projekte involviert ist. Erschwerend kommt häufig
hinzu, dass Modifikationen nur mit erheblichem Aufwand möglich sind, beispielsweise
wenn das Deployment im Sicherheitsbereich eines Flughafens durchgeführt wird.

2.3   Public Displays – Smart Urban Objects

Charakteristisch für heutige IT-Systeme sind Anwendungen, bei denen Inhalte an privaten Endgeräten (z. B. Smartphones, Tablets oder Desktoprechnern) eingegeben und (semi-)strukturiert inkl. der zugehörigen Metainformation auf für den Nutzer „verborgenen" Serversystemen abgelegt werden. Typischerweise sind Informationen so in annähernd beliebigem Umfang digital vorhanden und theoretisch auch über Suchfunktionen auffindbar. Jedoch existiert ein deutliches Defizit im Hinblick auf die Sichtbarkeit der eingestellten Inhalte. Das heißt die Inhalte sind meist nur noch über explizite Suchanfragen aufzufinden, bleiben aber ansonsten verborgen.

Eine Möglichkeit die Sichtbarkeit von Informationen zu erhöhen und die Kommunikation über und mit Hilfe von Informationspartikeln im soziokulturellen Kontext zu fördern, ist die Nutzung von interaktiven Großbildschirmen im öffentlichen oder halb-öffentlichen Raum. Solche großen Bildschirme sind heute weit verbreitet. Durch ihre Größe erlauben die Bildschirme mehreren Benutzern gleichzeitig mit demselben Bildschirm zu interagieren [10, 11]. Als interaktive Informationsstrahler können Bildschirme Informationen für einzelne Nutzer oder Gruppen anzeigen, nach denen nicht aktiv gesucht wird, und durch eine Interaktion mit ihnen ein weiteres Explorieren und Vertiefen erlauben.

CommunityMirrors – Informationsstrahler im (halb-)öffentlichen Raum

Im CommunityMirror-Projekt wird an der UniBwM diesem Ansatz nachgegangen (siehe z. B. [5, 12]). In Labor- und Feldtests wurden viele Herausforderungen dazu identifiziert und in Design-orientierter Forschung angegangen [13, 14]. Interessante Fragen sind: Wie nützlich sind die angebotenen Informationen für den Benutzer? Wie können die Informationen derart dargestellt werden, dass sie schnell wahrgenommen werden können? Wie kann die Aufmerksamkeit von Passanten gesteuert werden? Wie kann dem Benutzer kommuniziert werden, dass er sich innerhalb eines Interaktionsraumes befindet und welche Funktionalität dieser Raum bietet?

Um Erkenntnisse zu diesen Fragen zu erzielen, arbeiten wir schon seit über zehn Jahren explorativ mit verschiedenen Prototypen, die im Feld eingesetzt werden (siehe z. B. Abb. 2.2). Die Erfahrung hat gezeigt, dass Laborstudien zu diesem Typ von Anwendungen zwar beschränkte Erkenntnisse in einzelnen Teilbereichen von möglichen Gestaltungsparametern liefern können [13]. Komplexere Fragen zur konkreten Erzeugung von Nutzen durch (halb-)öffentliche Displays oder zum Nutzen von Interaktivität auf diesen Displays lassen sich aber nur über die schon angesprochene Deployment-basierte Forschung erzielen. Hierzu wird auch intensiv mit Partnern aus der Wirtschaft zusammengearbeitet – z. B. beim Einsatz von Informationsstrahlern in wissensintensiven Unternehmen oder im Kontext der (agilen) Softwareentwicklung.

Im Bereich der Gewinnung von Erkenntnissen über Gestaltungsparameter für CommunityMirrors werden an der UniBwM aktuell insbesondere die folgenden drei MCI-

Abb. 2.2 Einsatz von
CommunityMirrors als In-
formationsstrahler im halb-
öffentlichen Raum – während
der Tagung MuC 2014 an der
LMU in München

Querschnittsthemen betrachtet: Mehrbenutzerfähigkeit, Walk-up-and-use-Fähigkeit, und
Joy-of-use.

Mehrbenutzerfähigkeit

Große Wandbildschirme ermöglichen die gleichzeitige Nutzung durch mehr als einen
Benutzer. Dabei muss die Nutzung gar nicht koordiniert erfolgen. Auch die direkte Interaktion mit dem Bildschirm durch einen Benutzer und das gleichzeitige Betrachten eines
Informationspartikels auf dem Bildschirm durch einen anderen Benutzer weiter hinten
stellt schon ein Mehrbenutzerszenario dar, das bei der Gestaltung berücksichtigt werden
muss. Im angesprochenen Szenario ist es beispielsweise notwendig sowohl eine direkte Interaktion direkt vor dem Bildschirm zu erlauben als auch zusätzliche Informationspartikel
so darzustellen (z. B. in ausreichender Größe), dass sie von weiter hinten gut wahrgenommen werden können.

Zur Beschreibung und Analyse solcher Mehrbenutzerszenarien wurden in der Literatur
verschiedene Interaktionszonenmodelle für große Wandbildschirme näher definiert und
betrachtet. Abb. 2.3a zeigt eine solche Darstellung von Interaktionszonen: In der aktiven
Zone oder Interaktionszone kann direkt mit dem Bildschirm interagiert werden, Personen in der Aufmerksamkeitszone richten ihre volle Aufmerksamkeit auf die Inhalte des
Bildschirms oder die Aktivitäten der Personen in der aktiven Zone, und Personen in der
Wahrnehmungszone nehmen Inhalte oder Aktivitäten auf dem Bildschirm (peripher) war,
um basierend darauf dann in die Aufmerksamkeitszone oder die aktive Zone zu wechseln.

Ziel des Projektes CommunityMirrors an der UniBwM ist es, basierend auf Literatur
und eigenen Studien, Gestaltungsempfehlungen für interaktive Wandbildschirmanwen-
dungen in Mehrbenutzerszenarien zu entwickeln [18].

Ein Thema, das dabei eine Rolle spielt, betrifft beispielsweise die Untersuchung, welche Bewegungsrichtungen von Text auf dem Bildschirm für die beste Lesbarkeit sorgen.
Eine Nutzung von bewegtem Text auf dem Bildschirm motiviert sich über verschiedene

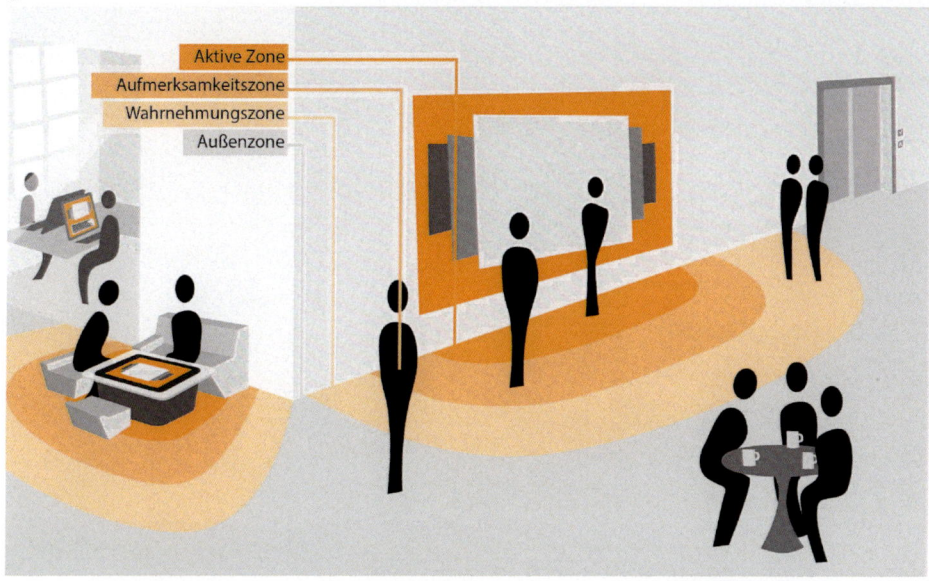

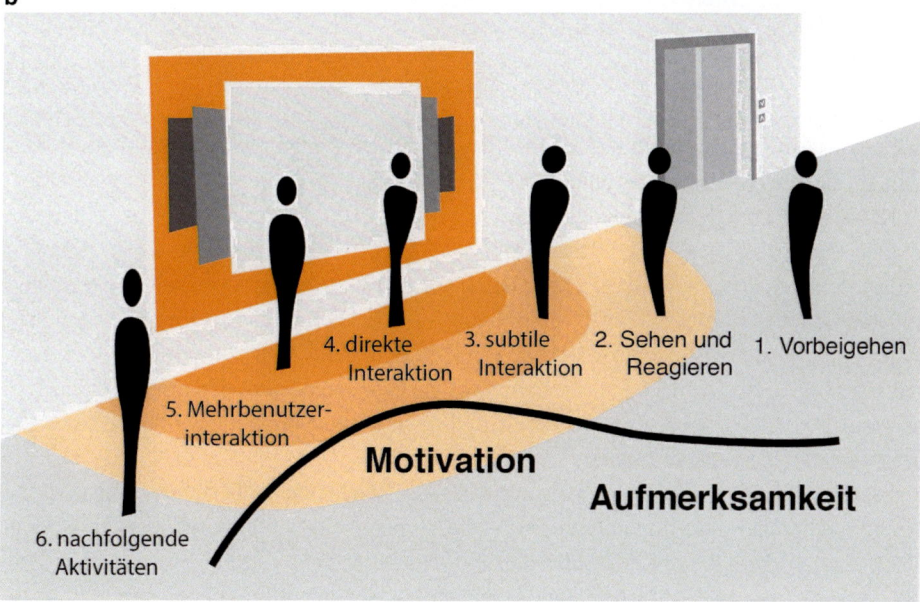

Abb. 2.3 Räumliche und zeitliche Interaktionsmodelle: Während räumliche Modelle (**a**, nach [15]) den Bereich vor öffentlichen Displays in Interaktionszonen einteilen, modellieren zeitliche Model-le den Interaktionsprozess (**b**, nach [16, 17]). Hierbei bewegen sich Benutzer durch verschiedene Phasen – vom Passanten hin zum aktiven Benutzer

Abb. 2.4 Laborexperiment zur Ermittlung der optimalen Textanimationsrichtung [13]

Erkenntnisse dazu, dass animierte Darstellungen helfen, die Aufmerksamkeit von Benutzern auf den Bildschirm zu ziehen oder zu vergrößern [19].

Klassisch wird davon ausgegangen, dass Leading – d. h. die Bewegung einer Folge von Worten von rechts nach links – die optimale Animationsweise ist [20]. Diese Arbeiten berücksichtigen aber nicht, dass 1) der Blick auf den Bildschirm vielleicht teilweise von anderen Benutzern blockiert wird (Mehrbenutzerszenario), und 2) dass Benutzer vielleicht nicht starr vor dem Bildschirm stehen, sondern sich beim Betrachten des Bildschirms selbst bewegen. In einer Laborstudie haben wir deshalb diese Szenarien mit verschiedenen Bewegungsrichtungen für Text überprüft und jeweils die Variante ermittelt, welche die beste subjektive Lesbarkeit bietet [13] (siehe Abb. 2.4).

Ergebnis der bisherigen Experimente war, dass die typische Textanimationsrichtung (rechts nach links) nicht immer die beste Wahl ist. Wenn ein Benutzer vor dem Bildschirm steht, dann hat sich als optimal herausgestellt, wenn der Text vertikal animiert wird (von oben nach unten). Für sich bewegende Benutzer hat sich als optimal herausgestellt, wenn sich der Text mit dem Benutzer (in Bewegungsrichtung) bewegt.

Walk-up-and-use-Fähigkeit
Nachdem die Nutzung von CommunityMirrors spontan und ohne voriges Lesen einer Bedienungsanleitung erfolgt, ist neben der Mehrbenutzerfähigkeit auch eine intuitive Nutzbarkeit – oder eine Walk-up-and-use-Fähigkeit erforderlich.

Intuitive Nutzbarkeit wurde z. B. definiert als: „Ein technisches System ist intuitiv benutzbar, wenn es durch nicht bewusste Anwendung von Vorwissen durch den Benutzer zu effektiver Interaktion führt" [21]. Noch früher geht Raskin auf den Zusammenhang zwischen Intuitivität und Vertrautheit (familiarity) ein [22]. Endgültig ist der Begriff der Intuitivität von Benutzungsschnittstellen allerdings nicht geklärt [23].

Im Kontext der CommunityMirrors gehen wir nun konkret der Frage nach, wie jemand, der an den Bildschirmen vorbei geht 1) auf den Bildschirm und die Interaktivität des Bildschirms aufmerksam gemacht werden kann, 2) motiviert werden kann, an den Bildschirm heranzutreten, und 3) motiviert und befähigt werden kann, nutzenbringende Touch-Interaktion mit dem Bildschirm auszuführen. Vom Modell her orientieren wir uns dabei also an den in Abb. 2.3b dargestellten zeitlichen Interaktionszonen.

Diese unmittelbar verständliche und erwartungskonforme Nutzung (oder eben „intuitive" Nutzung) ist wieder keine reine Produkteigenschaft. Sie beschreibt eher Beziehungen zwischen Produkt, Nutzer und Kontext. Intuitivität reduziert den „bewussten Teil" der kognitiven Verarbeitung. Die Aufmerksamkeit steht dann in höherem Maße für die primäre Aufgabe zur Verfügung.

Zur Erarbeitung einer Lösung setzen wir aktuell auf konstruktionsorientierte Forschung (d. h. wir bauen zu den ermittelten Anforderungen und mit in der Literatur recherchierten Erkenntnissen Prototypen) unterstützt durch einzelne Labor- und Feldexperimente mit den gebauten Prototypen zur Abklärung von optimalen Gestaltungsvarianten [14].

Grundidee der sich abzeichnenden Lösung ist es, die Kommunikation mit den Passanten frühzeitig – also bereits bei Eintritt in die äußeren Interaktionszonen – zu beginnen und die Benutzer dann schrittweise durch die verschiedenen Zonen und in die aktive Interaktion mit dem System zu führen. Die Ansprache der Benutzer durch das System erfolgt dabei mittels der Anzeige von bewegungssynchronen Spiegelbildern der Nutzer auf dem Bildschirm, ergänzt durch kurze Textanweisungen und weitere visuelle Elemente. Die Nutzer erkennen sich in Ihren Spiegelbildern wieder und verstehen so bereits von Weitem, dass der Bildschirm auf sie reagiert – also interaktiv ist. Um das Spiegelbild herum platzierte Textnachrichten können auch in einem Mehrbenutzerszenario leicht den zugehörigen Personen zugeordnet werden, so dass eine individuelle Betreuung jedes einzelnen Benutzers möglich ist.

Auf diese Weise werden die Nutzer spielerisch dazu angeregt, vor dem Bildschirm stehen zu bleiben (1), näher an den Bildschirm heran zu treten (2) und schließlich eine erste Touch-Interaktion zu tätigen. Durch das Wechselspiel zwischen Aktionen der Benutzer und der Rückmeldung des Systems erhalten die Benutzer in jeder Situation einen Impuls in die Richtung des gewünschten Verhaltens. So kann die erfolgreiche Ausführung der Nutzeraktionen unterstützt und gleichzeitig die Motivation der Benutzer zur Beschäftigung mit dem System aufrechterhalten werden.

Während dieser Hinführung der Nutzer an das System wird die Aufmerksamkeit von Passanten geweckt und die Modalität der Interaktion mit dem System (in diesem Fall die Touch-Interaktion) vermittelt und damit schließlich die eigenständige und nutzbringende Touch-Interaktion mit dem System motiviert.

Joy-of-use(-Fähigkeit)

Nachdem die Nutzung von interaktiven Informationsstrahlern auf freiwilliger Basis erfolgt, muss sich die Anwendung auch darum kümmern, dass es für die potentiellen Nutzer
attraktiv ist, diese zu nutzen. Hier spielt das Konzept des Joy-of-use eine entscheidende
Rolle.

Joy-of-use beschreibt grob umrissen das Maß, in dem die Interaktion mit einem technischen System bei den Benutzern Gefühlseindrücke wie Freude, Glück oder Spaß auslösen
kann [24, 25]. Eng verwandt mit dem Konzept sind beispielsweise Gamification oder Fu-
nology [26].

Im Rahmen unserer Informationsstrahler und der im folgenden Abschnitt beschriebenen smarten urbanen Objekte interessieren uns vor allem Gestaltungs- und Messmethoden
für Joy-of-use (im halb-öffentlichen Raum). Bei der Gestaltung soll dabei beispielsweise auf etablierte Konzepte aus dem Bereich der Gamification (z. B. Herausforderungen
(challenges)) zurückgegriffen werden.

Smarte urbane Objekte

Betrachtet man vernetzte, interaktive Objekte im (halb-)öffentlichen Raum, dann bewegt
man sich bereits in den Sphären des „Internet of Things". In einem anderen Projekt an
der UniBwM wird dieser Gedanke weiterverfolgt und an smarten urbanen Objekten gearbeitet, die helfen sollen, das Sicherheitsgefühl von Senioren im öffentlichen Raum zu
steigern (siehe hierzu www.urbanlifeplus.de). Neben Informationsstrahlern wie im vorhe-
rigen Abschnitt (sowohl in Form von kleinen und großen Bildschirmen als auch in Form
von Objekten, die über Audio- oder Lichtsignale kommunizieren) sollen hier auch andere
städtische Objekte „smart" gemacht werden – z. B. Sitzbänke, Ampeln oder Straßenbe-
leuchtung [27].

Bei der Gestaltung der Benutzerinteraktion zeigen sich dieselben Haupt-Herausfor-
derungen, wie bei den CommunityMirrors: Mehrbenutzerfähigkeit, Walk-up-and-use-Fähigkeit und Joy-of-use. Zusätzlich haben wir die Anpassungsfähigkeit des Systems an
unterschiedliche Nutzer, welche bei CommunityMirrors zunächst wenig Relevanz besitzt,
als weitere zentrale Herausforderung identifiziert.

Im Bereich von Walk-up-and-use-Fähigkeit experimentieren wir deshalb auch damit,
dass die smarten urbanen Objekte nahende Personen erkennen und diese auf sich aufmerksam machen. Im Bereich von Joy-of-use experimentieren wir mit verschiedenen Varianten
von Herausforderungen (challenges), die den Nutzern gestellt werden um die Nutzung interessant und nutzenstiftend zu gestalten.

Im Bereich der Anpassungsfähigkeit versuchen wir das Konzept der „Komfortzone"
als Kern von Benutzerprofilen und darauf basierenden Anpassungsverfahren zu nutzen
und auszubauen [27].

Eingesetzte Methoden sind in all diesen Bereichen wieder die konstruktionsorientierte
sowie die Deployment-basierte Forschung.

a   b

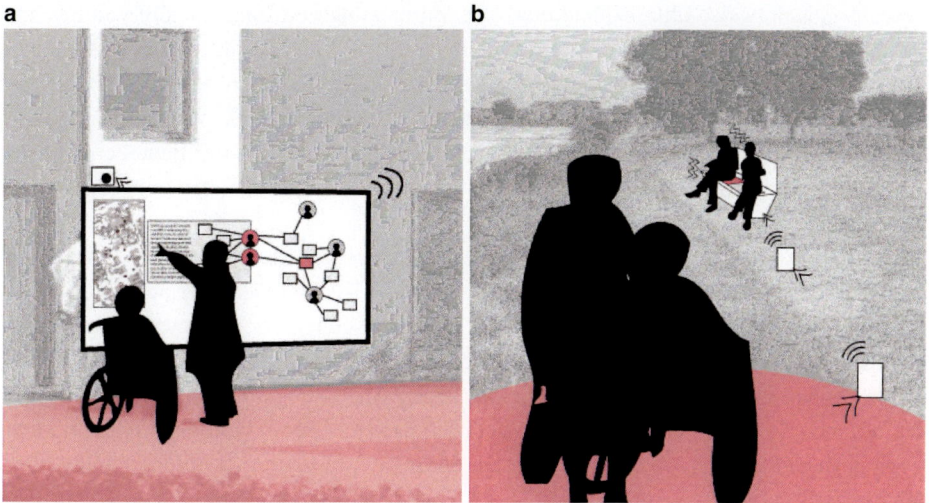

Abb. 2.5 Smarte urbane Objekte als Informationsstrahler – in der Form von interaktiven Großbild-schirmen, einfachen Indikatoren am Wegesrand oder als Teil einer smarten Sitzbank

2.4   Blickinteraktion im öffentlichen Raum

Ein Forschungsschwerpunkt an der LMU München sind neuartige Interaktionstechniken für den öffentlichen Raum. Während die Interaktion mit Touch, Gesten und Mobiltelefo-nen bereits weit verbreitet ist [28–30], bieten Eyetracker – Geräte zur präzisen Verfolgung des Blicks eines Benutzers – eine Vielzahl von Einsatzmöglichkeiten [31]. Blickdaten können einerseits implizit zur Messung von Aufmerksamkeit, Interesse, und kognitiver Belastung eines Benutzers genutzt werden. Dies führt sowohl zu einer neuen Qualität in der Reichweitenmessung, bietet gleichzeitig aber auch die Möglichkeit zur Adaption von Benutzerschnittstelle und Inhalten. Andererseits kann Blick zur expliziten Steuerung ei-ner Benutzerschnittstelle verwendet werden, wobei Inhalte subtil und auf natürliche Art und Weise ausgewählt werden können. Ein Beispiel sind Umfragen auf großen Displays, wobei am Blickverhalten die ausgewählte Option erkannt werden kann [32].

Eyetracking ist eine in stationären Kontexten etablierte Technologie [33]. Der Einsatz im öffentlichen Raum bringt jedoch eine Reihe an praktischen Herausforderungen mit sich mit denen wir uns beschäftigen und welche im Folgenden näher beschrieben werden.

Interaktionsbereich

Eyetracker haben einen eingeschränkten *Interaktionsbereich*, in welchen der Benutzer geleitet werden muss. Einerseits kann der Benutzer aktiv zu diesem Bereich hingeführt

werden – idealerweise ohne Ablenkung oder Verdeckung von Inhalten. Ein von uns un-
tersuchter Ansatz ist die subtile Anpassung präattentiv wahrnehmbarer Eigenschaften von
Inhalten (wie z. B. Helligkeit, Kontrast, Sättigung, Auflösung, Schärfe eines Bildes) an
die aktuelle Position des Benutzers. Das bedeutet, dass die optimale Wahrnehmung vom
Standort des Benutzers abhängt. Diese Anpassung führt dazu, dass der Benutzer zum sogenannten Sweetspot – der optimalen Interaktionsposition – hingezogen wird [34] (siehe
Abb. 2.6).

In einem Laborexperiment konnten wir zunächst zeigen, dass bei diesem Ansatz ein
Kompromiss zwischen Genauigkeit (d. h. wie nahe der Benutzer sich der optimalen Interaktionsposition nähert) und Geschwindigkeit (d. h. wie schnell der Benutzer die ungefähre
Interaktionsposition findet) besteht. In der Folge wurde der Ansatz um verschiedene Ab-
bildungsfunktionen erweitert, welche die Stärke der Anpassung abhängig von der Distanz
zum Interaktionsposition regelt. Durch die Wahl der richtigen Abbildungsfunktion kann
somit gesteuert werden, ob der Benutzer die optimale Interaktionsposition schneller oder
genauer findet.

Auch in diesem Projekt kam ein Deployment zum Einsatz, um den Effekt der Anpassung in der realen Welt zu untersuchen. Hierfür wurde ein Quiz-Spiel entwickelt, beim
welchem die Antwort auf eine Frage in Form eines Bildes dargestellt wurde (z. B. ein Bild
des Fernsehturms in Berlin als Antwort auf die Frage „Welches ist das höchste Gebäude
Deutschlands?"). Auf das Antwortbild wurden nun die erwähnten Anpassungen abhängig
von der Benutzerposition angewendet, so dass die Antwort nur aus der perfekten Interaktionsposition heraus optimal wahrnehmbar war. Durch das Deployment des Spiels in
einem öffentlichen Bereich der LMU München konnten zum einen die Ergebnisse aus
dem Labor bestätigt werden. Zum anderen konnten wertvolle Einsichten hinsichtlich des
Benutzerverhaltens gewonnen werden. So führten beispielsweise Anpassungen der Auflösung zu einem immersiveren Spielerlebnis, welches die Interaktionszeit und die Anzahl
an Spielen pro Benutzer signifikant erhöhte.

Ein alternativer Ansatz ist eine systemseitige Anpassung an die Position und Bewegung des Benutzers. Mittels sogenannter aktiver Eyetracker kann sich der Blicksensor,

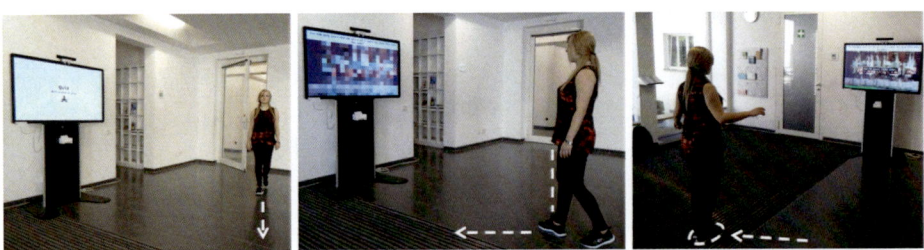

Abb. 2.6 GravitySpot – Benutzer werden unterbewusst zum optimalen Interaktionspunkt vor dem
Display geführt, indem Bildeigenschaft (hier: Auflösung) des Inhaltes abhängig von der Benutzerposition verändert wird

Abb. 2.7 EyeScout: Aktive Eyetracker passen sich
proaktiv an die Position des
Benutzers an und ermöglichen
somit ein freies Bewegen, beispielsweise vor einem großen
öffentlichen Display. (Bild:
Axel Hösl)

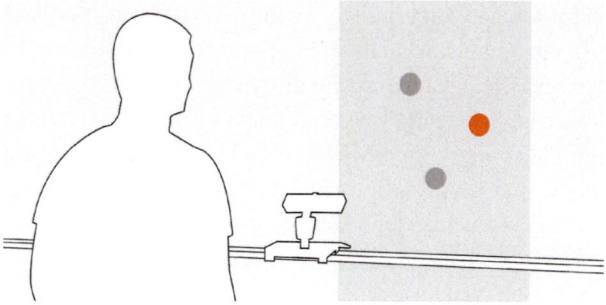

beispielsweise über ein Schienensystem, derart platzieren (siehe Abb. 2.7), dass Personen von einer beliebigen Stelle vor dem Bildschirm interagieren können – sogar während
des Vorbeilaufens. Ein derartiges System wurde an der LMU München entwickelt und
befindet sich derzeit in der Testphase.

Kalibrierung

Eine weitere Herausforderung besteht in der für die blickbasierte Interaktion notwendigen
Kalibrierung. Zwar existieren kalibrierungsfreie Techniken [35] zur expliziten Interaktion mit Inhalten – jedoch erlauben es diese nicht, die exakte Blickposition zu ermitteln.
Insbesondere zum Messen von Aufmerksamkeit und Interesse ist dies jedoch von großer
Bedeutung. Die herkömmliche Kalibrierung, bei der Benutzer eine Reihe von Punkten
sequentiell betrachten müssen ist ungeeignet für den öffentlichen Raum, da dieser Mechanismus einer Erklärung bedarf sowie einen Zusatzaufwand für den Benutzer mit sich
bringt. Daher erforschen wir Ansätze wie die Kalibrierung in die natürliche Interaktion
des Benutzers integriert werden kann.

Eine Möglichkeit ist die Kalibrierung durch das Lesen von Text, einen der häufigsten
Inhalte auf öffentlichen Bildschirmen. Die Kalibrierung kann hierbei ohne explizite Hinweise für den Benutzer erfolgen. Der Ansatz ist in zweierlei Hinsicht interessant. Zum
einen entstehen neue Möglichkeiten zur Reichweitenmessung. Durch die automatische
Kalibrierung können feingranulare Daten darüber gewonnen werden, welche Inhalte der
Benutzer auf dem Bildschirm betrachtet. Dies ermöglicht eine neuartige Qualität bestehender Reichweiten-Metriken wie Pay-Per-View, welche nun nicht mehr nur auf Bild-
schirm-Ebene, sondern auch auf Inhaltsebene möglich sind. Zudem kann Wissen über die
vom Benutzer wahrgenommenen Inhalte verwendet werden, um neue Inhalte implizit an
Interessen des Benutzers anzupassen – dies ist vergleichbar mit Mechanismen in Online-
Shops oder auf Nachrichtenseiten, wo Besuchern Inhalte basierend auf dem Verhalten
anderer Besucher angezeigt werden. Zum anderen wird mittels der Kalibrierung eine explizite Blickinteraktion ermöglicht. Beispielsweise können durch Blick zusätzliche Inhalte
ausgewählt werden oder eine Navigations-Funktion aktiviert werden.

Im von uns vorgestellten Ansatz – TextPursuits [36] – erforschen wir, wie Text gestaltet sein muss, um eine qualitativ hochwertige Kalibrierung zu gewährleisten. Die Herausforderung besteht darin, dass für die Kalibrierung andere Augenbewegungen benötigt werden (sogenannte Pursuits-Bewegungen) als beim Lesen erzeugt werden (sogenannte Sakkaden und Fixationen). Eine Möglichkeit besteht darin, Text ähnlich zu einer Lauschrift anzuzeigen und somit die benötigten Pursuits-Bewegungen zu erzeugen. Dabei werden die Textteile nacheinander angezeigt und wieder verdeckt. Wichtig ist in diesem Zusammenhang eine Anpassung an die Lesegeschwindigkeit des Benutzers, sowie die Wahl eines geeigneten Neigungswinkels des Textes, welcher einen Einfluss auf die Genauigkeit der Kalibrierung hat.

2.5   Benutzbare Sicherheit

Mobiltelefone ermöglichen es uns auf immer mehr sensitive Information zuzugreifen (E-Mail, persönliche Fotos, Onlinebanking). Zusätzlich sammeln intelligente Uhren, Brillen und Armbänder eine Vielzahl an Daten, welche zur Analyse von Bewegungsmustern oder auch des Gesundheitszustandes verwendet werden können. Dies führt zu einer Notwendigkeit, solche Daten mittels geeigneter Authentifizierungsverfahren zu schützen. Eine zentrale Herausforderung ist hierbei der mit der Authentifizierung verbundene Aufwand, welcher immer noch viele Smartphone-Nutzer davon abhält, sichere Verfahren zu verwenden. Der Forschungsbereich, welcher sich mit diesen Fragestellungen beschäftigt ist „Benutzbare Sicherheit", oder auf Englisch „Usable Security".

Authentifizierungsverfahren

In unserer Forschung an der LMU München entwickeln wir neuartige Authentifizierungsverfahren gegen eine Vielzahl möglicher Angriffe mit dem Ziel, eine hohe Benutzbarkeit zu gewährleisten.

Ein Schwerpunkt liegt auf der Entwicklung *bildbasierter Passwortsysteme*. Solche Systeme nutzen unser visuelles Gedächtnis um Passwörter einprägsamer zu machen. Hierbei definiert der Benutzer ein Passwort als eine Reihe von Punkten in einem Bild (siehe z. B. Abb. 2.8). Solche Verfahren gewinnen zunehmen an Bedeutung – eines der ersten kommerziellen Systeme, Picture Passwords, wurde mit Windows 8[1] eingeführt.

Eine Herausforderung liegt darin, dass prominente Punkte in Bildern von Benutzern häufig als Teil eines Passwortes gewählt werden und somit Angreifern wertvolle Hinweise bieten. Ein von uns vorgestellter Ansatz um dem entgegenzuwirken sind sogenannte Saliency Masks [37, 38]. Basierend auf Modellen visueller Aufmerksamkeit [39] werden

---

[1] Microsoft Windows 8 Picture Passwords: https://blogs.msdn.microsoft.com/b8/2011/12/16/signing-in-with-a-picture-password/.

Abb. 2.8 Beispiel für ein grafisches Passwort, bestehend aus vier Passwortpunkten welche auf Objekten in Bildern definiert werden (hier: die Fenster eines Gebäudes)

hierbei durch eine Analyse von Pixeleigenschaften wie Farbe, Intensität und Orientierung, gefährdete Bereiche in Bildern identifiziert und verhindert, dass Benutzer in diesen Bereichen Passwortpunkte selektieren. In unserer Forschung konnten wir zeigen, dass hierdurch die Sicherheit signifikant erhöht werden kann ohne die Benutzbarkeit zu verschlechtern.

Neuartige Angriffsszenarien

Zu den traditionelle Angriffsmethoden auf Passwörtern gehören sogenannte *Rate-Attacken*, bei denen der Angreifer versucht durch häufig verwendete Passwörter (z. B. 1234, passwort, etc.) oder durch Hintergrundwissen über den Benutzer (z. B. Geburtstag, Hochzeitstag) an sensitive Daten zu gelangen, sowie *Schulter-Surfen,* wobei der Angreifer versucht das Passwort während der Eingabe zu beobachten.

Die Verbreitung des Smartphones mit integriertem Touch-Bildschirm ermöglicht neue Angriffsmethoden. Beispielsweise können die Fettspuren, welche der Finger bei der Authentifizierung auf dem Bildschirm hinterlässt, analysiert werden. Solche Angriffe werden als *Schmierspur-Attacke* [40] bzw. *Smudge Attack* im Englischen bezeichnet. In unserer

Forschung untersuchen wir neuartige Methoden um solchen Angriffen entgegenzuwirken. Grafische Passwörter bieten beispielsweise die Möglichkeit, solche Angriffe durch affine geometrische Transformationen signifikant zu erschweren [41]. Hierbei wird das Bild auf welchem das Passwort definiert ist bei jeder Authentifizierung derart verändert (Translation, Rotation, Skalierung, Scherung), dass jeder Login zu einer unterschiedlichen Spur führt.

Auch in diesem Bereich kommt Deployment-basierte Forschung zum Einsatz. Um die Benutzerbarkeit zu testen sowie Strategien und Verhalten von Benutzer in der realen Welt zu erforschen, wurde eine von uns implementierte Authentifizierungs-App in Google Play eingestellt, binnen weniger Wochen von mehreren hundert Benutzern heruntergeladen und über den Zeitraum von mehreren Monaten verwendet [42]. Dieser Ansatz ermöglichte es, das Verfahren in die tägliche Routine des Benutzers einzubinden. Die Zustimmung des Benutzers vorausgesetzt konnten Daten sowohl durch Logging als auch durch regelmäßige In-App Fragebogen erhoben werden.

Ein weiteres neuartiges Angriffsszenario sind *Wärmebild-Attacken*. Neben Smartphones mit integrierter Wärmebildkamera[2] existiert auf dem Markt heute eine Vielzahl an Kameras, welche mittels USB einfach an Smartphones angeschlossen werden können (z. B. Flir One[3]) sowie kleine Standalone-Geräte (z. B. Reveal Pro[4]). Diese erlauben die Wärmesignatur zu analysieren und das Passwort nach dem Authentifizierungsvorgang zu rekonstruieren. In unserer Forschung haben wir einen Machine-Learning basierten Ansatz entwickelt welcher es ermöglicht, PINs 30 s nach dem Authentifizierungsvorgang mit einer Erfolgswahrscheinlichkeit von 78 % korrekt zu erkennen [43]. Dieses Wissen

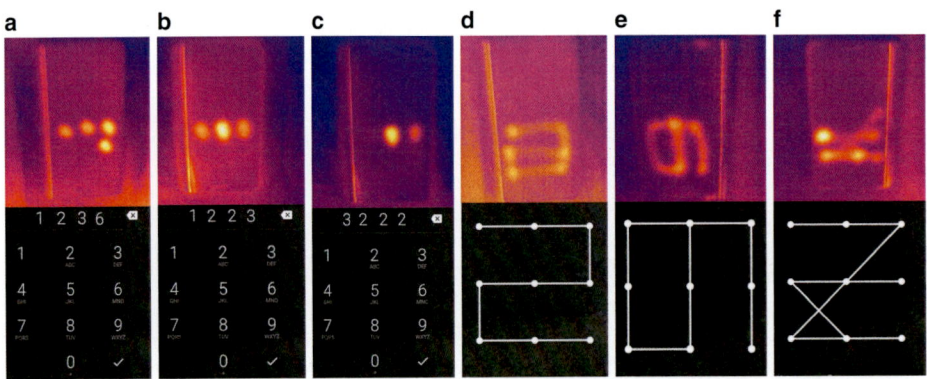

Abb. 2.9 Bei einer Wärmebildattacke wird die Wärmesignatur welche durch das Eingeben einer PIN (**a–c**) oder eines Passworts (**d–f**) entsteht analysiert und das Passwort rekonstruiert

---

[2] Smartphone mit integrierter Wärmebildtechnologie: http://www.catphones.com/phones/s60-smartphone.

[3] USB-Wärmebildkamera: http://www.flir.de/flirone.

[4] Standalone-Wärmebildkamera: http://www.thermal.com.

ermöglicht es, konkrete Empfehlungen zu geben, wie solchen Attacken entgegengewirkt werden kann, beispielsweise durch die intelligente Auswahl von Passwörtern, welche mehrere gleiche Ziffern oder Zeichen enthalten (siehe Abb. 2.9). Zudem kann durch eine leichte Erhöhung der Temperatur der Touch-Oberfläche mittels eines kurzen rechenintensiven Prozess die Wärmesignatur verwischt werden.

Verhaltensbiometrie

In den Projekten Biometrics++ und ubihave an der LMU München forschen wir an neuartigen *verhaltensbiometrischen Verfahren*. Hierbei werden Verhaltensmuster des Benutzers, wie beispielsweise das Tipp- und Touchverhalten, Handposen und Nutzungsgewohnheiten analysiert [44]. Diese Informationen lassen Rückschlüsse auf die Identität eines Benutzers zu und können für die Entwicklung neuer Authentifizierungsverfahren verwendet werden. Beispielsweise könnte ein Mobiltelefon im Hintergrund das Benutzerverhalten überwachen und bei Anzeichen, dass der aktuelle Benutzer nicht der Besitzer des Smartphones ist, den Zugriff auf sensitive Daten und Applikationen sperren. In einem anderen Szenario könnte ein von mehreren Benutzern gleichzeitig verwendetes Gerät (z. B. ein Tablet innerhalb einer Familie) im Hintergrund eine kontinuierliche Verifikation des Benutzers durchführen und auch hier den Zugriff auf bestimmte Inhalte (wie z. B. bestimmte Webseiten) einschränken.

Neben der Identifizierung bietet die Verhaltensbiometrie aber auch die Möglichkeit, die Benutzerschnittstelle des Smartphones anzupassen. Beispielsweise kann bei der Eingabe einer PIN oder eines Entsperrmusters festgestellt werden, mit welcher Handhaltung ein Benutzer das Telefon bedient. Entsprechend können Icons so auf dem Bildschirm angeordnet werden, dass diese einfach erreichbar sind. Zudem können neuartige Bedienelemente geschaffen werden, welche sich dynamisch an die Handhaltung anpassen, beispielsweise ein Slider, welcher der Fingertrajektorie folgt [45] (siehe Abb. 2.10).

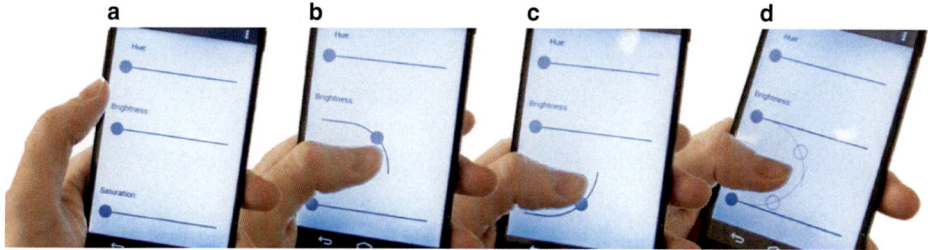

Abb. 2.10 Wissen über die Handhaltung bei der Passworteingabe kann zur Anpassung der Benutzeroberfläche eines Smartphones verwendet werden. Im Beispiel wird die visuelle Darstellung sowie die Trajektorie eines Sliders an die linke Hand angepasst. (Bild: Daniel Buschek)

Konkret befasst sich das Biometrics++-Projekt damit, welche Informationen für die Identifizierung und Adaption geeignet sind, wie das daraus gewonnene Wissen zwischen Anwendungen transferiert werden kann, und mit der Sicht der Benutzer auf solche neuartigen Verfahren.

2.6   Zusammenfassung und Ausblick

Anwender haben inzwischen eine Vielzahl unterschiedlicher Interaktionsgeräte zur Verfügung, deren Nutzung ohne das Studium von Handbüchern möglich sein muss: Private Smartphones, Tablets, interaktive Tische, öffentliche Interaktionswände und vieles mehr. Außerdem werden immer mehr Dienste über diese Geräte angesprochen. Ein wichtiger Aspekt dieser Dienste ist die Absehbarkeit der Folgen der Nutzung. Da Menschen bei der Interaktion mit Computern vielfach Aktionen, wie den Abschluss eines Kaufvertrages oder die Übermittlung persönlicher Daten auslösen, sollten sie bereits vor der Interaktion die Konsequenzen ihres Handelns abschätzen können.

In diesem Beitrag haben wir exemplarisch einige Arbeiten vorgestellt, die zu einem Fortschritt in der MCI beigetragen haben bzw. beitragen wollen. Eine wichtige Erkenntnis ist dabei, dass bei der Forschung neben klassischen, auf Reproduzierbarkeit ausgelegten Laborstudien immer mehr komplexe Deployment-basierte Forschung eine Rolle spielt – bei der zuerst einmal Artefakte gebaut und dann in komplexen Szenarien evaluiert werden. Anstelle der unbedingten Reproduzierbarkeit tritt dabei die Transferierbarkeit als wichtiges Konzept der Erzielung und Aufbereitung des Erkenntnisgewinns.

Neben der weiteren Beschäftigung mit diesen methodischen Herausforderungen werden sich zukünftige Arbeiten in unseren Gruppen zunächst weiter den in den Beispielen angesprochenen Kern-Herausforderungen widmen. Insbesondere soll weiter daran gearbeitet werden, was für Mehrbenutzerfähigkeit und Walk-Up-And-Use-Fähigkeit notwendig ist – z. B. in Form von klaren Designempfehlungen. Hierbei werden auch aktuelle Technologieentwicklungen Einzug finden. So wurde aufgrund großer Fortschritte und ansteigender kommerzieller Nutzung in letzter Zeit immer wieder die menschliche Stimme als die wichtigste (MCI-)Technologie in 2017 angesprochen (z. B. in [46]). Gerade im Bereich der Informationsstrahler als smarte urbane Objekte im Projekt UrbanLife+ bietet es sich an, auch Lösungen wie Alexa, Siri, oder Cortana als Teil einer Gesamtlösung zu integrieren. Die Herausforderungen liegen hier wieder nicht so sehr in der Basistechnologie, sondern mehr in der Nutzung und Evaluation im Gesamtkontext. Im Bereich der benutzbaren Sicherheit sollen in Zukunft Lösungen entwickelt werden, die dem Problem der stetig steigenden Anzahl an Passwörtern und Entsperrvorgängen entgegenwirkt.

2.7   Danksagung

Das Projekt UrbanLife+ wird vom Bundesministerium für Bildung und Forschung (BMBF) vom 01.11.2015 bis zum 31.10.2020 unter dem Förderkennzeichen 16SV7443 gefördert. Das Projekt Biometrics++ wird durch das Bayerische Staatsministerium für Bildung und Kultus, Wissenschaft und Kunst im Rahmen des Zentrums Digitalisierung. Bayern (ZD.B) gefördert. Das Projekt ubihave wird gefördert durch die Deutsche Forschungsgemeinschaft (DFG) unter der Projektnummer 316457582

Literatur

1. Weiser M (1991) The computer for the 21st century. Sci Am 265:94–104. doi: 10.1145/329124.329126
2. Ishii H, Ullmer B (1997) Tangible Bits: Towards Seamless Interfaces between People, Bits and Atoms. In: Proc. Conf. Hum. Factors Comput. Syst. ACM Press, Atlanta, GA, pp 234–241
3. Norman DA (1998) The Invisible Computer. Cambridge, MA
4. Moritz EF, Biel S, Burkhard M, et al (2014) Functions: How We Understood and Realized Functions of Real Importance to Users. In: Moritz EF (ed) Assist. Technol. Interact. Elder. Springer International Publishing, Cham, pp 49–68
5. Ott F, Koch M (2012) Social Software Beyond the Desktop – Ambient Awareness and Ubiquitous Activity Streaming. it – Inf Technol 54:243–252. doi: 10.1524/itit.2012.0687
6. Cooper A (2004) The Inmates are running the Asylum: Why High Tech Products Drive us Crazy and How to Restore the Sanity. Sams – Pearson Education
7. Herczeg M, Koch M (2015) Allgegenwärtige Mensch-Computer-Interaktion. Informatik-Spektrum 38:290–295. doi: 10.1007/s00287-015-0901-1
8. Alt F, Schneegaß S, Schmidt A, et al (2012) How to evaluate public displays. In: Proc. 2012 Int. Symp. Pervasive Displays (PerDis 2012). ACM Press, New York, New York, USA, pp 1–6
9. Alt F, Vehns J (2016) Opportunistic Deployments: Challenges and Opportunities of Conducting Public Display Research at an Airport. Proc Intl Symp on Pervasive Displays. doi: 10.1145/2914920.2915020
10. Coutrix C, Kuikkaniemi K, Kurvinen E, et al (2011) FizzyVis: Designing for Playful Information Browsing on a Multitouch Public Display. In: Proc. Des. Pleasurable Prod. Interfaces (DPPI '11). ACM Press, p 27:1–27:8
11. Peltonen P, Kurvinen E, Salovaara A, et al (2008) „It's Mine, Don't Touch!": Interactions at a Large Multi-Touch Display in a City Centre. Proc SIGCHI Conf Hum Factors Comput Syst 1285–1294. doi: 10.1145/1357054.1357255
12. Koch M, Ott F (2011) CommunityMirrors als Informationsstrahler in Unternehmen: Von abstraktem Kontext zu realen Arbeitsumgebungen. Informatik-Spektrum 34:153–164. doi: 10.1007/s00287-010-0517-4
13. Nutsi A, Koch M (2016) Readability in Multi-User Large-Screen Scenarios. Proc 9th Nord Conf Human-Computer Interact. doi: 10.1145/2971485.2971491
14. Lösch E, Nutsi A, Koch M (2015) Mediating Movement-based Interaction through Semiotically Enhanced Shadow Representations. In: Proc. UbiComp 2015. ACM Press, pp 783–786
15. Vogel D, Balakrishnan R (2004) Interactive Public Ambient Displays: Transitioning from Implicit to Explicit, Public to Personal, Interaction with Multiple Users. In: Feiner S, Landay JA

(eds) Proc. 17th Annu. ACM Symp. User iIterface Softw. Technol. ACM Press, Santa Fe, New Mexico, pp 137–146

16. Michelis D, Müller J (2011) The Audience Funnel: Observations of Gesture Based Interaction With Multiple Large Displays in a City Center. Int J Hum Comput Interact 27:562–579. doi: 10.1080/10447318.2011.555299

17. Müller J, Alt F, Michelis D, Schmidt A (2010) Requirements and design space for interactive public displays. In: Proc. Int. Conf. Multimed. – MM '10. ACM Press, pp 1285–1294

18. Nutsi A, Koch M (2015) Multi-User Usability Guidelines for Interactive Wall Display Applications. Proc Intl Symp on Pervasive Displays (PerDis). doi: 10.1145/2757710.2776798

19. Huang EM, Koster A, Borchers J (2008) Overcoming assumptions and uncovering practices: When does the public really look at public displays? In: Proc. Pervasive 2008, LNCS 5013. Springer, Berlin, pp 228–243

20. So JCY, Chan AHS (2009) Design factors on dynamic text display. Eng Lett 16:16–19. doi: 10.1063/1.3078118

21. Mohs C, Hurtienne J, Israel JH, et al (2006) IUUI – Intuitive Use of User Interfaces. In: Proc. Usability Prof. 2006. pp 130–133

22. Raskin J (1994) Viewpoint: Intuitive equals familiar. Commun ACM 37:17–18. doi: 10.1145/182987.584629

23. Herczeg M (2009) Software-Ergonomie – Theorien, Modelle und Kriterien für gebrauchstaugliche interaktive Computersysteme, 3. Aufl. de Gruyter Oldenbourg, München

24. Hassenzahl M, Beu A, Burmester M (2001) Engineering Joy. IEEE Softw 18:70–76. doi: 10.1109/52.903170

25. Hatscher M (2000) Joy of use: Determinanten der Freude bei der Softwarenutzung. Universität Osnabrück

26. Reeps IE (2004) Joy-of-Use – eine neue Qualität für interaktive Produkte. Universität Konstanz

27. Kötteritzsch A, Koch M, Wallrafen S (2016) Expand Your Comfort Zone! Smart Urban Objects to Promote Safety in Public Spaces for Older Adults. Adjun Proc UbiComp 2016. doi: 10.1145/2968219.2968418

28. Alt F, Shirazi AS, Kubitza T, Schmidt A (2013) Interaction techniques for creating and exchanging content with public displays. In: Proc. SIGCHI Conf. Hum. Factors Comput. Syst. ACM, New York, NY, USA, pp 1709–1718

29. Davies N, Clinch S, Alt F (2014) Pervasive Displays – Understanding the Future of Digital Signage. doi: 10.2200/S00558ED1V01Y201312MPC011

30. Müller J, Walter R, Bailly G, et al (2012) Looking Glass: A Field Study on Noticing Interactivity of a Shop Window. In: Proc. 2012 ACM Conf. Hum. Factors Comput. Syst. ACM, New York, NY, USA, pp 297–306

31. Khamis M, Alt F, Bulling A (2016) Challenges and Design Space of Gaze-enabled Public Displays. Proc 2016 ACM Int Jt Conf Pervasive Ubiquitous Comput. doi: 10.1145/2968219.2968342

32. Khamis M, Trotter L, Tessmann M, et al (2016) EyeVote in the Wild: Do Users bother Correcting System Errors on Public Displays? Proc 15th Int Conf Mob Ubiquitous Multimed. doi: 10.1145/3012709.3012743

33. Poole A, Ball LJ (2005) Eye Tracking in Human-Computer Interaction and Usability Research: Current Status and Future Prospects. Encycl Human-Computer Interact 211–219. doi: 10.4018/978-1-59140-562-7

34. Alt F, Bulling A, Gravanis G, Buschek D (2015) GravitySpot: Guiding Users in Front of Public Displays Using On-Screen Visual Cues. Proc. 28th ACM Symp. User Interface Softw. Technol.

35. Vidal M, Bulling A, Gellersen H (2013) Pursuits: Spontaneous Interaction with Displays Based on Smooth Pursuit Eye Movement and Moving Targets. In: Proc. 2013 ACM Int. Jt. Conf. Pervasive Ubiquitous Comput. ACM, New York, NY, USA, pp 439–448

36. Khamis M, Saltuk O, Hang A, et al (2016) TextPursuits: Using Text for Pursuits-based Interaction and Calibration on Public Displays. In: Proc. 2016 ACM Int. Jt. Conf. Pervasive Ubiquitous Comput. ACM, New York, NY, USA, pp 274–285

37. Bulling A, Alt F, Schmidt A (2012) Increasing The Security Of Gaze-Based Cued-Recall Graphical Passwords Using Saliency Masks. In: Proc. 2012 ACM Annu. Conf. Hum. Factors Comput. Syst. ACM, New York, NY, USA, pp 3011–3020

38. Alt F, Mikusz M, Schneegass S, Bulling A (2016) Memorability of Cued-Recall Graphical Passwords with Saliency Masks. Proc. 15th Intl. Conf. Mob. Ubiquitous Multimed.

39. Itti L, Koch C (2001) Computational modelling of visual attention. Nat Rev Neurosci 2:194–203.

40. Aviv AJ, Gibson K, Mossop E, et al (2010) Smudge Attacks on Smartphone Touch Screens. Proc. 4th USENIX Conf. Offensive Technol.

41. Schneegass S, Steimle F, Bulling A, et al (2014) SmudgeSafe: Geometric Image Transformations for Smudge-resistant User Authentication. Proc. 2014 ACM Int. Jt. Conf. Pervasive Ubiquitous Comput.

42. Alt F, Schneegass S, Shirazi AS, et al (2015) Graphical Passwords in the Wild: Understanding How Users Choose Pictures and Passwords in Image-based Authentication Schemes. In: Proc. 17th Intl. Conf. Human-Computer Interact. with Mob. Devices Serv. ACM Press, pp 316–322

43. Abdelrahman Y, Khamis M, Schneegass S, Alt F (2017) Stay Cool! Understanding Thermal Attacks on Mobile-based User Authentication. Proc. Conf. Hum. Factors Comput. Syst.

44. Buschek D, De Luca A, Alt F (2016) Evaluating the Influence of Targets and Hand Postures on Touch-based Behavioural Biometrics. Proc. SIGCHI Conf. Hum. Factors Comput. Syst.

45. Buschek D, Alt F (2017) ProbUI: Generalising Touch Target Representations to Enable Declarative Gesture Definition for Probabilistic GUIs. Proc. SIGCHI Conf. Hum. Factors Comput. Syst.

46. Michelman P (2017) Why the Human Voice Is the Year's Most Important Technology. In: MITSloan Manag. Rev. Blog.

Bioinformatics Advances Biology and Medicine by Turning Big Data Troves into Knowledge

3

Julien Gagneur, Caroline Friedel, Volker Heun, Ralf Zimmer und Burkhard Rost

Abstract

Informatics and life sciences (molecular biology and medicine) are undoubtedly the most rapidly growing, most dynamic endeavors of modern societies. Computational biology or bioinformatics describes the rising field that integrates those endeavors. Over the last 50 years, the field has shifted focus from the study of individual genes and proteins (1967–1994), to that of entire organisms (1995–2015), and more recently to studying the diversity of populations. The increasing amount of big data created by the life sciences challenges already just by its volume. Even more challenging is the high intrinsic complexity of the data. On top, the data are changing at breathtaking speed: most data generated in 2016 probes conditions that had not been anticipated 15 years ago. *Precision medicine* and *personalized health* are just two descriptors of how modern biology will become relevant for improving our health. All new drugs at some point have used bioinformatics tools for the development. Similarly, there will be no digital medicine without the bioinformatics expertise, and no advance without mastering machine learning tools turning raw data into valuable insights and decisions.

J. Gagneur · B. Rost (✉)
Technische Universität München
Boltzmannstraße 3, 85748 Garching, Germany

C. Friedel · V. Heun · R. Zimmer
Institut für Informatik, Ludwig-Maximilians-Universität München
Amalienstraße 17, 80333 München, Germany

© Springer-Verlag GmbH Deutschland 2017
A. Bode et al. (Hrsg.), *50 Jahre Universitäts-Informatik in München*,
DOI 10.1007/978-3-662-54712-0_3

3.1   50 years: from genes and proteins to population diversity

The story how computational biology and bioinformatics have evolved into what might be one of today's most interdisciplinary fields of research can be sketched in many ways. Here, we chose a theme driven by the scale and complexity of the goals addressed: from single molecules, to entire organisms, onto the diversity found in populations.

One short explanation for the usage of two denominators of the field: *computational biology* is favored in North America for what Europeans tend to consider as bioinformatics. However, this view over-simplifies the matter, e.g. in the USA the term bioinformatics describes the tasks related to keeping databases and programming pipelines. In other words, even in its naming the field is mirroring the complexity of life, its subject of study. As this contribution hails out of Europe, we used the term bioinformatics for brevity.

1967–1994: individual genes and proteins reign It all began with computing what we might consider the elements of life, namely the genes and proteins. Expert biophysicists compared families of proteins to understand molecular evolution and function, and mathematicians and physicists reproduced those expert comparisons through algorithms. Others tried to understand the biophysical and chemical space of the elements of life and their dynamics, as exemplified by the 2013 Nobel Prizes in Chemistry to Karplus, Levitt, and Warshel for work today considered as bioinformatics. Almost all recent advances in medical and molecular biology use those initial breakthroughs. However, without knowing all the parts in an organism, our understanding of the entire machinery remains limited. At the end of this first phase, bioinformatics had become crucial to, e.g. develop drugs, and to help in feeding an exploding world population. Well-trained bioinformaticians began to be sought after. Two particular resources published in this phase were *PredictProtein*, the first Internet prediction server in molecular biology that launched in 1992 [1, 2], and *MIPS* exploiting new ways to enrich original data by adding annotations in a database [3, 4].

1995–2015: toolboxes for entire organisms explained by systems biology In 1995 the first genome for a whole organism (bacterium) was published [5]. For the first time, a glimpse at the entire machinery opened up. With all the parts present, the hope was that systems biology would enable to better understand how life works and how we can identify "mistakes" in the system such as diseases early enough to interfere. This phase changed the nature of modern biology: from being driven by hypotheses to being driven by high-throughput experiments. The move from genes to genomes (proteins to proteomes) coincided with the move to investigate the interaction between the elements, i.e. to the perspective of networks. Many different types of data probing for the state became available creating the so called *"omics"* era essentially moving the challenges from *"understanding the parts"* to *"mining the data"*.

During this period the complexity of the data also increased. To over-simplify: the more data surfaced, the more challenging it became to master those data in small groups or e.g.

within a Doctoral thesis. Consequently, many large institutes were created such as the NCBI (Bethesda USA), the EMBL-EBI (Hinxton England), the SIB (Switzerland), and large databases and database consortia (PDB, UniProt, Swiss-Prot, Genebank).

The increase in complexity also implied an even higher pressure for finding and educating well-trained experts: for everyone who completed a PhD, the industry needed two graduates instead of just this one. While this problem was well known in computer sciences and informatics, it was new for biology. 22 years after the first complete genome, the lack of qualified experts remains a limiting factor despite the increase in teaching facilities worldwide. Another complication for finding experts in bioinformatics originates from salary differences: informatics graduates earn more than graduates from experimental biology (bioinformaticians fall in between the two extremes although they are mostly educated like computer scientists). Computer scientists are often attracted to bioinformatics by the breathtaking surprises of modern biology. From one revolution to the next, molecular and medical biology rapidly advance toward understanding life; yet, at every turn, more complexity appears to open up.

While the systems perspective connects the "elements", it remains limited to the study of "one particular system". When the "human genome" sequencing was completed, the assumption had been that essentially any of us could serve as a reference genome for the other 7.4 billion, and that we "only" needed to understand our genome to increase health. (Incidentally, when the first draft of the human genome was published in the year 2000, about 6.2 billion populated the planet, each of those carried 3.2 billion base pairs, or 6.4 billion bases, i.e. their genomes contained that many letters.) Over the last year(s), biology has realized the extremity of variation between people, the crucial importance of epigenetics (effects not entirely encoded in the 1D sequence of the DNA), and the crucial contribution from the many different organisms living in symbiosis within our bodies (adults are assumed to carry almost 2 kg of micro-organisms that together code for more genes than our own human DNA).

2016–now: mining the era of diversity for populations 16 years after the first glimpse at one whole human genome, the entire proteomes for 60,000 people were published in 2016. Two unrelated people differ by about one letter in every other protein they carry. This was much more than anticipated. The genomic diversity carries information crucial for understanding the molecular machinery of life. The diversity between healthy people is particularly important, for instance, in light of the enormous genomic variation within one type of cancer in the same individual. What is beneficial diversity, what frames malfunction? Large-scale projects such as *Genomics England* or Obama's *Precision Medicine Initiative* hope to advance health care through the combination of the systems biology perspective using *omics* with the diversity of populations to give medical professionals the resources needed for diagnosis and treatments informed by data from contemporary molecular biology.

The era of digital medicine has begun. This seemingly obvious statement obscures the amount of challenges to be addressed. The transition into high-throughput biology has come along with a transition from clear evidence to probabilistic evidence. We no longer observe that protein A interacts with protein B, but we observe that the probability for their interaction is altered in response to some event (dubbed *assay* in biology) that might impact thousands of other proteins, and might have stronger effects on other interactions. Digital medicine requires bioinformatics to discover needles in haystacks in no time! Digital medicine faces many other challenges, not the least those related to the availability and security of the data. Clearly, many well-trained experts are needed to turn the enormous amounts of immensely complex data. Just the relatively simple raw read data for 60,000 genomes already fills tens of petabytes. China and the USA target sequencing millions in the near future, more raw data than any single company in the world is likely to command today, and storing just the genomes is clearly the trivial part of the task at hand.

Bioinformatics in Munich (BIM) successful since 2000 The study program *Bioinformatics in Munich* (BIM) was launched in August 2000 as an unusually impressive collaboration between two universities in Munich (LMU: Ludwig-Maximilians-Universität München and the TUM: Technical University of Munich) with strong support from the local Max-Planck Institutes and the Helmholtz Center. Hans-Werner Mewes (TUM) spearheaded the initiative for this German-wide unique beginning. Ernst W. Mayr (TUM) and Ralf Zimmer (LMU) matched his efforts. Thanks to the support of many other colleagues from theoretical and experimental fields, the study program has grown quickly into one of the most successful such activities worldwide.

The foundation of this new program was in response to the availability of complete genomes and the transition from hypothesis driven biology towards explorative and holistic approaches in systems biology as well as forthcoming applications in disease diagnosis, drug development, molecular and systems medicine, plant and food research, and population genetics. The establishment of this new type of interdisciplinary curriculum has been extremely challenging and successful. The vision of the study program has been to train a new generation of scientists and researchers fluent with interdisciplinary concepts. The Bioinformatics program is built upon three main pillars: (1) the algorithmic foundations from computer sciences, mathematics, and statistics, (2) the solid basis for communication with experimental biologists originating from the study of biology, biochemistry and bio-medicine, and (3) the specialization of problems through the study of bioinformatics, systems biology, systems medicine, and systems genetics in order to keep pace with new discipline-specific developments in methods, algorithms, machine learning, (big) data analysis and mining, genomics, transcriptomics, proteomics, high-throughput techniques, as well as, with associated analysis methods, network/systems analysis, design and control.

In Munich this concept has been successfully implemented since 2000, now turning out 50–70 bioinformaticians with bachelor or master degree every year. More information on Bioinformatics in Munich can be found at the university website (www.bioinformatik-muenchen.de) and the websites of the associated bioinformatics chairs (Mewes, Rost, Theis, Zimmer), bioinformatics professors (Antes, Friedel, Frishman, Gagneur, Heun, Metzler) and many other colleagues (in informatics, data science, machine learning, biology, medicine, the WZW, the LMU Gene Center, the MPI for Biochemistry, the Helmholtz Center Munich) in the participating faculties at the TUM (informatics and life sciences), as well as, LMU (Biology, Chemistry and Pharmacy, and Mathematics, Informatics and Statistics).

Examples for bioinformatics research questions In the following, we focus on a few examples of research biased toward the focus of some of the authors. Munich offers a large panel of research groups in bioinformatics covering broader topics. Particular examples are the plethora of methods developed by the labs of the LMU co-authors that span from protein structure and function prediction [6, 7] to genomics [8], unique methods for network analysis and systems biology [9, 10], and more successful algorithms to determine protein structure [11]. Other unique contributions include those to genome-oriented bioinformatics by the labs of Hans-Werner Mewes [12, 13], to statistical genetics and machine learning, systems biology and the analysis of single-cell data by the lab of Fabian Theis [14], to protein-based analyses by the lab of Dmitrij Frishman [15–18], to protein docking by the group of Iris Antes [19], as well as contributions to molecular evolution by the group of Dirk Metzler (LMU), on statistics and biomedicine by the groups of Anne-Laure Boulesteix (LMU) and Ulrich Mannsmann (LMU), and many other research groups.

3.2   Understanding regulation

Nearly all cell types of your body contain the same copy of your genome. They act so differently because the part of the genome read is cell type-specific. For each of the about 20,000 genes in the human genome, gene expression, i.e. the amount of RNA and protein molecules that a cell makes, depends on the cell type and on stimulations from the cellular environment. The regulation of expression is also encoded in the genome and about 20% of all human proteins focus on regulation. Factors affecting expression include proteins and RNAs, and typically act by recognizing regulatory elements on the target gene. These regulatory elements represent a major part of any gene. They include transcription factor binding sites and tens of enhancers per gene, RNA-binding sites and linear motifs in the protein sequence. While regulatory elements of transcription are being studied intensely, regulatory elements governing RNA degradation and more importantly for protein synthesis and degradation are less understood. Collectively, the cis-regulatory elements are referred to as the genetic regulatory code.

Decrypting the genetic regulatory code has implications for our understanding of cellular biology, for the interpretation of genetic variants, and for genetic engineering. Most of the genetic variants associated with genetic diseases do not lie in the genome sequence coding the proteins but are regulatory [20]. However, despite decades of research on gene regulation, we do not know how far we are from a comprehensive list of genetic regulatory elements. No model is currently available that predicts gene expression levels in a given cell type from genomic sequence.

Decrypting the genetic regulatory code Genome sequence analysis has traditionally been used to identify cis-regulatory elements. It is based on sequence conservation (detected by alignment of genome sequence of different species) and on the identification of statistically enriched sequence patterns. Genome sequence analysis can identify sequence elements that are under selection pressure. However, it is very difficult to link those elements to function, let alone to their quantitative contribution.

The generation of data from the genomic field is exploding, already doubling faster than every 7 months, and the rate of explosion continues to grow exponentially (leading to a double exponential growth). Large datasets are shared for research purposes (ENCODE, Roadmap epigenomics, GTEx) and further efforts aim at extending data sharing policies and providing cloud services to allow massive analyses on them. These data include quantitative measurements of gene expression [21] and they are assumed to eventually cover all human natural genetic variations. Opening the door to relating quantitative levels of RNA and protein expression to an individual's genome sequence offers the possibility to decipher the genetic regulatory code.

Consequently, variation of gene expression within genetically diverse populations has become crucial. Computational approaches have been borrowed from classical quantitative genetics, where significant associations between genetic variation across a population and a quantity of interest (body height, body mass index, onset of a disease, but also molecular phenotypes such as the expression level of a gene or a protein) are systematically tested. These studies have shown that gene expression is largely inheritable and have identified thousands of associations between genetic variants and gene expression. The interpretation of how sequence variations mechanistically affect gene expression is subject to *posteriori* analyses. However, the genetic variation is not directly used to discover novel regulatory elements.

Fig. 3.1 Cover *Molecular Systems Biology* (Jan. 2016) highlighting a systematic approach to quantify the kinetics of RNA synthesis (transcription), processing (splicing) and degradation in living cells and to unravel how these kinetics rates are genetically encoded in genes [22]

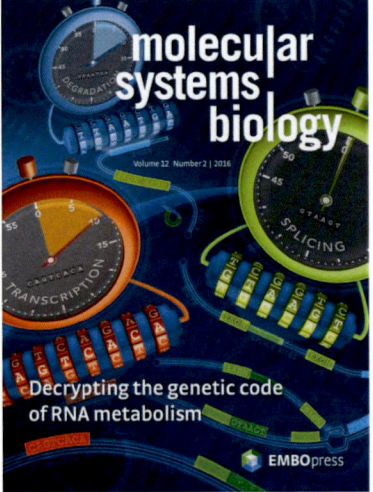

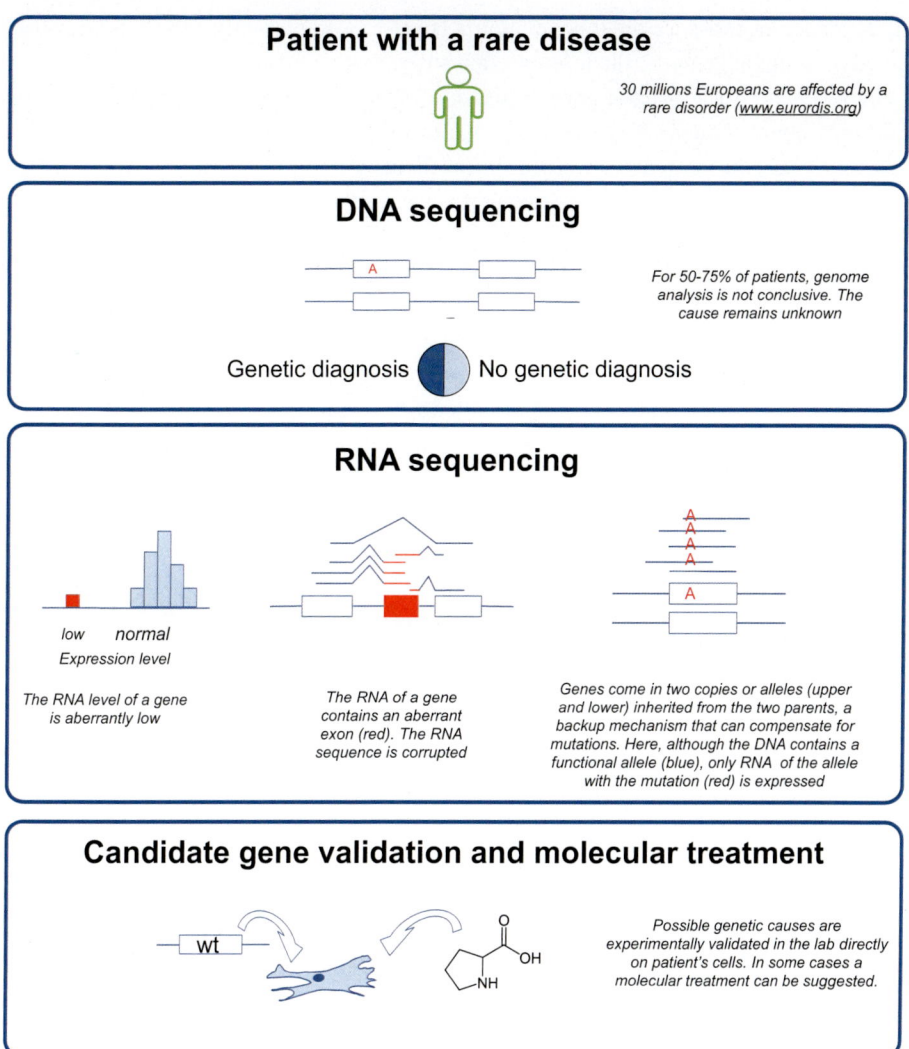

Fig. 3.2 RNA sequencing helps providing a diagnosis to patients with a genetic disorder, adapted from [23]

New concepts and methodologies are required to learn predictive and mechanistic models of gene expression from very large *omic* datasets. One example is a systematic approach [22] that begins with experimental data for RNA metabolism rates, continues by identifying sequence elements predictive for these rates, and ends through functional validating these elements through expression profiles in genetically distinct individuals. Using fission yeast as a model system, this recovered known DNA and RNA regulatory elements, quantified the contributions of individual bases to RNA synthesis, splicing, and degradation, and uncovered novel motifs (Fig. 3.1). Importantly, the model has been trained on a single genome (the reference lab strain) but could correctly predict the effect of many genetic variants upon gene expression for other genomes not used for training. This study demonstrated the predictive power of mechanistic models to interpret genetic variation. This type of approach based on mechanistic models could be used to predict the effect of very rare variants (i.e. sequence variants not seen in many individuals of a species).

Those results are promising, but we still need to build mechanistic models that explain the entire regulatory implications of any genetic variation. However, integration of direct measurements of gene expression can already accelerate the genetic and molecular characterization of diseases. Just like the genomic DNA, cellular RNAs can now be sequenced at very high-throughput with a technique called RNA-seq.

New methods aim at helping in the diagnostics of patients with genetic disorders by integrating DNA and RNA sequencing data. First results suggest bioinformatics as a very powerful technique to unravel the molecular cause of these diseases (Fig. 3.2). A pilot study delivered diagnostics for seven families for which no one knew so far the cause of the disease [23]. The genetic diagnosis is an important step forward for the families affected with a rare genetic disease. They can perform genetic tests among the relatives to know who is carrier of the causative mutation, but also connect with other families worldwide with defects for the same gene to exchange. In one case, a molecular treatment could be proposed based on the function of the gene. On the computational side, such projects require very fast string matching algorithms of very large datasets (this study generated more 10 billions of RNA-sequencing reads, each of more 100 letters long) as well as robust statistical algorithms that can sensitively find aberrant events in these data while controlling for false positive calls.

3.3   Combining machine learning and evolution

You might be familiar with the butterfly effect visualizing how tiny changes in the initial conditions might have large effects on the system. Physicists describe systems exhibiting such behavior as "chaotic". Proteins are composed of amino acids. Imagine those as letters strung together to form very long words (the proteins). Proteins adopt unique shapes, referred to as their three-dimensional (3D) structures. To simplify: protein sequence determines protein structure determines protein function, i.e. just knowing the sequence, we could predict function. Unfortunately, the problem is of the complexity of the butterfly effect, i.e. too hard to solve. Luckily, biology offers help: the molecular fossil record of elements from many species and their relations provide enough crucial information to turn an impossible-to-solve problem into a very difficult one that can already be solved for some special cases. As for all substantially complex problems, the only way to get anywhere is by the application of machine learning to large data sets. This combination of machine learning and evolutionary information begun 23 years ago [1, 24] and has led to many breakthroughs, since. With respect to our matrix introduced to quickly sketch history ("50 years"), this marriage corresponds to linking the single molecule and the population perspective. Missing here is the systems' view: proteins resemble cogs in a densely packed watch; they act in concert. Thus, we need to understand the interaction between proteins, need to move from the level of populations or families of sequences to that of populations of networks in populations of machines. Arguably, if we completely understood the space of all possible sequences (all possible genes and proteins), we could predict protein structure and function, would understand how sequence variation impacts disease and how we can optimally detect disease and avoid it.

Protein sequence changing variants between people affect molecular function Every 2nd protein in your body differs in one of its 200–600 letters (amino acids) from the reference. Many pairs of proteins that differ by 80% of their letters have very similar structure and function. Does this imply that most variants are neutral? Explicit experimental data is only available for a tiny fraction of the known diversity. The only means of gauging the effect of the known sequence variation between healthy people upon molecular protein function is through the development of methods that predict functional effect from sequence. Over 100 such methods exist. Some even predict heat-maps capturing the impact of all single variants upon sequence space (Fig. 3.3a) [25]. The better methods predict the sequence variation between healthy individuals to affect molecular function more than expected [26]. Some of the recent results demonstrate a conflict-of-interest between the individual and the species: many of us might carry bad variants; some of which might help to survive under some conditions. For instance, the same sequence variant leading to sickle cell anemia (bad) can increase the malaria resistance in its carrier (good) [27]. In this view, personalized health is also about finding a way to benefit from the advantage of diversity without having to pay for it by causing problems to some people.

Machine learning gives boost in fighting infectious diseases Bacteria exploit many different strategies to survive, e.g. a complicated apparatus to shoot targets (proteins) at other cells (such as the *type III secretion system*). If we pictured this as a bow, bacteria utilize essentially the same components for building their bows. In fact, the same bows are responsible for infectious diseases ranging from food-borne illnesses to the bubonic plague. Given this diversity: How similar are the arrows? All arrows that have been experimentally characterized are similar. Yana Bromberg (Rutgers University New Brunswick) and Tatyana Goldberg (TUM) have recently published [28] a new machine learning solution that suggests many important conclusions with respect to the evolution of bows and arrows and importantly provides a completely new perspective on the diversity of arrows (Fig. 3.3b) that has begun to help in understanding and managing infectious diseases.

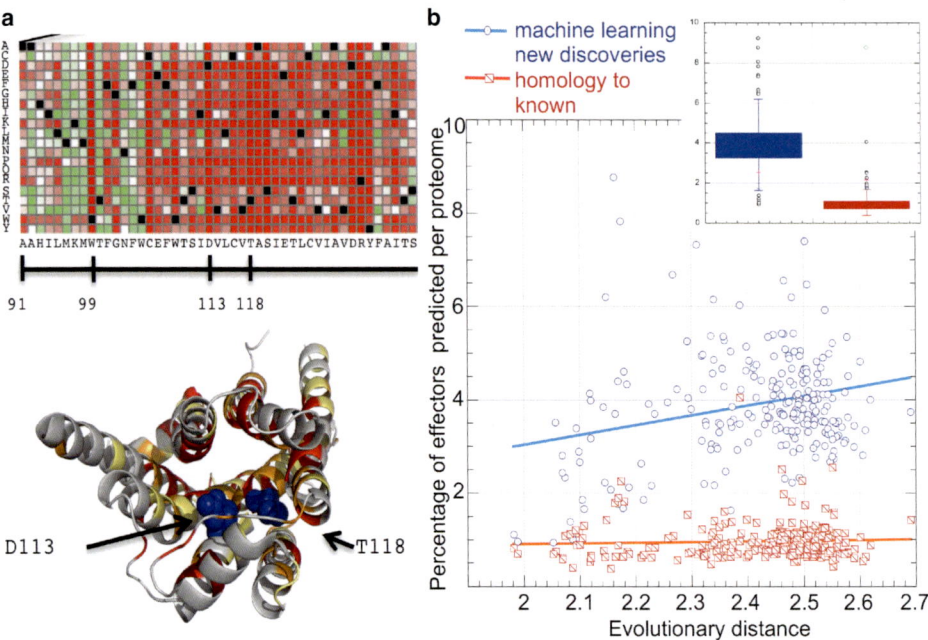

Fig. 3.3 Machine-learning reaches beyond experiments. Panel **a** gives an example for predicting the effect of sequence variants upon molecular function. The top matrix on the left shows the predicted effect for one particular protein (adrenergic receptor Swiss-Prot_ID: ADRB2_HUMAN, PDB_ID: 3PDS). The region shown zooms into residues 91–137 (x-axis). The y-axis reflects the effect of mutating the native amino acid (in black) by any of the 19 non-native: redder: more effect, greener: more neutral. The lower left illustrates the same information for the 3D structure. The combination of 3D information and the predicted effected suggested two particular residues as most interesting targets for tests and possibly for drugs (D113, T118), these happen to be the binding sites. While experiments can reproduce such data for a few proteins, only machine-learning algorithms on large computers (such as the one from the LRZ) can compile such results for all human proteins. Panel **b** illustrates how machine-learning might help to discover new antibacterial defense: the red disks mark the entire set of so called *effectors* (proteins secreted by bacteria to attack) known today for each of 3500 different bacteria (sorted by their evolutionary distance on the x-axis), i.e. each disk represents the percentage of such effectors in the entire genome of one bacterium (average about 1%, corresponding to 10–40 effectors). The blue disks mark effectors predicted by machine-learning: at an estimated performance of above 70%, this implies that at least 70% of all effectors relevant to study diseases caused by effectors is only revealed by machine-learning

3.4 Conclusions

Over the last half century the new field of computational biology/bioinformatics has come off age. It has helped to design and interpret experiments in molecular biology and medicine, has provided insights beyond what is visible by experimental means, and has contributed toward designing the rapid advance of the modern life sciences into high-throughput and quantitative endeavors. New generations of scientists have been educated who easily combine experiment and computation and increasing numbers of computer scientists begin to fall for the colorful diversity and ample awards in studying life. The field will likely prosper even more in the future. Despite the experience in the field and its successes, the challenges for marrying the best possible computer technology with life sciences are likely to rise. Computational biology is then just like life itself: constantly surprising and exciting.

3.5 Acknowledgements

Thanks primarily to Tatyana Goldberg (TUM) for contributing figures; thanks to Uta Mackensen (EMBO Graphics Editor) for Fig. 3.1; to Inga Weise (TUM) for support with many other aspects of this work. Last, not least, thanks to all those who deposit their experimental data in public databases, and to those who maintain these databases.

References

1. Rost, B., Sander, C.: Jury returns on structure prediction. Nature 360, 540 (1992)
2. Yachdav, G., Kloppmann, E., Kajan, L., Hecht, M., Goldberg, T., Hamp, T., Honigschmid, P., Schafferhans, A., Roos, M., Bernhofer, M., Richter, L., Ashkenazy, H., Punta, M., Schlessinger, A., Bromberg, Y., Schneider, R., Vriend, G., Sander, C., Ben-Tal, N., Rost, B.: PredictProtein – an open resource for online prediction of protein structural and functional features. Nucleic Acids Res 42, W337-343 (2014)
3. Mewes, H.W., Albermann, K., Heumann, K., Liebl, S., Pfeiffer, F.: MIPS: a database for protein sequences, homology data and yeast genome information. Nucleic Acids Research 25, 28–30 (1997)
4. Barker, W.C., George, D.G., Mewes, H.W., Pfeiffer, F., Tsugita, A.: The PIR-International databases. Nucleic Acids Res 21, 3089–3092 (1993)
5. Fleischmann, R.D., Adams, M.D., White, O., Clayton, R.A., Kirkness, E.F., Kerlavage, A.R., Bult, C.J., Tomb, J.-F., Dougherty, B.A., Merrick, J.M., McKenney, K., Sutton, G., FitzHugh, W., Fields, C., Gocayne, J.D., Scott, J., Shirley, R., Liu, L.-I., Glodek, A., Kelley, J.M., Weidman, J.F., Phillips, C.A., Spriggs, T., Hedblom, E., Cotton, m.D., Utterback, T.R., Hanna, M.C., Nguyen, D.T., Saudek, D.M., Brandon, R.C., Fine, L.D., Fritchman, J.L., Fuhrmann, J.L., Geoghagen, N.S.M., Gnehm, C.L., McDonald, L.A., Small, K.V., Fraser, C.M., Smith, H.O., Venter, J.C.: Whole-genome random sequencing and assembly of Haemophilus influenzae Rd. Science 269, 496–512 (1995)
6. Krumsiek, J., Friedel, C.C., Zimmer, R.: ProCope – protein complex prediction and evaluation. Bioinformatics 24, 2115–2116 (2008)
7. Friedel, C.C., Dolken, L., Ruzsics, Z., Koszinowski, U.H., Zimmer, R.: Conserved principles of mammalian transcriptional regulation revealed by RNA half-life. Nucleic Acids Res 37, e115 (2009)
8. Dolken, L., Malterer, G., Erhard, F., Kothe, S., Friedel, C.C., Suffert, G., Marcinowski, L., Motsch, N., Barth, S., Beitzinger, M., Lieber, D., Bailer, S.M., Hoffmann, R., Ruzsics, Z., Kremmer, E., Pfeffer, S., Zimmer, R., Koszinowski, U.H., Grasser, F., Meister, G., Haas, J.:

Systematic analysis of viral and cellular microRNA targets in cells latently infected with human gamma-herpesviruses by RISC immunoprecipitation assay. Cell Host Microbe 7, 324–334 (2010)

9. Friedel, C.C., Zimmer, R.: Influence of degree correlations on network structure and stability in protein-protein interaction networks. BMC Bioinformatics 8, 297 (2007)

10. Birzele, F., Csaba, G., Erhard, F., Friedel, C.C., Küffner, R., Petri, T., Windhager, L., Zimmer, R.: Algorithmische Systembiologie mit Petrinetzen – Von qualitativen zu quantitativen Systemmodellen. Informatik-Spektrum 32, 310–319 (2009)

11. Ginzinger, S.W., Skocibusic, M., Heun, V.: CheckShift improved: fast chemical shift reference correction with high accuracy. J Biomol NMR 44, 207–211 (2009)

12. Arnold, R., Goldenberg, F., Mewes, H.W., Rattei, T.: SIMAP – the database of all-against-all protein sequence similarities and annotations with new interfaces and increased coverage. Nucleic Acids Res 42, D279-284 (2014)

13. Ellwanger, D.C., Leonhardt, J.F., Mewes, H.W.: Large-scale modeling of condition-specific gene regulatory networks by information integration and inference. Nucleic Acids Res 42, (2014)

14. Blasi, T., Hennig, H., Summers, H.D., Theis, F.J., Cerveira, J., Patterson, J.O., Davies, D., Filby, A., Carpenter, A.E., Rees, P.: Label-free cell cycle analysis for high-throughput imaging flow cytometry. Nature communications 7, 10256 (2016)

15. Honigschmid, P., Frishman, D.: Accurate prediction of helix interactions and residue contacts in membrane proteins. J Struct Biol 194, 112–123 (2016)

16. Jaravine, V., Raffegerst, S., Schendel, D.J., Frishman, D.: Assessment of cancer and virus antigens for cross-reactivity in human tissues. Bioinformatics 33, 107–111 (2016)

17. Karabulut, N.P., Frishman, D.: Sequence- and Structure-Based Analysis of Tissue-Specific Phosphorylation Sites. PLoS One 11, e0157896 (2016)

18. Zhang, Y., Xu, H., Frishman, D.: Genomic determinants of somatic copy number alterations across human cancers. Hum Mol Genet 25, 1019–1030 (2016)

19. Schneider, M., Rosam, M., Glaser, M., Patronov, A., Shah, H., Back, K.C., Daake, M.A., Buchner, J., Antes, I.: BiPPred: Combined sequence- and structure-based prediction of peptide binding to the Hsp70 chaperone BiP. Proteins 84, 1390–1407 (2016)

20. Montgomery, S.B., Dermitzakis, E.T.: From expression QTLs to personalized transcriptomics. Nat Rev Genet 12, 277–282 (2011)

21. Wilhelm, M., Schlegl, J., Hahne, H., Gholami, A.M., Lieberenz, M., Savitski, M.M., Ziegler, E., Butzmann, L., Gessulat, S., Marx, H., Mathieson, T., Lemeer, S., Schnatbaum, K., Reimer, U., Wenschuh, H., Mollenhauer, M., Slotta-Huspenina, J., Boese, J.H., Bantscheff, M., Gerstmair, A., Faerber, F., Kuster, B.: Mass-spectrometry-based draft of the human proteome. Nature 509, 582–587 (2014)

22. Eser, P., Wachutka, L., Maier, K.C., Demel, C., Boroni, M., Iyer, S., Cramer, P., Gagneur, J.: Determinants of RNA metabolism in the Schizosaccharomyces pombe genome. Molecular systems biology 12, 857 (2016)

23. Kremer, L., Bader, D., Mertes, C., Kopajtich, R., Pichler, G., Iuso, A., Haack, T., Graf, E., Schwarzmayr, T., Terrile, C., Konafikova, E., Repp, B., Kastenmüller, G., Adamski, J., Lichtner, P., Leonhardt, C., Funalot, B., Donati, A., Tiranti, V., Lombes, A., Jardel, C., Gläser, D., Taylor, R., Ghezzi, D., Mayr, J., Rötig, A., Freisinger, P., Distelmaier, F., Strom, T., Meitinger, T., Gagneur, J., Prokisch, H.: Genetic diagnosis of Mendelian disorders via RNA sequencing. bioRxiv (2017)

24. Rost, B., Sander, C.: Improved prediction of protein secondary structure by use of sequence profiles and neural networks. PNAS 90, 7558–7562 (1993)

25. Hecht, M., Bromberg, Y., Rost, B.: News from the protein mutability landscape. J Mol Biol 425, 3937–3948 (2013)
26. Mahlich, Y., Hecht, M., De Beer, T.A.P., Bromberg, Y., Rost, B.: Common sequence variants affect molecular function more than rare variants? Scientific Reports 7, 1608 (2017)
27. Rost, B., Radivojac, P., Bromberg, Y.: Protein function in precision medicine: deep understanding with machine learning. FEBS Letters 590, 2327–2341 (2016)
28. Goldberg, T., Rost, B., Bromberg, Y.: Computational prediction shines light on type III secretion origins. Scientific reports 6, 34516 (2016)

Human Collaboration Reshaped: Applications and Perspectives

Martin Bogner, François Bry, Niels Heller, Stephan Leutenmayr,
Sebastian Mader, Alexander Pohl, Clemens Schefels, Yingding Wang
und Christoph Wieser

Abstract

20th century iconic examples of human collaboration are the assembly line, centralised planning, bureaucracies, vote-based decision making, and school education. These examples, and more generally all forms of human collaboration of the 20th century, are characterized by predefined human roles and little adaptable processes, that is, 20th century collaboration comes at the price of a restricted individual freedom. With the turn of the century, new forms of human collaboration have become widespread that exploit information and communication technologies, data generated by humans, Data Science in general and Machine Learning in particular, and let humans contribute as they like, when they like, and as much as they can, the lack of predefined roles and processes being accounted for by software. The phrase "Human Computation" coined for denoting the new forms of human collaboration stresses a core aspect of the paradigm which can be a downside: With Human Computation, humans become contributors to collaboration-enabling algorithms that can also control and restrict how collaboration takes place. This article introduces to Human Computation and to its role in applications of Machine Learning, presents Human Computation prototype systems developed during the last decade at Ludwig-Maximilian University of Munich, discusses ethical issues of Human Computation and Machine Learning, points to on-going research in the field at Ludwig-Maximilian University of Munich, and concludes with a reflection on the future of Human Computation. The original contribution of this article is a comprehensive presentation of recent research the main part of which has already been published in more detail elsewhere.

M. Bogner · F. Bry (✉) · N. Heller · S. Leutenmayr · S. Mader · A. Pohl · C. Schefels ·
Y. Wang · C. Wieser
Institute for Informatics, Ludwig-Maximilians-Universität München
Oettingenstraße 67, 80538 Munich, Germany

© Springer-Verlag GmbH Deutschland 2017
A. Bode et al. (Hrsg.), *50 Jahre Universitäts-Informatik in München*,
DOI 10.1007/978-3-662-54712-0_4

4.1 Introduction

20th century iconic examples of human collaboration are the assembly line, centralised planning, bureaucracies, vote-based decision making, and school education. These examples stress two essential characteristics of 20th century human collaboration: Predefined human roles and little adaptable processes. These characteristics have shaped how our culture views work, education, and more generally all kinds of collective endeavours. Like former cultures could hardly envisage societies but feudally structured, we tend to see in predefined human roles and little adaptable processes unavoidable conditions of collective action. We accept a restricted individual freedom as a necessary price of human collaboration – especially in education and at the workplace. With the turn of the century, however, new forms of human collaboration have become widespread that exploit information and communication technologies, data generated by humans, and Data Science, for letting humans contribute as they like, when they like, and as much as they can or wish. The new forms of human collaboration rely on software for accounting for the lack of predefined roles and processes.

Two businesses among many others owe their considerable success to the new forms of human collaboration: Google and Amazon. The first algorithm used by Google Search for ranking search results, PageRank, exploits the link structure of the Web, that is, data provided by Web document authors. Google Search now relies on many more algorithms, most of them based like PageRank on data humans contribute with – among others, the search results users click on and the rephrasing of queries by users when answers do not satisfy them. Amazon's success builds upon its product search engine and its product recommendations that both exploit data that customers leave when browsing the catalogue, purchasing, making wish lists, and submitting product reports.

The phrase "Human Computation" [1, 2] coined for the new collaboration paradigm stresses a paradigm's core aspect and potential downside: The new forms of human collaboration not only grant humans more freedom than they ever had while participating to collective endeavours, they also turn humans into contributors to algorithms that might control collaboration more than the contributing humans wish.

This article first introduces to Human Computation and to its essential role in many applications of Machine Learning. Then, it presents Human Computation prototype systems developed at Ludwig-Maximilian University of Munich and briefly outlines ongoing research at the same university on a Citizen Science project, on algorithmically sustained human participation to Human Computation systems and on ethical issues of Human Computation and Machine Learning. It concludes with reflections on the future of the reshaped human collaboration.

The contribution of this article is an original and comprehensive presentation mostly of recently published research on novel applications of Human Computation. Sect. 4.7 on ethical issues of Human Computation and Machine Learning contains material from François Bry's lectures on Human Computation and original, so far unpublished, reflections.

4.2 Human Computation

The Web, initially conceived as a distributed infrastructure for the exchange of online do-cuments, has made possible outsourcing to wide, often worldwide, workers' pools, what has been called "crowdsourcing" [3]. Online markets like Amazon Mechanical Turk (for micro-tasks), iStock (for photographs), and Innocentive (for technical innovation) have established crowdsourcing as an effective approach to reduce costs by exploiting compa-rative advantages and by tapping into an expertise outside a business' core competency.

Human Computation [1, 2, 4] builds upon crowdsourcing and goes one step further by relying on "systems that interconnect humans and machines that process information as a system, and [that] serve a purpose" [5] or "systems taking a group of individuals and turning them into a thinking system, a kind of superorganism" [6]. Human Computation systems can also be described as algorithms with "humans in the loop" as conscious or implicit contributors of data or computations. Human Computation thus refers to new, software-based, forms of human collaboration.

Human Computation is ubiquitous: Human Computation is used among others by search engines, for navigation and traffic monitoring (among others by Google maps), for health monitoring (by fitness apps), for recommendations (among others by Amazon), for natural language processing (especially for translation among others by Google and Facebook).

Human Computation mostly takes the form of a "bartered crowdsourcing" on "give and take" Web or mobile apps: A service (like search, navigation, fitness tracking, or transla-tion) is offered for free and the service provider generates a profit from the processing of "footprints" left by users of the service. The data processing of Human Computation systems ranges from relatively trivial computations (like averages) to highly sophistica-ted Data Science methods (like Latent Semantic Analysis, eigenvector centralities, and Deep Learning). The denomination "Human Computation" stresses that users' footprints often result from non-trivial intellectual activities (like a choice of matching products, face recognition, and natural language translations).

The distinction between Crowdsourcing market and Human Computation might be questioned since, like any other market, a Crowdsourcing market can be seen as a Hu-man Computation system. Indeed, markets interconnect humans and machines, process information as systems, and serve a purpose, namely a resource allocation socially accep-ted as fair. Admittedly, in the past markets did not rely on computers but instead on the (sometimes sophisticated) computations of market makers, that is, human agents ensuring markets' liquidity. Does a socially accepted resource allocation, the purpose of markets, qualify markets as Human Computation systems? If one takes markets and their functio-ning for granted, as many "free market" advocates do, then it makes sense to deny markets, among others Crowdsourcing markets, the status of Human Computation systems. If, in contrast, one considers the evolving and mostly complex regulations underlying all mar-kets, then markets can be seen as Human Computation systems. Thus, the distinction between Crowdsourcing market and Human Computation is akin to that between free market and social market economy: It is ideological and depends on whether one disregards or not a market's social underpinning. The distinction between Crowdsourcing market and Human Computation can also be questioned by considering existing systems. In practice, a Crowdsourcing market offers its users services like search, personalisation, and recommendations that are enabled by Human Computation, blurring the distinction between Crowdsourcing and Human Computation.

Users of Human Computation systems can consciously contribute to the systems. This is for example the case when someone "likes" news on Facebook or submits a product report on Amazon. Contributions to Human Computation systems can also be implied. Implied contributions include among others the forwarding by a user to other users of news on Facebook or Twitter and the use of a navigation system. Indeed, forwarding can be interpreted as a strong form of liking and a navigation system knows where its users are and therefore can, among others, "learn" from its users expectable commute times, the location of traffic jams, and traffic jam escape routes. Exploiting implied contributions is not new. Banks and credit card companies have exploited data on their customers' consumptions and insights computed from these data long before the advent of the Internet. The ubiquity of the Internet and of social media have given to the approach unprecedented outreach and power.

An interplay of Human Computation and Machine Learning can often be observed. On the one hand, Human Computation systems often derive new insights from the human contributions they collect by applying Machine Learning methods: Parameters of mathematical models are set using data collected from humans, the quality of the models' outcomes – for example search results or product recommendations – being constantly checked against further data collected from humans, so as to constantly adjust the models. On the other hand, many applications of Machine Learning would not be possible without Human Computation. The interplay of Human Computation and Machine Learning in many current artificial intelligences is addressed in more detail in the next section.

Social media and online commerce platforms all rely on Human Computation and Machine Learning for offering services (like search, recommendation, and personalisation) to their users, sustaining customer loyalty, for targeted advertising and, more generally, in their striving for growth. Many Web sites rely on Human Computation and Machine Learning for collecting data on the sites' usability.

4.3   Machine Learning, Knowledge Engineering, and Human Computation

In the quest for "artificial intelligences", mostly two approaches have been considered: Machine Learning and Knowledge Engineering.

Machine Learning comes in two forms, supervised and unsupervised. Supervised Machine Learning consists in the following steps:

1) choosing a mathematical model of relationships between variables of interest,
2) collecting, cleaning, and formatting relevant data,
3) training the model, that is, adjusting its parameters, using some of the data obtained at step 2,
4) inferring relationships for the considered variables by applying the trained model to those data obtained at step 2 that have not been used at step 3,
5) checking the validity of the relationships inferred at step 4,
6) in case the validity check is not conclusive, refining the model and/or adjusting it using new data (that is, repeating the process from step 1 or 2).

Supervision in Supervised Machine Learning refers to training models using data. Unsupervised Machine Learning is similar to Supervised Machine Learning except that it lacks step 3: Unsupervised Machine Learning uses no training data. Unsupervised Machine Learning relies on data only for checking the validity of the relationships inferred from the mathematical model considered. Human Computation is, in practice, the method of choice for collecting the data needed for Machine Learning.

Knowledge Engineering, in contrast to Machine Learning, consists in specifying reasoning systems based on inference rules and logical axioms. Thus, Knowledge Engineering relies like Machine Learning on mathematical models but all models of Knowledge Engineering are "symbolic" in the sense that they are specified in terms of inference rules and logical axioms. Machine Learning, in contrast, relies on models expressed in many more mathematical formalisms including Statistics, Probability Theory and Linear Algebra.

An attractive feature of Knowledge Engineering is that inference rules and axioms are easily understandable for experts of an application field – a physician understands, for example, the inference rules and axioms of a medical expert system. In contrast, most Data Science models – including Supervised and Unsupervised Machine Learning models – are rather arcane and therefore rarely understood by application field experts what shifts the control on applications from application experts to Data Science experts.

Nonetheless, the last fifteen years have seen a considerable rise of Machine Learning and, in comparison, a stagnation of Knowledge Engineering. Knowledge Engineering methods, like ontologies, are still used in practice but mostly ancillary to Machine Learning. An essential reason for today's pre-eminence of Machine Learning over Knowledge Engineering is that after a few refinements of a model, the aforementioned improvement step 6 can be performed only with data – an easy task that can easily be automated and quickly performed. In contrast, improving a symbolic model of a Knowledge Engineering tool requires, of course, engineering – an expert task which therefore is time-consuming and expensive.

While developing the search engine YASA [7–9] with Roche Pharmaceuticals we observed the aforementioned superiority of Machine Learning over Knowledge Engineering for the classification of textual documents. YASA classifies textual documents using the Supervised Machine Learning method "Support Vector Machine" [10] with 10-fold cross validation, a state-of-the-art approach to document classification [11, 12]. Knowledge Engineering methods turned out to be useful for expressing the static and limited knowledge needed for specifying YASA's adaptation and guidance. YASA adapts search results and guides a searcher's exploration of search results after her role in the corporation and, to this aim, exploits knowledge available in corporate documents. A role-based instead of user-based adaptation has been retained for YASA for privacy reasons. YASA uses Knowledge Engineering techniques in the form of the following three ontologies – that is, predefined concepts and relations between concepts:

- A "classification ontology" models unstructured textual documents and their properties.
- An "annotation ontology" models named entities referred to by textual documents.
- An "adaptation ontology" models users' roles in the corporation.

YASA's classification and annotation ontologies are built using Machine Learning methods [10–13].

YASA is a good example of the interplay of Machine Learning, Knowledge Engineering, and Human Computation in many current applications. Machine Learning is used for brute force computations that have to be often updated. Knowledge Engineering is used for specifying more limited and more static information as well as for representing outcomes of Machine Learning. In applications like search that prominently refer to changing information, Machine Learning is prominent. Human Computation is used for collecting usage data – in the case of YASA on searchers' interests or roles – needed for Machine Learning.

In academic circles, Machine Learning often has a restrictive acceptation: An eigenvector centrality index would for example not be seen as a Machine Learning method. Indeed, eigenvector centralities have been developed and investigated in a research field known as Network Analysis. Since this article is about applications of Data Analysis, or Data Science, methods, such historically and socially motivated distinctions are disregarded in the following. The phrase Machine Learning therefore denotes in the following the use of mathematical models of relationships between variables of interest for constructing – with or without training data – algorithmic predictors for these variables. Such a usage is consistent with a widespread practice in the IT industry.

4.4 Dual-Purpose Human Computation Systems

Many Human Computation systems are "give and take" systems with two purposes, a first purpose motivating their users to give information to the systems, and a second purpose for which the systems take and process this information. We call such systems "dual-purpose Human Computation systems".

ARTigo: Making Games of Building an Artwork Search Engine Games serving, in addition to entertainment, another purpose, so-called "Games With A Purpose" short "GWAPs", are a specific kind of dual-purpose Human Computation systems. ARTigo (http://artigo.org) is a Web platform offering for free both, several GWAPs and an artwork search engine. While playing, ARTigo's users leave annotations describing artworks. These annotations are automatically processed by an Unsupervised Machine Learning method, a Higher-Order Latent Semantic Analysis [14, 15] we designed for the purpose which builds, and continuously improves, an artwork search engine.

ARTigo has been conceived in cooperation with art historian Hubertus Kohle within the five-year interdisciplinary research project play4science (http://play4science.org) funded over three years by the German Foundation for Research ("Deutsche Forschungsgemeinschaft").

ARTigo's artwork database includes over 65,000 images from the artemis database (http://artemis.uni-muenchen.de/), the Rijksmuseum (Amsterdam, The Netherland), the Karlsruher Kunsthalle (Karlsruhe, Germany), the Museum of the University of Massachusetts Amherst (Amherst, Massachusetts, USA), and Albertina (Vienna, Austria). Since 2008, over 9 million annotations have been collected from, on average, 150 persons a day playing on ARTigo [16].

ARTigo is an ecosystem consisting of different kinds of games. The annotations collected on the ARTigo platform flow from game to game providing the "seed data" necessary for some games to be playable:

- simple descriptions are collected by "description games",
- more specific descriptions are collected by "diversification games" using simple descriptions collected by description games,
- annotation clusters are collected by "integration games" using annotations collected by games of all kinds.

Description Games are games whose players describe an artwork by proposing annotations related to anything referring to the artwork: objects or characters it depicts, its colours, the materials it is made of, etc. ARTigo has a single description game, a variant of the ESP Game [17], (see Fig. 4.1), called ARTigo Game, with the following gameplay: When two randomly selected players enter a same annotation for a same artwork, they both score and the annotation is validated. Validation is necessary to ensure annotation correctness – among others to exclude malicious annotations. This form of validation has been found sufficient to ensure quality annotations [17]. A description game like ARTigo Game collects simple or "surface semantics" annotations that are needed both as basic descriptions and as "seed data" for games collecting semantically richer, or "deep semantics", annotations.

Diversification games collect annotations that, in general, are more specific than most annotations collected by description games. Diversification games use the simple annotati-

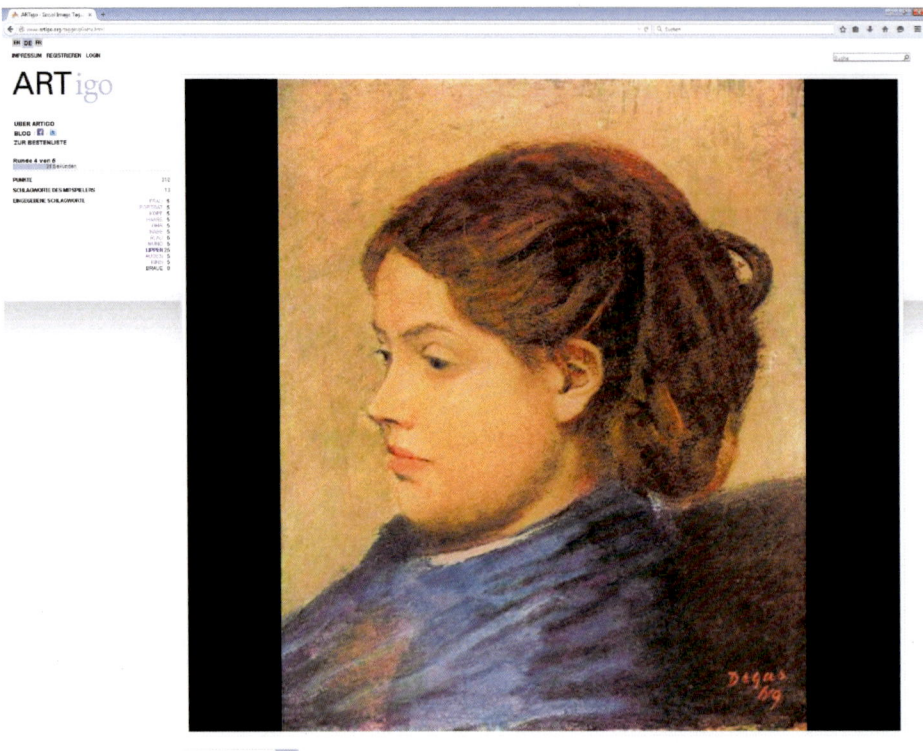

Fig. 4.1 Screenshot of an ARTigo Game session featuring Edgar Degas' "Portrait de Mademoiselle Dobigny" (1869)

ons collected by description games as "seed data". ARTigo has two diversification games: ARTigo Taboo and Karido.

ARTigo Taboo is, like ARTigo Game, a variation of the ESP Game [17]. In contrast to ARTigo Game, the seven most frequently entered annotations for an artwork can no longer be entered by any player of ARTigo Taboo for the same artwork: they are "taboo", hence the game's name. ARTigo Taboo thus forces players to enter novel annotations. As a consequence, ARTigo Taboo yields richer descriptions than ARTigo Game. Taboo-ing annotations can be seen as a form of "scripting" [18], that is, instructing players on the kind of annotations they are expected to enter. Indeed, a list of taboo-ed annotations is an instruction.

Karido [19, 20] is ARTigo's second diversification game we designed specifically for ARTigo. Its gameplay is as follows: Nine similar artworks are randomly selected and displayed to two randomly paired players in 3×3 grids such that the artworks are differently ordered in both players' grids. Artwork similarity is determined from "surface semantics" annotations so far collected for these artworks by description and diversification games.

One player is a "describer", the other a "guesser". In the next round, they exchange roles. The describer selects one of the nine artworks on her grid and starts annotating it in such a way that the guesser can recognize and select it. The guesser can ask yes/no questions (like "WATER?" on Fig. 4.2) that are answered by the describer. Since the guesser's grid and the player's grid are differently ordered, locational annotations like "South-East" do not help in recognizing the selected artwork. The sooner the guesser selects the right artwork, the higher the scores for both players. Karido's gameplay incites players to enter annotations distinguishing the selected artwork from others on the players' grids.

Integration Games cluster annotations yielding more precise descriptions than the unstructured sets of annotations collected by description and diversification games. Two integration games have been designed specifically for the ARTigo ecosystem: Combino and TagATag.

Combino makes its players bring formerly collected annotations into relation. An artwork and a set of annotations formerly collected for this artwork are displayed to randomly paired players. Both players score when they select the same pairs of annotations from the displayed set of annotations. Thus, Combino is, like ARTigo Game and ARTigo Taboo, a variation of the ESP Game [17].

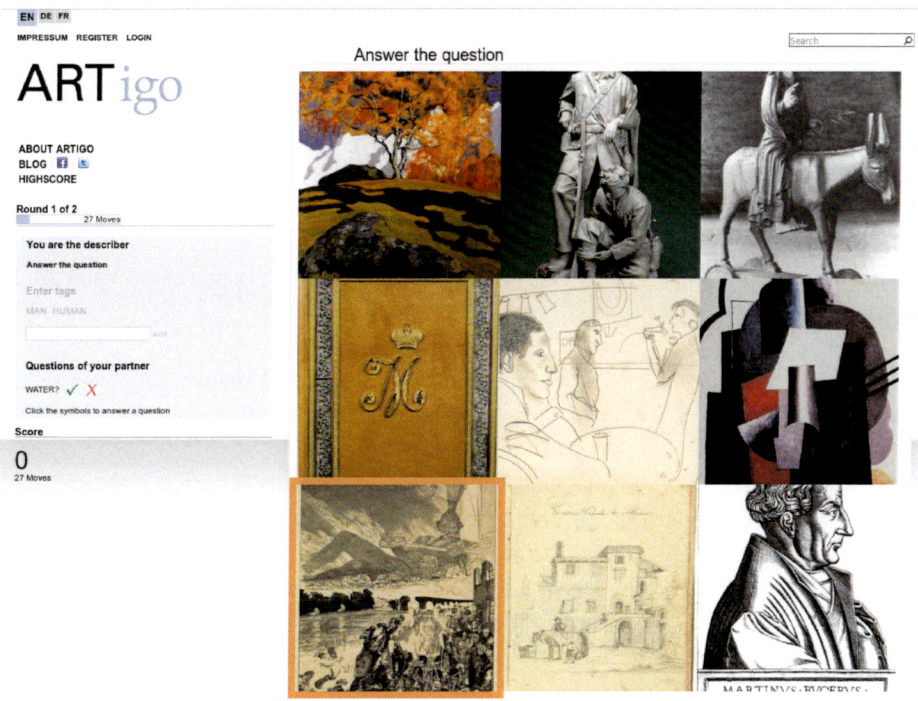

Fig. 4.2 Screenshot of a Karido describer session highlighting the first artwork the player should describe

By "squaring" Combino, that is running it with phrases it formerly collected, long phrases like "old man sitting" can be stepwise collected from "old", "man", and "sitting", that is, Combino can collect descriptive phrases.

TagATag is a "squared" [18] and "scripted" [18] ESP Game [17]. TagATag displays to its players an artwork AW, an annotation A formerly collected for this artwork AW and asks to describe annotation A (like for example "man") in artwork AW. Thus, TagATag collects annotations (like "reading" or "old") on an annotation A (like "man") in the context of an artwork AW.

Quantitative and qualitative analyses [16] have shown that the games of various types offered by the ARTigo gaming ecosystem do collect, as intended, different types of annotations and that the ARTigo gaming ecosystem as a whole performs better than each of its games alone.

Conditions for the Success of Games With a Purpose Over the last eight years ARTigo has been online, it has taught us much on what makes GWAPs successful: Focus, quality data, quality software, and long lasting advertising. Focus means that a GWAP's success depends among others on the GWAP's content being clearly recognizable. One reason for ARTigo's long lasting success is that ARTigo's visitors know what to expect while playing ARTigo games: To see artworks. Quality data is as important as focus. Not only do ARTigo's visitors know what they will see while playing ARTigo games, they also know that ARTigo artwork database is large and contains quality images. Quality software is a further conditions for reaching out to wide player audiences. Indeed, players have no patience with systems not answering timely and are unlikely to come back to a Web platform with an uncertain availability. A reason for ARTigo's success is that it is sustained by a significant amount of Web engineering (including server farms and load balancing). Long lasting advertising is a further condition for the success of GWAPs. Even well-designed and well-working platforms do not gain large audiences simply from their sheer existence. They have to be repeatedly advertised.

BibPad: How Library Users Can Give a Library a Search Engine Not only games, but all kinds of services can incentivize people to contribute to dual-purpose Human Computation systems.

We devised a Human Computation scheme for the users of an academic library to give the library a search engine. The scheme consists firstly in providing the library users with an online notepad, called BibPad, for their library research using which they can keep track of entities relevant to their research and of how these entities relate to each other. Thus, BibPad is a tool with which library users can build up small ontologies related to their research. BibPad has been designed but not implemented. BibPad's annotation component, Annoto, has been implemented, and tested [21, 22]. Annoto has rich, yet intuitive and easy to use, annotations. With Annoto, texts, images, videos and tunes can be annotated with texts and diagrams (cf. Fig. 4.3).

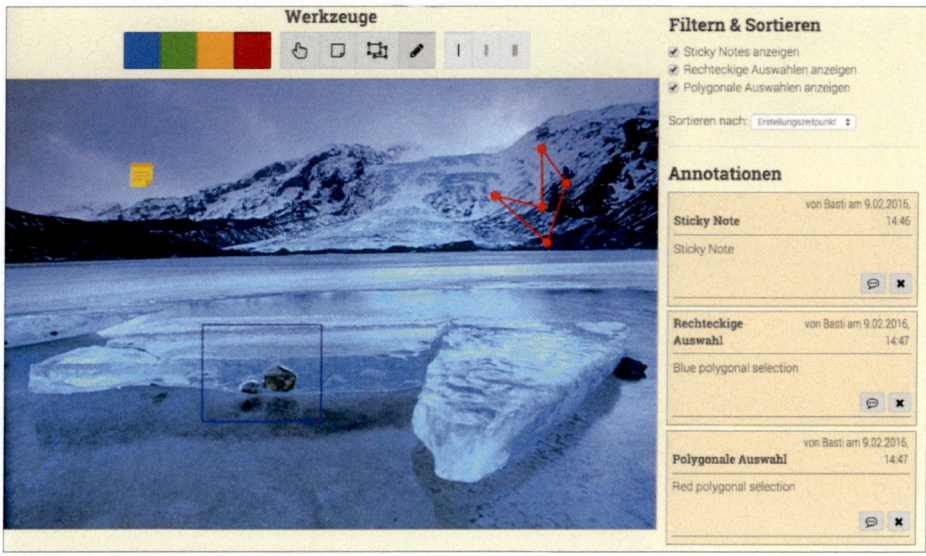

Fig. 4.3 An Annoto screenshot featuring a "sticky note" (*left*), a "rectangular selection" (*middle*), and a "polygonal selection" (*right*). (Photograph: Eyjafjallajökull by Andreas Tille published under licence CC BY-SA 3.0 – changed by the annotations – available at: https://en.wikipedia.org/wiki/File:Eyjafjallajökull.jpeg)

The BibPad-based Human Computation scheme consists secondly in exploiting the annotations entered by library users on their BibPad clients (of course after having been granted permission by those users and after anonymization) for automatically building a search engine using convenient Machine Learning techniques (like named entity recognition, clustering, eigenvector centralities, and latent semantic analysis) [22].

4.5 Backstage: Improving Learning by Giving Students Voices

In higher education, large classes are a salient difficulty for students and lecturers alike. The need for written expression and for guidance while learning in Science, Technology, Engineering, and Mathematics (STEM) suggested using a social medium giving students the possibility to express themselves on lectures' contents by annotating lectures' slides. We hypothesized that a social medium can support large-class teaching by restoring behaviours, especially communication, common in small classes but impossible in large classes and beneficial to learning. Indeed, a salient property of social media is that they enable communication within crowds between people who would hardly communicate without social media. We further hypothesized that new lecture and tutorial formats would positively affect students' participation and hence learning.

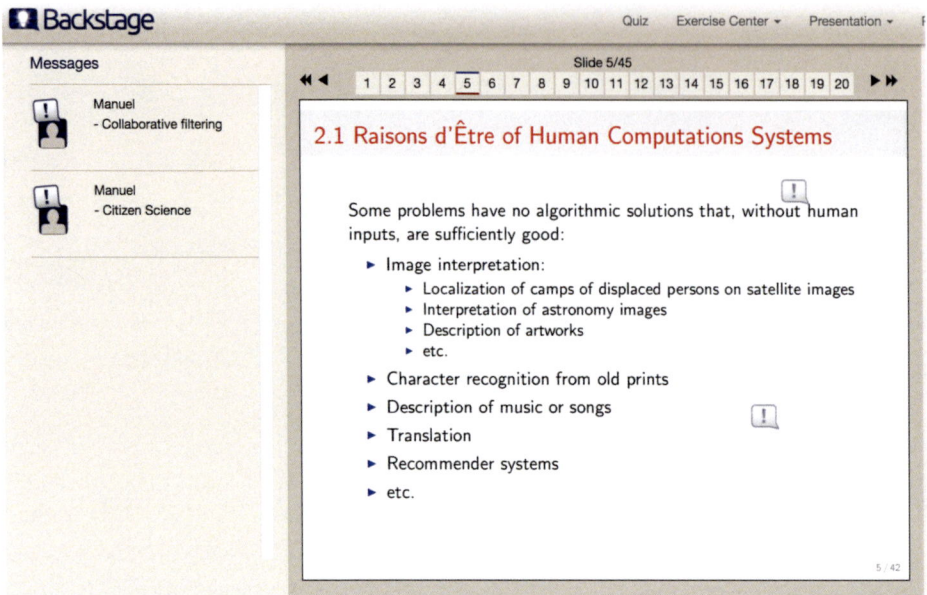

Fig. 4.4 Screenshot of a Backstage-supported course featuring two backchannel posts by a student

We conceived and developed the classroom communication system Backstage [23–30] which is in service since 2012 (http://backstage.pms.ifi.lmu.de:8080). Backstage provides both a backchannel for communication initiated by students or lecturers and an audience response system for communication initiated by lecturers. Lecture-centred communication is incentivised by Backstage constraining to relate every backchannel message to a lecture presentation slide (see Figs. 4.4 and 4.5). Backstage departs from most social media in a central aspect: Instead of drawing the attention of its users to new contents and instead of fostering new relationships and more communication, Backstage focuses communication on the contents of the lecture and fosters a social regulation of the backchannel communication.

The lecture format was redesigned as follows [30]: Strictly serial style, summary of the lecture of the day both upfront and as a conclusion, key elements of a lecture arranged in an eye- and ear-catching manner, information presented in simple, logical, and sequential patterns, 20 to 25 min lecturing sessions followed by 5 to 10 min quizzes or polls sessions. The tutorial format was redesigned as follows [30]: Peer correction, peer feedback on peer correction, software-based weekly task assignments and work delivery, inverted classrooms.

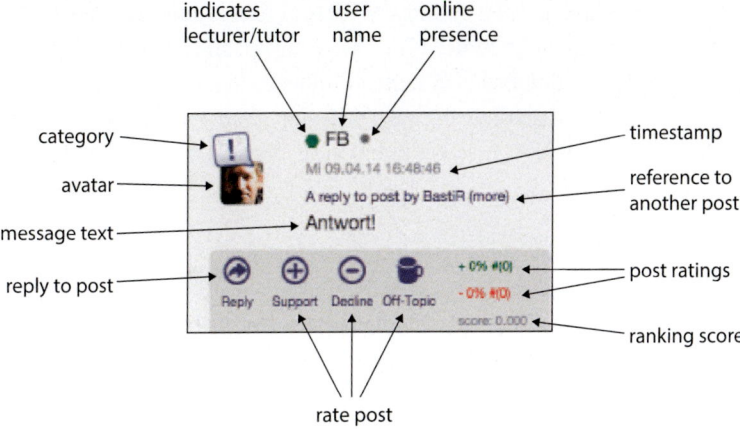

Fig. 4.5 The components of a post on Backstage's backchannel [29]

Extensive evaluations of Backstage in different courses have shown the following [28, 30]:

- Backstage brings back to lectures students distracted by social media.
- Backstage fosters interactivity and awareness in large-class lectures when used in combination with a teaching format providing opportunities for and encouraging lecture-relevant communication.
- Backstage and a teaching format fulfilling the aforementioned conditions are well received by the students.
- When conveniently used by the lecturers, Backstage is useful for students revising lecture contents and the communication on Backstage is lecture-relevant.
- Students appreciate using Backstage during lectures and for revisions.

Computer-Mediated Communication (CMC) can become confusing because it usually varies in both relevance and quality. We investigated how to rely on participants' ratings as indicators of relevance and quality and for message summarisation [29]. We also developed an original eigenvector centrality index for students' reputation on Backstage aiming at incentivizing desired behaviours and regulating communication [29].

4.6 Human Computation and Markets

Markets, especially contemporary markets that rely on software for pricing, order management and transaction processing, can be seen as Human Computation systems. Indeed, as already observed in Sect. 4.2, markets interconnect humans and machines, process information as systems, and serve a purpose, that is, markets fulfill one of the aforementioned definitions of Human Computation systems [5]. This observation suggested to investigate how the market metaphor could be used for designing specific Human Computation systems. This section reports about such systems: Prediction markets, a decision market, and two linguistic field research markets. Finally, a Human Computation scheme is described that by rating credit risk aims at a self-regulation of financial markets preventing market bubbles.

Prediction Markets Markets have been used since long for predictions. First and foremost, the prices on financial markets of derivative financial contracts – short "derivatives" – (like options and futures) imply predictions of the estimated likeliness of political or economical events (like the outcome of an election, a future currency rate, a future oil price) derivatives refer to.

Online markets called "prediction markets" have been built for tapping the "wisdom of crowds" [31] for making predictions [32], among others the Iowa Electronic Markets (http://tippie.biz.uiowa.edu/iem/) for political elections run since 1998 by the University of Iowa for research and teaching purposes.

Even though prediction markets have been conceived long before the phrase "Human Computation" was coined, prediction markets are a form of Human Computation systems.

Prediction markets have often, but not always, predicted political elections with better accuracy and at lower costs than polls [33, 34]. One reason for the good performance of prediction market is Keynes' "Beauty Contest effect" [35]: Keynes described the actions of rational agents on a market in analogy to a fictional contest in which participants have to choose the six most attractive faces from a hundred photographs, those choosing the faces most popular among all participants being rewarded. A strategy for a participant to maximise her winning chances would be not to rely on her own perception of beauty but instead to rely on an estimate of the majority perception. According to Keynes, stock market participants are similarly more likely to act after their perceptions of majority views than after their own views. The "Beauty Contest effect", for Keynes a reason to distrust stock market-based economies, helps in collecting majority opinions.

Liquid Decision Making: A Decision Market Inspired from the capability of prediction markets to elicit and gather information from people, we hypothesized that markets could be used not only for predictions (like predictions of the outcome of an election), but also for decisions (like the strategy for a corporation to choose). The difference between the two is that predictions eventually can be checked for their accuracy while decisions shape the future what makes them veracious and their accuracy unverifiable.

Liquid Decision Making is a Human Computation system conceived and tested with Bauhaus Luftfahrt [36–38] for collective decision making based on the market metaphor. With Liquid Decision Making, decision makers bargain with decision options using play money. System-triggered perturbations ensure that the participants really prefer the choices expressed by market prices [38].

A decision market like Liquid Decision Making overcomes a drawback of voting that has been recently seen in the UK with the Brexit referendum and in the USA with the 2016 presidential election: After voting, the voters cannot react to unforeseen majorities. In contrast, a decision market like Liquid Decision Making allows for a collective decision making over a period of time from a few days to a few months before finally arriving at collective decisions. During this time, emerging majorities can be observed by all decision makers, discussed among them, and, if decision makers deem appropriate, can be reacted to.

Research on Liquid Decision Making includes an investigation of incentives to give to market participants considering two different contexts [36–38]. The one context consists in striving for a Keynesian Beauty Contest by a pricing amounting to ask the market participants: "What options do you think the majority of the decision makers will choose?" The other context, in contrast, consists in avoiding a Keynesian Beauty Contest by a pricing amounting to ask the market participants: "What option do you favour regardless of what you expect to be the majority choice?" Both contexts are meaningful in practice. Rewards based on market option prices are appropriate in the first context, while rewards based on an estimate of a market participants' influence on other market participants is the appropriate reward in the second context [36–38].

MetropolItalia: Markets for Linguistic Field Research MetropolItalia (http://MetropolItalia.org) is a Web platform running since 2012 two markets, Mercato Linguistico and Poker Parole, both aimed at linguistic field research [39–42]. MetropolItalia's market have been conceived in cooperation with linguist Thomas Krefeld within the five-year interdisciplinary research project play4science (http://play4science.org) funded over three years by the German Foundation for Research ("Deutsche Forschungsgemeinschaft").

The two markets Mercato Linguistico and Poker Parole collect phrases in Italian dialects and metropolises varieties together with data on these phrases such as where they are spoken and their speakers' ages, genders, and levels of education. Screenshots of the platform are given in Figs. 4.6 and 4.7.

On MetropolItalia, one can create so-called "assessments". An assessment consists of a phrase, the region or metropolis where the phrase is spoken, characteristics of the phrase's speakers (like age, gender, and levels of education), as well as an estimate of the proportion of MetropolItalia users are expected to agree with the assessment. An assessment could for example state that "interimme" (North-Calabrian for "in the meantime") is spoken and understood by everyone in Calabria and the expectation that 55 % of Italian speakers with high levels of education are likely to agree with this statement. Another assessment could for example state that "frattanto" (Standard Italian for "in the meantime") is used everywhere and by everyone in Italy and the expectation that 95 % of Italian speakers would agree with this. The purpose of assessments is not only to collect phrases and where and by whom they are used, but also perceptions among Italian speakers of where and by whom phrases are used. Indeed, such perceptions might significantly depart from

Fig. 4.6 Mercato Linguistico during the choice of a region for the displayed sentence [42]

reality, North-Italians with high levels of education for example wrongly thinking that certain South-Italian phrases are only spoken by South-Italians with low levels of education.

Assessments are priced as follows: The closer they are to the majority view on the market, the higher their prices. Thus, a Keynesian Beauty Contest [35] is likely to take place on Mercato Linguistico and Poker Parole. This is a highly desired feature of the two markets, for linguistic field research is first and foremost interested in majority opinions.

The markets Mercato Linguistico and Poker Parole differ from each other in the kinds of phrases they collect. While Mercato Linguistic incites through its assessment pricing to enter phrases with widely acknowledged linguistic traits (like where and by whom they are used), Poker Parole incites through its assessment pricing to submit phrases with linguistic traits that most market participants are likely not to properly assess. Phrases of both kinds are important in linguistics.

Fig. 4.7 shows an assessment with referring to the phrase "Quella ragazza è una pittima" ("This girl keeps complaining about nothing") worth 88, a value close to the maximum 100. The user's estimation that 32 % of the MetropolItalia's participants would assign this sentence to South Italy is a good guess since 37 % of the market participants did. The assessment can be offered for sale for an adjustable price. It can be immediately sold for 83.

MetropolItalia's markets Mercato Linguistico and Poker Parole use play money. The human game drive is a first incentive to speculate on Mercato Linguistico and Poker

Fig. 4.7 Interface Mercato Linguistico and Poker Parole for reviewing one's own assessment's parameters [42]

Parole. A second incentive to speculate on the markets is to confront others, and be confronted, with opinions on a language ones speaks.

Cold Start Problem MetropolItalia has not been as successful as expected. A first reason is that the platform never had a sufficiently large database of Italian phrases for being sufficiently attractive to Italian speakers. A second reason is that MetropolItalia has not been sufficiently advertised for. A third reason is that all members of the MetropolItalia project but two had no good control of the Italian language. Even though some project members began to learn Italian for the project's sake, they never reached a sufficient control of Italian dialects to make it possible for them to contribute on MetropolItalia's markets.

MetropolItalia's limited community of contributors is worth reflecting about. A Human Computation system is almost always confronted with a so-called "cold start" problem: As long as a Human Computation system does not have enough human contributors, it will hardly gain more human contributors. The cold start problem in Human Computation is often overcome, as we did for the gaming platform ARTigo, by having the systems developers being among its first users. It was possible for us to spend five to ten minutes a day over two years playing on ARTigo but, due to our lack of control of Italian dialects, we could not do the same on MetropolItalia.

A Human Computation Scheme for Credit Risk Rating and Self-Regulated Financial Markets Credit risk rating is essential on financial markets but traditional credit risk rating methods have become unreliable with the advent of derivatives, structured notes, and securitization techniques. The consequence has been a widespread improper credit risk rating that has caused the financial crisis of 2007–2009 which sparked the Great Recession and the European Sovereign Debt Crisis.

We devised a novel credit risk rating method [43] that radically departs from current credit risk rating as follows:

- Relying on a dual-purpose Human Computation approach, it collects credit risk assessments from debtors and not, as usual, from creditors, the incentive for debtors to reveal their estimates of how (un)likely they might fail to honour their debts being an insurance-like "Grace Period Reward".
- It propagates debtors' risk estimates through the risk dependency graph induced by credit contracts, derivative contracts, and money by aggregating as eigenvector centralities the market agents' contributions to the market's systemic risk.
- It is not based upon stochastic methods and statistical data and therefore keeps its relevance in exceptional situations like rare crises and bubbles.
- It can warn of an increasing credit risk much earlier than current credit risk ranking methods.

Independent research [44] has given practical evidence that the approach proposed in [43] is meaningful.

4.7 Ethical Issues of Human Computation and Machine Learning

Human Computation and Machine Learning open tremendous opportunities but also serious threats. This section, based on François Bry's lectures on Human Computation and on unpublished reflections, discusses these threats and suggests how some of them could be addressed.

Threats of Human Computation Widely known threats of Human Computation are privacy violations, the difficulty for workers to organize on Human Computation markets like Amazon Mechanical Turk what results in a power asymmetry between workers and requesters [45], and, for GWAPs, game addiction.

Other threats of Human Computation result from the cycles of reflexivity Human Computation systems like markets and social media are subject to:

1) Individual opinions are submitted to the systems.
2) Collective opinions are generated by the systems as an aggregation of individual opinions and delivered to the systems' users what influences their opinions and the process repeats.

Markets are examples of reflexive Human Computation systems: Offer and demand are individual opinions, market prices are collective opinions.

Cycles of reflexivity are virtuous when they contribute to the systems' purposes, vicious when they harm the systems' purposes. Wikipedia articles that are objective in the sense of Wikipedia's Neutral Point of View (NPOV), that is, that remain unchanged, result from virtuous cycles of reflexivity. The viral propagation social media strive for and sustain with recommendations is another example of virtuous cycles of reflexivity. Market bubbles (from the Tulip Mania Bubble in 17th century Holland to the American Stock Bubble in 1920 to the Nifty Fifty Stock Bubble in the 1970s to the Japanese Stock Bubble in the late 1980s to the Dot-com Bubble in 2000–2001 to the Subprime Mortgage Bubble in 2007–2008) are examples of vicious circle of reflexivity: Some prices keep raising more and over longer periods of time than usual, resulting in the "boom" when more and more traders are seduced by the perspective of unexpected gains, lose their sense of risk and buy in the expectation to later sell at higher prices, thus contributing to keep the prices raising; the "bust" eventually takes place when enough traders come to reason and stop buying what makes the prices suddenly and dramatically fall.

Cycles of reflexivity that are virtuous from the standpoint of the operator of a Human Computation system might nonetheless have vicious effects. This has been the case with the viral propagation of "fake news" before the US presidential election of November 2016. The "filter bubbles" that social media create [46] are also the result of cycles of reflexivity that can be both virtuous and vicious. A positive aspect of filter bubbles is that someone interested in art photography soon no longer gets offered pornographic photographs on Tumblr as a consequence of her neither liking nor reposting such photographs and not following the blogs where such photographs are posted. A negative aspect of the filter bubble, which is deemed to play nowadays an important role in politics, is that it can insulate from the diversity of news and political opinions and, as a consequence, falsely convey the impression that there might be social agreements on certain positions.

Threats of Supervised Machine Learning With Human Computed Training Sets
Training data might be used in violation of intellectual property rights. This has been

the case when members of the Google Brain project trained a neural network to generate natural-sounding fluent sentences with recently published novels without the consent of the novels' authors [47, 48] and, at least so far, without Google considering giving them a share of the profit the technology will ensure. The issue here goes beyond a violation of intellectual property rights: The widespread use by businesses of publicly available training data in Machine Learning results in a "New Tragedy of the Commons": Common resources (like languages) are exploited by individual agents acting according to their own self-interest but against interests (like employment) of the society as a whole. Mass unemployment as a threat of Human Computation and Machine Learning is addressed in the following in more detail.

Training data may be – voluntarily or involuntarily – biased what might result in biased predictors. Involuntarily biased training data were the likely reason why Google Photos tagged coloured people as gorillas [49], returned only coloured people for the query "unprofessional hair styles" and only white people for the query "professional hair styles" [49] and answered the query "three black teenagers" with police mug shots while it answered the query "three white teenagers" with photographs of smiling people [50]. Indeed, training data that are selected by humans may reflect these humans' conscious or unconscious biases.

Without the "validity check" mentioned above in Sect. 4.3, Supervised Machine Learning may encode human biases. Importantly, the validity check might in some case be hardly possible or even impossible. In other cases, it would be possible but it is not performed so as to save time or reduce costs. A typical case where Supervised Machine Learning methods are used but no validity check is performed is the selection of candidates for jobs, loans, rental properties, and enrolment at universities [51]. Machine Learning methods are trained with résumés of candidates selected in the past who performed well in the job they were given, as creditors, as tenants, or as students. Even though this might at first seem impeccable and even better ensuring objectivity than selections performed by humans, the approach is flawed: Indeed, there is no way to perform a validity check, that is, to estimate how rejected candidates would have performed. A further case where Supervised Machine Learning methods are used but no validity check is performed is warfare predictors. Machine learning expert Andrew Ng famously said at GTC 2015 that "fearing a rise of killer robots is like worrying about overpopulation on Mars". The catchy phrase was disregarding that robots with a license to kill are already deployed at the Korean Military Demarcation Line and that observations and estimates entered on the battle field by soldiers can be used to train Supervised Machine Learning predictors that in turn can be immediately distributed to all fighting units resulting in an immediate sharing of possibly biased observations and estimates. In this case, like in that of predictors used for candidate selection, validity checks are impossible: After a person is killed, it is no longer possible to establish for sure whether she would have been harmless, would she had lived. Supervised Machine Learning without validity check results in highly unethical "self-fulfilling predictors" that necessarily reproduce prejudices or biases – and incidentally might also harm the businesses or organisations using them.

Even when trained with data that perfectly reflect socially accepted common views, Machine Learning predictors can be threats if they strengthen social biases and social conformism. Admittedly, social biases and social conformism are nothing new. New is however the tremendous power to entrench social biases and social conformism of algorithmic methods that are widely perceived as objective and impartial.

Mass unemployment is the greatest threat of Supervised Machine Learning with human computed training data. This threat has already begun to materialize. We see two main reasons for this "rise of the robots", as Martin Ford calls it [52] using the word "robot" in the sense of "software" or "artificial intelligence", that is, not necessarily referring to hardware.

The first reason is that Machine Learning exploits the capability of computers to process several orders of magnitude more cases than the human brain can. While a simple algorithm can easily be devised for rapidly processing hundreds of thousands or even millions of cases, a human brain can process at most a few ten to hundred cases. Humans having to face situations involving much more cases need a long training and a conceptual structuring of the many cases in hierarchies, or conceptual meta-structures, having at each level no more than the few ten to hundred cases the human brain can cope with.

Most administration jobs (from processing insurance claims to personnel management to tax consultancy to assessing student learning) and low qualification jobs (from warehouse workers to delivery workers to drivers to salespersons) require some expertise not because of intellectually challenging tasks but instead because of the many cases that have to be remembered, recognized, and coped with, that is, precisely what Supervised Machine Learning with human computed training data excels at. Indeed, Supervised Machine Learning predictors, from simple Naïve Bayes to more complex Deep Learning methods, are no more than classifiers the stunning effectiveness of which mostly results from the considerable numbers of cases they can rapidly process. We, humans, are proud of the impressive intellectual achievements of our kind. However, most of everyday work, including large parts of the intellectual work of highly qualified experts, does not reach the level of such achievements. Instead, a considerable part of it can easily be automatized as people know very well who, for example, have worked in scientific research before the advent of search engines and recommender systems.

A second reason why Supervised Machine Learning with human computed training data is threatening many jobs is the baffling performances in natural language processing (from classifying documents to understanding casual queries to translating) the technology has already achieved. We submit that it will shortly become clear that natural languages are soon to fall last bastions protecting human work from automatization.

The job erosion Supervised Machine Learning with human computed training data and robotics are already causing will further progress, increasing the payoff imbalance between capital and work, the capital share further growing, the work share further reducing. Recall that this imbalance already threatens developed countries [53]. In [52] Martin Ford stresses that mass unemployment would destroy the developed countries' economies that are based on mass consumption. Indeed, mass consumption is only possible if substantial parts of the population have sufficient incomes. Martin Ford and others therefore advocate firstly reconsidering, and significantly increase, capital taxation, secondly introducing a Guaranteed Basic Income sufficient for all to consume even if they are unemployed. Increasing capital taxation makes sense in case of capital invested in software since a same software can be further deployed at almost no marginal costs, what gives software-based investments an unprecedented economical power. A Guaranteed Basic Income appears more problematic as it would further increase the economical and social gap between developed and under-developed countries: A Guaranteed Basic Income in a developed society would create an irresistible incentive for economic migration from under-developed world regions to that society. A Guaranteed Basic Income could also have within the societies granting it vicious psychological and social effects.

Ethical Imperatives We submit six imperatives to appropriately address the aforementioned threats.

Firstly, in the spirit of [54], ethics must receive among computer scientists, especially in research and teaching, the importance it deserves in an age in which computing technologies have an unprecedented power to impact on the fabric of society. A prerequisite for this is to strengthen in research and teaching a global view of technologies focused at how distinct technologies (like Human Computation and Machine Learning) can interact.

Secondly, computer scientists must develop and convey a consciousness of the inherent limitation of mathematical models as predictors of human behaviour and for the causes of this limitation:

- Mathematical models of human behaviour, how complex they are, are necessarily based on simplifying hypotheses.
- The aforementioned reflexivity: Human behaviour predictions necessarily modify human behaviour.

Thirdly, an outcome-based social control, or audit, of Machine Learning, and more generally Data Science methods, impacting on the fabric of society (search, recommender systems, social media, etc.) must be striven for. Such a control is the only chance to avoid, paraphrasing Lenin, giving "all the power to the robots". The control must be outcome-based and not technology-based since, although based on simplifying hypotheses, mathematical models are mostly too complex for humans to fully understand and appreciate their practical implications. Furthermore, how desirable it is that the control be informed by experts, paraphrasing Lenin once again, society should not give "all the power to the technocrats" because this would achieve the goal behind Lenin's watchword "all the power to the soviets": The end of democracy.

Fourthly, self-fulfilling predictors should be replaced by software checking the enforcement of publicized criteria. This would achieve the goals that lead to using self-fulfilling predictors in the first place without harming individuals or the society.

Fifthly the aforementioned New Tragedy of the Commons should be addressed by considering new taxation schemes, taxing the exploitation of commons and favouring some human work like social services carried out by humans. Indeed, an essential though often overseen role of taxation is to preserve the commons.

Finally machines should never be the ultima ratio in deciding on human destinies – neither in selecting candidates, nor in selecting war targets, nor in any other situation.

4.8 On-Going Research

A flavour of Human Computation is Citizen Science, that is, the enrolment of amateurs in scientific projects. We have just completed the set-up of the citizen science platform ARTizen (http://artizen.de) offering laypersons to collaborate with data scientists and art historians in using data science to analyse the European artworks of the long nineteenth century – a term coined by Historian Eric Hobsbawm referring to the period of time spanning from the French Revolution to the First World War.

We are currently improving the functionalities of the Backstage learning and teaching platform for classroom and off-classroom learning and we develop mixed Human Computation–Supervised Machine Learning schemes both for the prediction of mistakes learners can make and for collaboration among learners as well as among teachers preparing lectures.

We are also currently investigating algorithmic non-invasive methods for first detecting and measuring distress – that is, negative stress – and eustress – that is, positive stress – among learners and for sustaining participation of humans to various kinds of Human Computation systems with a focus at the aforementioned learning and Citizen Science platform. We work in particular on distress and eustress detection algorithms relying on data collected by fitness trackers and on algorithms enhancing motivation, ensuring a well regulated participation, tracking participants' reputation, and enabling co-optation, the delegation of tasks by participants to participants with sufficient seniority and reputation.

Finally, we further investigate from a technical perspective ethical issues in Human Computation and Machine Learning, especially how to prevent the mass-unemployment the technologies are threatening to provoke and how society could audit and therefore control the Human Computation and Machine Learning methods it uses.

4.9 Reshaped Human Collaboration: Hype or Hope?

The human collaboration reshaped by Human Computation and Machine Learning is undoubtedly a hype, and obviously a long-lasting and highly productive one. Whether this hype will lead to a better future is debatable. An essential condition for this hype not to end up in a threat will surely be the society's ability to exercise a sufficient control on the new, software-enabled and software-controlled, human collaboration. We argue that such a control should not rely on expert evaluations of the methods, models and algorithms used, because this would result in empowering a technocracy and, as a consequence, weaken democracy. Instead, a social control based upon audits of the methods, models and algorithms should in our opinion be striven for. A democratic auditing, possibly using Human Computation, of how collaboration software perform must become a social and political objective.

4.10 Acknowledgements

The authors are thankful for their contributions to the systems described in this article to: University staff members Dr. Norbert Eisinger, Dr. Vera Gehlen-Baum, Martin Josko, Dr. Fabian Kneißl, Prof. Dr. Hubertus Kohle, Prof. Dr. Thomas Krefeld, Dr. Elena Levushkina, Dr. Stephan Lücke, Dr. Christian Riepl, Dr. Gerhard Schön, Prof. Dr. Klaus U. Schulz, and Prof. Dr. Armin Weinberger; Bauhaus Luftfahrt staff members Dr. Gernot Stenz and Dr. Sven Ziemer; Roche Pharmaceuticals staff members Dr. Alex Kohn and Dr. Alexander Manta; and students Andreas Attenberger, Njomza Avdijaj, Daniel Baumgart, Matthias Becker, Michal Bednar, Alexandre Bérard, Mislav Boras, Fabian Bross, Blandine Bry, Évangéline Bry, Romy Buchschmid, Caterina Campanella, Laura Commare, Silvia Cramerotti, Stefan Fassrainer, Alexander Fischer-Brandies, Daniel Fritsch, Marlene Gottstein, Julia Hadersberger, Patrick Hagen, Diego Havenstein, Marcel Heil, Marco Hoffmann, Werner Hoffmann, Florian Hoidn, Katharina Jakob, Georg Klein, Max Kleucker, Johann Kratzer, Katharina Krug, Richard Lagrange, Philipp Langhans, Stephan Link, Florian Nass, Tien Duc Nguyen, Barry Norman, Julien Oster, Alessandra Puglisi, Anke Regner, Sebastian Rühl, Frederic Sautter, Corina Schemainda, Eva Schmidt, Oliver Schnuck, Jeannette Schwarz, Philipp Shah, Franz Siglmüller, Bartholomäus Steinmayr, Florian Störkle, Sebastian Straub, Daniel Unverricht, and Michael Weisbein.

References

1. Luis von Ahn: Human Computation, Ph.D. Dissertation, Carnegie Mellon University, 2007
2. Alexander J. Quinn and Benjamin B. Bederson: Human Computation: A Survey and Taxonomy of a Growing Field. Proceedings of the SIGCHI Conference on Human Factors in Computing Systems (CHI), pages 1403–1412, 2011
3. Jeff Howe: The Rise of Crowdsourcing, Wired, June 2006
4. Edith Law and Luis von Ahn: Human Computation. In R. J. Brachman, W. W Cohen, W. W. and T. Dietterich editors, Synthesis Lectures on Artificial Intelligence and Machine Learning, Morgan & Claypool Publishers, pages 1–121, 2011
5. Pietro Michelucci: Introduction, Handbook of Human Computation, Pietro Michelucci editor, Springer Verlag, 2013
6. Mary Catherine Bateson: Foreword, Handbook of Human Computation, Pietro Michelucci editor, Springer Verlag, 2013

7. Alex Kohn, François Bry, and Alexander Manta: Exploiting a Company's Knowledge: The Adaptive Search Agent YASA, Proceedings of the International Conference on Semantic Systems (I-Semantics), pages 166–169, 2007
8. Alex Kohn, François Bry, and Alexander Manta: Exploiting a Company's Knowledge: The Adaptive Search Agent YASA, Proceedings of the sInternational Conference on Semantics, pp. 166–169, 2008
9. Alex Kohn: Professional Search in Pharmaceutical Research, Doctoral Thesis, Institute for Informatics, Ludwig-Maximilian University of Munich, 2009
10. Corinna Cortes and Vladimir Vapnik: Support-Vector Networks, Machine Learning, Volume 20, Number 3, pp. 273–297, 1995
11. Thorsten Joachims: Text Categorization With Support Vector Machines: Learning With Many Relevant Features, Machine Learning: Proceedings of the 10th European Conference on Machine Learning (ECML), Claire Nedellec and Celine Rouveirol editors, Springer Verlag, pages 137–142, 1998
12. Fabrizio Sebastiani: Machine Learning in Automated Text Categorization, ACM Computing Surveys, Volume 34, Number 1, pages 1–47, 2002
13. David Nadeau, and Satoshi Sekine: A Survey of Named Entity Recognition and Classification, Linguisticae Investigationes, 30, (1) pp. 3–26, 2007
14. Christoph Wieser, François Bry, Alexandre Bérard, and Richard Lagrange: ARTigo: Building an Artwork Search Engine With Games and Higher-Order Latent Semantic Analysis, Proceedings of Disco 2013, Workshop on Human Computation and Machine Learning in Games at HComp, 2013
15. Christoph Wieser: Building a Semantic Search Engine with Games and Crowdsourcing, Doctoral Thesis, Institute for Informatics, Ludwig-Maximilian University of Munich, 2014
16. François Bry and Clemens Schefels: An Analysis of the ARTigo Gaming Ecosystem With a Purpose, Research Report, Institute for Informatics, Ludwig-Maximilian University of Munich, 2016
17. Luis Von Ahn and Laura Dabbish: Labeling Images With a Computer Game, Proceedings of the ACM SIGCHI Conference on Human Factors in Computing Systems (CHI), pp. 319–326, 2004
18. François Bry and Christoph Wieser: Squaring and scripting the ESP game, Proceedings of the 4th Human Computation Workshop (HCOMP), AAAI Press, 2012
19. Bartholomäus Steinmayr: Designing Image Labeling Games For More Informative Tags, Diploma Thesis, Institute for Informatics, Ludwig-Maximilian University of Munich, 2010
20. Bartholomäus Steinmayr, Christoph Wieser, Fabian Kneißl and François Bry: Karido: A GWAP for Telling Artworks Apart, Proceeding of the 16th International Conference on Computer Games (CGAMES), pp. 193–200, 2011 (Best Paper Award)
21. Sebastian Mader, Christoph Wieser, François Bry, and Clemens Schefels: BibPad as a Library Service or Crowdsourcing a Library Search Engine, Proceedings of the 6th International Conference on Qualitative and Quantitative Methods in Libraries, 2014
22. Sebastian Mader: An Annotation Framework for a Collaborative Learning Platform, Master Thesis, Institute for Informatics, Ludwig-Maximilian University of Munich, 2016
23. François Bry, Vera Gehlen-Baum, and Alexander Pohl: Promoting Awareness and Participation in Large Class Lectures: The Digital Backchannel Backstage, Proceedings of the International Conference e-society, 2011
24. Daniel Baumgart, Alexander Pohl, Vera Gehlen-Baum, and François Bry: Providing Guidance on Backstage, a Novel Digital Backchannel for Large Class Teaching, Education in a Technological World: Communicating Current and Emerging Research and Technological Efforts, 2011

25. Vera Gehlen-Baum, Alexander Pohl and François Bry: Assessing Backstage – A Backchannel for Collaborative Learning in Large Classes, Proceedings of the 14th International Conference on Interactive Collaborative Learning (ICL), 2011

26. Vera Gehlen-Baum, Alexander Pohl, Armin Weinberger, and François Bry: Backstage – Designing a Backchannel for Large Lectures (Demo Paper), Proceedings of the European Conference on Technology Enhanced Learning (EC-TEL), 2012 (Demo Shootout Special Recognition Award)

27. François Bry, Alexander Pohl: Backstage: A Social Medium for Large Classes, Campus Transformation – Education, Qualification and Digitalization, Frank Keuper, Heinrich Arnold editors, Logos Verlag, Berlin, pp. 255–280, 2014

28. Vera Gehlen-Baum, Armin Weinberger, Alexander Pohl, François Bry: Technology use in lectures to enhance student's attention, Proceedings of the 9th International Conference on Technology Enhanced Learning (EC-TEL), 16–19 September 2014, 2014

29. Alexander Pohl: Fostering Awareness and Collaboration in Large-Class Lectures – Principles and Evaluation of the Backchannel Backstage, Doctoral Thesis, Institute for Informatics, Ludwig-Maximilian University of Munich, 2015

30. François Bry and Alexander Pohl: Large-Class Teaching with Backstage, Journal of Applied Research in Higher Education, Volume 9, Number 1, 2017

31. James Surowiecki: The Wisdom of Crowds, Doubleday, Anchor, 2004

32. Justin Wolfers and Eric Zitzewitz: Prediction Markets, Journal of Economic Perspectives, Volume 18, Number 2, 2004

33. Robert Forsythe, Forrest Nelson, George R. Neumann, and Jack Wright: Anatomy of an Experimental Political Stock Market, The American Economic Review, Volume 82, Number 5, pages 1142–1161, 1992

34. Joyce Berg, Robert Forsythe, Forrest Nelson, and Thomas Rietz: Results from a Dozen Years of Election Futures Markets Research, in Handbook of Experimental Economic Results, Elsevier, 2000

35. John Maynard Keynes: The General Theory of Employment, Interest, and Money. Macmillan Cambridge University Press, 1936

36. Stephan Leutenmayr, Sven Ziemer and François Bry: Decision Markets for Continuously Reflected Collective Decisions, Proceedings of the 3rd International Conference on Social Eco-Informatics, 2013 (Best Paper Award)

37. Stephan Leutenmayr: Liquid Decision Making: Applying the Market Metaphor to Collective Decision Making, Doctoral Thesis, Institute for Informatics, Ludwig-Maximilian University of Munich, 2015

38. Stephan Leutenmayr, Fabian Kneissl, Sven Ziemer and François Bry: Gameful Markets for Collaboration and Learning, Proceedings of Disco, Proceedings of the Workshop on Human Computation and Machine Learning in Games at HComp, 2013

39. François Bry, Fabian Kneißl, and Christoph Wieser: Field Research for Humanities with Social Media: Crowdsourcing and Algorithmic Data Analysis, Proceedings 4. Workshop Digitale Soziale Medien, 2011

40. Fabian Kneissl and François Bry: MetropolItalia: A Crowdsourcing Platform for Linguistic Field Research, Proceedings of the International Conference WWW/Internet, 2012

41. François Bry, Fabian Kneißl, Thomas Krefeld, Stephan Lücke and Christoph Wieser: Crowdsourcing for a Geographical and Social Mapping of Italian Dialects, Proceedings of the 2nd International Workshop on Social Media for Crowdsourcing and Human Computation (SOHUMAN), 2013

42. Fabian Kneißl: Crowdsourcing for Linguistic Field Research and E-Learning, Doctoral Thesis, Institute for Informatics, Ludwig-Maximilian University of Munich, 2014

43. François Bry: Human Computation-Enabled Network Analysis for a Systemic Credit Risk Rating, Handbook of Human Computation, Pietro Michelucci editor, Springer Verlag, pages 215–246, 2013

44. Sebastian Poledna and Stefan Thurner: Elimination of Systemic Risk in Financial Networks by Means of a Systemic Risk Transaction Tax, Research Report, arXiv, arXiv:1401.8026v3 [q-fin.RM], 2016

45. David Martin, Benjamin V. Hanrahan, Jacki O'Neill, and Neha Gupta: Being A Turker, Proceedings of the 17th ACM Conference on Computer-Supported Cooperative Work and Social Computing (CSCW), 2014

46. Eli Pariser: The Filter Bubble: What The Internet Is Hiding From You. Penguin Press Limited, New York 2011

47. Samuel R. Bowman and Luke Vilnis: Generating Sentences from a Continuous Space, Arxiv , Arxiv:1511.06349v4, 1016

48. Richard Lea: Google swallows 11,000 novels to improve AI's conversation, The Guardian, 28 September 2016

49. Jacky Alciné (@jackyalcine): "Google Photos, y'all fucked up. My friend's not a gorilla", Twitter, 29 June 2015 https://twitter.com/jackyalcine/status/615329515909156865

50. Kabir Alli (@iBeKabir): YOOOOOO LOOK AT THIS (Video), Twitter, 7 June 2016 https://twitter.com/ibekabir/status/740005897930452992

51. Cathy O'Neil: Weapon of Math Destruction – How Big Data Increases Inequality and Threathens Democracy, Penguin Random House UK, 2016

52. Martin Ford: The Rise of the Robots: Technology and the Threat of Mass Unemployment, Basic Book, 2015

53. Thomas Piketty: Capital in the Twenty-First Century, Belknap Press, 2014

54. Hans Jonas: The Imperative of Responsibility, The University of Chicago Press, 1984

55. Bonnie Kamona (@BonKamona): "I saw a tweet saying 'unprofessional hair style for work'. I did. Then I checked for 'professional' ones", Twitter, 5 April 2016 https://twitter.com/bonkamona/status/717457819864272896?lang=de

Software-Verifikation

Beiträge der Münchner Forschung

5

Dirk Beyer, Rolf Hennicker, Martin Hofmann, Tobias Nipkow und Martin Wirsing

Zusammenfassung

Bei der Entwicklung von Software ist es aufgrund ihrer Komplexität erforderlich, automatisierte Verfahren zur Überprüfung der korrekten Funktion einzusetzen. Um die Integration und korrekte Zusammenarbeit verschiedener Komponenten großer Softwaresysteme sicherzustellen, entwickeln Forschergruppen an den Münchner Universitäten sowohl Modell-basierte als auch Quellcode-basierte Techniken. Als Anwendungsbereiche betrachten wir unter anderem Komponenten der Infrastruktur, autonome Systeme und service-orientierte Systeme. Wir setzen Methoden und Algorithmen ein, die den Ingenieur während der Modellierung, der Programmierung und im Releasezyklus mit automatischen Techniken zur Abstraktion, Transformation und Verifikation unterstützen.

5.1 Einleitung

Korrekt funktionierende Software ist aus unserem täglichen Leben nicht mehr wegzudenken: alle Bereiche der Gesellschaft werden durchdrungen von Software und den dadurch bereitgestellten neuen Möglichkeiten zur Kommunikation, Informationsverarbeitung, Steuerung und Regelung. Für die Wirtschaft ist die Software ein treibender Technologiekatalysator aufgrund der ohne Software nicht erreichbaren Ausfallsicherheit von Systemen, Flexibitität bzgl. der Funktionen und Anforderungen, Kostenreduktion und schnellen Verfügbarkeit.

D. Beyer (✉) · R. Hennicker · M. Hofmann · M. Wirsing
Ludwig-Maximilians-Universität München
München, Deutschland

T. Nipkow
Technische Universität München
München, Deutschland

© Springer-Verlag GmbH Deutschland 2017
A. Bode et al. (Hrsg.), *50 Jahre Universitäts-Informatik in München*,
DOI 10.1007/978-3-662-54712-0_5

Das Ballungszentrum München zeichnet sich nicht nur als Standort leistungsstarker IT-Unternehmen aus, sondern auch durch ein großes Angebot an Lehre auf dem Gebiet der Software-Verifikation und durch die Präsenz einiger renommierter Forschergruppen im Bereich der Konstruktion und Verifikation von Software. Dieser Artikel soll eine kleine Auswahl an Themen aus dem Bereich der Software-Verifikation in München beschreiben; die Vorgehensweise wird exemplarisch anhand aktuell durchgeführter Projekte erläutert. Es gibt und gab an den Münchner Universitäten viele weitere Arbeiten und Arbeitsgruppen, die sich die Entwicklung korrekter Software mit formalen Methoden zum Ziel gesetzt und dazu wichtige Beiträge geleistet haben. Insbesondere sind hier die Pionierarbeiten im CIP-Projekt (Bauer) [2, 3], der strombasierte Ansatz (Broy) [17, 18], die Beiträge zum Model-Checking unendlicher Systeme (Esparza) [16, 22] und im weiteren Sinne auch die Beiträge der Universität der Bundeswehr auf dem Gebiet der modellbasierten Software-entwicklung (Borghoff, Minas) und der IT-Sicherheit (Dreo, Hommel) zu nennen.

Exemplarisch für die Zusammenarbeit der Universitäten in diesem Bereich ist das gemeinsam an TUM und LMU München eingerichtete und von der DFG geförderte Graduiertenkolleg „Programm- und Modellanalyse" (PUMA, 2008-2017). Dieser Verbund hat zum Ziel, „die wesentlichsten derzeit eingesetzten Methoden der Programm- und Modellanalyse zusammenzuführen und auf software-intensive Systeme anzuwenden" [23]. Als diese Methoden wurden identifiziert: Programmverifikation durch Theorembeweisen, Model-Checking, statische Datenfluss-Analyse, sowie Typinferenz.

In all diesen Gebieten wurden in den letzten Jahren wegweisende Ergebnisse erzielt. So wurden die bisher mächtigste typbasierte Laufzeit- und Speicherplatzanalyse für funktionale Programme „RAML", eines der weltweit erfolgreichsten Werkzeuge für die vollautomatische Verifikation von C-Programmen „CPAchecker", einer der weltweit populärsten interaktiven Theorembeweiser „Isabelle" und erstmals ein vollständig verifizierter Model-Checker für LTL „CAVA" entwickelt. Weitere wichtige Beiträge gab es auf dem Gebiet der Strategie-Iteration, der Synthese reaktiver Systeme und dem Model-Checking probabilistischer und kontinuierlicher Systeme.

5.2   Ansätze und Algorithmen

Formale Entwicklungstechniken

Die Erforschung von Techniken, Methoden und Werkzeugen zur Entwicklung korrekter Software hat in München eine lange Tradition. Ausgangspunkt war in den 70er-Jahren des letzten Jahrhunderts das von F. L. Bauer und K. Samelson initiierte und geleitete CIP-Projekt zum „Computer-aided, Intuition-guided Programming" [1] mit dem Ansatz, korrekte Programme aus formalen Spezifikationen mittels (von Hand) verifizierter Programmtransformationen herzuleiten. Dieser Ansatz wurde ab etwa 1990 an der TUM in der Gruppe von M. Broy und an der LMU in der Gruppe von M. Wirsing durch Kombination mit pragmatischen Softwareentwicklungstechniken und automatischen Verifikationsverfahren weiterentwickelt. In diesem Abschnitt werden neuere Forschungsergebnisse skizziert, die die Verzahnung von Software-Engineering und Verifikationstechniken zur Entwicklung von komponentenbasierten, service-orientierten und autonomen Systemen illustrieren.

Im Rahmen des von der LMU federführend geleiteten EU-Projekts SENSORIA wurde eine Entwicklungsmethodik für service-orientierte Systeme erforscht [35, 36]. Dabei werden verwendet: eine service-orientierte Erweiterung von UML, Transformationen von Modellen dieser UML-Erweiterung in verschiedene Prozesskalküle und quantitative Analysemethoden mit der stochastischen Prozessalgebra PEPA. Zur Modellierung von Services werden Protokolle eingesetzt, die nötige und mögliche Aktionen von Services unterscheiden und mit Hilfe der MIO-Workbench verifiziert werden können [4].

Kollektive adaptive Systeme von autonom agierenden Komponenten waren Gegenstand der Forschung im EU Projekt ASCENS, das ebenfalls von der LMU Forschergruppe federführend geleitet wurde [37]. Beispiele für kollektive adaptive Systeme sind Roboterschwärme, dezentrale Peer-to-Peer-Cloud-Systeme oder Ensembles kooperierender Elektro-Automobile. Solche Systeme zeichnen sich durch ein hochgradig dynamisches Verhalten aus: Komponenten schließen sich „on-demand" zu Ensembles zusammen, um bestimmte Aufgaben kollektiv zu lösen, einzelne Komponenten passen ihr Verhalten an Änderungen ihrer Umgebung an und ganze Architekturen können sich dynamisch ändern, indem Komponenten hinzukommen, wegfallen oder ausgetauscht werden. Die Forschergruppe an der LMU hat eine umfassende Entwicklungsmethodik für solche ensemblebasierten Systeme erarbeitet, die alle Schritte des Software-Lebenszyklusses umfasst [29].

Zusätzlich zu den klassischen „Design-Zeit"-Entwicklungsphasen wie Anforderungsanalyse, Modellierung, Programmierung, Validierung und Verifikation berücksichtigt der Software-Lebenszyklus für Ensembles auch Laufzeitaufgaben wie Monitoring, „Awareness" und Selbstadaption. Software-Installation und -Update sowie das Feeedback des Systems verbinden Design-Zyklus und Laufzeit-Zyklus (siehe Abb. 5.1). Zur Modellierung und prototypischen Implementierung von Ensembles wurde die HELENA-Methodik entwickelt. HELENA bietet eine domänenspezifische grafische und textuelle Sprache zur Modellierung und Programmierung von Ensembles, sowie eine integrierte Workbench zur Codegenerierung und zur Verifikation [28].

Eine umfangreiche Anwendung eines komponenten-orientierten Systems wurde im Rahmen des Projekts GLOWA-Danube entwickelt, in dem bis zu 15 Simulationsmodelle verschiedener Forschergruppen aus Natur- und Sozialwissenschaften gekoppelt wurden, um integrative Simulationen zu Auswirkungen des globalen Klimawandels im Einzugsbereich der Oberen Donau durchzuführen [27]. Die Korrektheit der zeitlichen Koordination der einzelnen Simulationsmodelle wurde mit Methoden des Model-Checking nachgewiesen. Generell ist die Verifikation der korrekten Interaktion zwischen nebenläufig arbeitenden Komponenten schwierig, insbesondere, wenn die Komponenten in einer asynchronen Umgebung ausgeführt werden. Ein vielversprechender Ansatz besteht darin, ein synchrones Modell zu verifizieren und daraus Rückschlüsse auf die Eigenschaften einer asynchronen Implementierung zu ziehen [26].

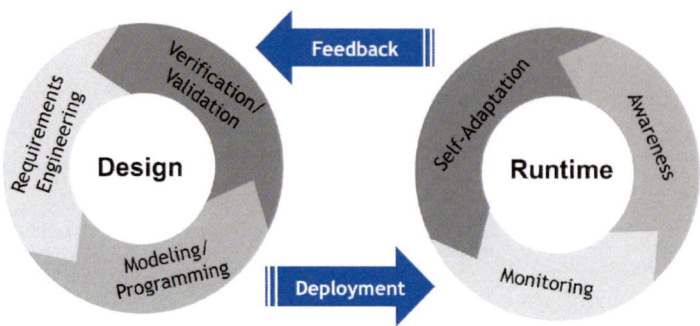

Abb. 5.1 Ensemble Development Life Cycle

Typanalyse

Ausgangspunkt der typbasierten Analyse sind die aus Java, C oder auch Haskell bekannten Typsysteme. Sie geben Auskunft über Anzahl und Formate der Parameter und des Resultats einer Methode, sowie in begrenztem Maße über ihre Seiteneffekte. Darüber hinaus werden die Typannotierungen in Sprachen wie Java nach einfachen und für den Programmierer nachvollziehbaren Regeln propagiert und verifiziert.

Man betrachte zum Beispiel die folgende Typisierung einer Methode zum Auffinden der Matrikelnummer einer Person an einer Universität.

```
MatNr findMN(Person p, Univ u) throws NotFoundException
```

Diese Typisierung stellt u. a. sicher, dass das erste Argument die gesuchte Person und das zweite die Universität bezeichnet und nicht umgekehrt. Außerdem wird klar, dass das Ergebnis eine Matrikelnummer ist und dass möglicherweise eine bestimmte Exception ausgelöst wird. Man vergleiche die Situation mit der folgenden schwächeren Typisierung, wie man sie in C und ähnlichen Sprachen findet.

```
int findMN(char **p, char *u)
```

Bei vollkommen untypisierten Sprachen wie LISP ist nicht einmal die Anzahl der Argumente statisch am Programmtext ablesbar, geschweige denn ihr Format.

Die angekündigten Typen aller im Programm verwendeten Methoden müssen tatsächlich stimmen, in dem Sinne, dass die entsprechenden Methodenrümpfe den angekündigten Typ erfüllen, also Ergebnisse des angekündigten Typs liefern und höchstens die angekündigten Seiteneffekte auslösen. Etwaige Methodenaufrufe, auch rekursive, dürfen hierbei bereits als korrekt vorausgesetzt werden: liefert man typkorrekte Parameter, so kann man davon ausgehen, dass das Resultat den angekündigten Typ hat und höchstens die angekündigten Seiteneffekte ausgelöst werden.

Die typbasierte Analyse verallgemeinert nun diese Typen auf feinere Eigenschaften von Daten und feinere Beschreibungen der möglichen Seiteneffekte und deren zeitlicher Abfolge. Als konkretes Beispiel wollen wir hier eine typbasierte Version einer *taintedness*-Analyse betrachten, die gegen Angriffe wie SQL-Injektion und Cross-Site-Scripting helfen kann. Beide bilden nach wie vor neben Phishing die wichtigsten Angriffe auf web-basierte IT-Systeme.

Eine schöne Illustration bietet der Web-Comic https://xkcd.com/327/, in dem Eltern ihrem Jungen den eigenwilligen Vornamen

```
Robert'); DROP TABLE Students;--
```

gegeben haben. Wird dieser Vorname in ein Web-Formular eingegeben und von der darunterliegenden Software ohne weitere Vorkehrungen in eine SQL-Abfrage eingesetzt, so führt das dazu, dass server-seitig die Tabelle `Students` gelöscht wird. Als Abhilfe wird empfohlen, von auswärtigen Benutzern gelieferte Strings niemals ungeprüft in SQL-Abfragen, HTML-Seiten, JavaScript-Befehlen und ähnliches einzubauen, sondern sie immer mit geeigneten Framework-Methoden zu *sanitisieren*.

Mit typbasierter Analyse kann man nun sicherstellen, dass diese Sanitisierung tatsächlich stattfindet. In der einfachsten Form würde man hier den Typ `String` in zwei Subtypen `String@ok` und `String@user` aufteilen. Benutzereingaben, die von einer geeigneten Framework-Methode wie `getParameter()` bereitgestellt werden, bekommen immer den Typ `String@user`. Rückgabewerte einer Sanitisierungsmethode, sowie String-Literale aus dem Programmtext erhalten den Typ `String@ok`. Die Framework-Methode, die SQL-Anfragen aus Strings präpariert, verlangt nun den Typ `String@ok`.

Diese verfeinerten Typen erscheinen natürlich auch an anderen Stellen, an denen in einem Programm Typen auftreten, insbesondere werden Klassen je nach den verfeinerten Typen ihrer Felder und Methoden in Unterklassen aufgeteilt werden, wodurch unter dem Stichwort „regionenbasierte Analyse" [5] eine sehr genaue Berücksichtigung von Aliasing-Effekten erfolgen kann.

Die Typisierung von Feldern illustriert einen weiteren Aspekt der typbasierten Analyse: Regionen. Hat man zum Beispiel eine Klasse `StringBuf` mit einem Feld *s* des Typs `String`, so kann man diese Klasse auf zwei Arten verfeinern: `StringBuf@a` und `StringBuf@b`, je nachdem, ob das Feld s ein `String@ok` oder ein `String@user` ist. Die Annotate a und b heißen *Regionen*. Jedes Objekt einer bestimmten Klasse gehört zu einer Region; die Felder und Methoden unterschiedlicher Objekte können unterschiedlich verfeinerte Typen haben.

Hat man ein Objekt o der Klasse `StringBuf@a`, dann wäre es vielleicht verlockend, seinen Typ nach einer Zuweisung der Form

```
o.s = getParameter();
```

auf `StringBuf@b` zu „verschlechtern". Das ist aber in Gegenwart von Aliasing inkorrekt: hat man vorher z. B. o an eine Methode, die ein `StringBuf@a` erwartet, über

```
1   public void doGet(HttpServletRequest request) {
2     String input = request.getParameter();
3
4     // case 1: HTML embedding
5     String s = "<body>" + escapeToHtml(input) + "</body>";
6     output(s);
7
8     // case 2: JavaScript embedding
9     if (showAlert) {
10      output("<script>");
11      output("  alert('" + escapeToJs(input) + "');");
12      output("</script>");
13    }
14  }
```

Abb. 5.2 Beispiel für die Verwendung eines Sanitisierungs-Frameworks

den formalen Parameter x des Types StringBuf@a übergeben, so wird im Rumpf der Methode erwartet, dass x.s ein sanitisierter String ist, was nach der genannten Zuweisung nicht mehr garantiert werden kann.

Es ist möglich, solche als *Typestate* bekannte Typveränderungen nach Zuweisung korrekt zu implementieren, das erfordert aber eine sog. lineare Typisierung, welche die Einrichtung von Aliases stark beschränkt. Für das hier beschriebene Szenario ist das nicht sinnvoll; es gibt aber z. B. Anwendungen im Rahmen der typbasierten Analyse von State-Pattern in modernen Sprachen mit linearer Typisierung wie Rust.

In vielen Anwendungen muss man die Strings noch weiter verfeinern. So haben wir eine von SAP-Research an uns herangetragene Fallstudie beschrieben [24], in der durch sequentielle String-Ausgaben sukzessive eine Web-Seite zusammengestellt wird. Je nach Art des bisher ausgegebenen Kontexts müssen Benutzereingaben unterschiedliche Sanitisierungsfunktionen durchlaufen; im konkreten Fall sind das vier verschiedene, jeweils für JavaScript, URLs, HTML und SQL, siehe Beispiel in Abb. 5.2. Die verfeinerten String-Typen geben dann präzise Auskunft über die Natur eines Kontexts und die durchlaufenen Sanitisierungsfunktionen. Die entsprechenden Annotierungen und Typisierungsregeln können aus einem endlichen Policy-Automaten (Abb. 5.3) generiert werden. Nachdem Stringausgaben in dieser Fallstudie über Seiteneffekte und verteilt erfolgen, werden hier außerdem Seiteneffekt-Annotierungen eingeführt, welche ganz analog zu den throws-Klauseln beschreiben, welcher Art die bisher ausgegebene Zeichenkette ist.

Im aktuellen Projekt GuideForce [21] entwickeln wir eine effiziente Implementierung, welche Typ-Annotationen nicht nur prüft, sondern auch automatisch berechnet. Darüber hinaus kann das System konfiguriert werden und so auch auf andere für die sichere Web-Programmierung entwickelte Richtlinien angepasst werden. Die Genauigkeit geschlossener kommerzieller Systeme wie CheckMarx, Coverity, u. ä. kann so erreicht oder übertroffen werden bei gleichzeitig kompletter Transparenz der zugrundeliegenden Regeln.

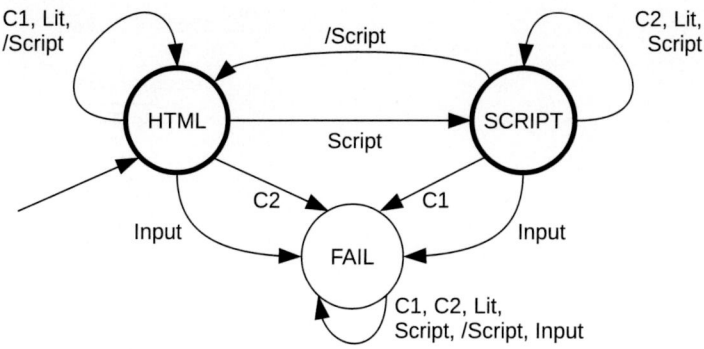

Abb. 5.3   Vereinfachter Policy-Automat

Datenfluss-Analyse und Software-Model-Checking

Um trotz der enormen Komplexität der zu verifizierenden Softwaresysteme vollautomatische und präzise Verifikation von Sicherheitseigenschaften betreiben zu können, müssen Techniken aus verschiedenen Bereichen zusammenfließen. Es reicht weder aus, klassische Ansätze aus dem Bereich des Compilerbaus wie Lattice-basierte Datenflussanalyse [30] zu verwenden, weil diese zwar hocheffizient, aber zu ungenau sind, noch ist es zielführend, erschöpfende Beweistechniken wie Model-Checking [19] zu verwenden, weil diese zwar genau genug, jedoch leider ein viel zu ressourcen-intensives Laufzeitverhalten haben. Moderne Verfahren kombinieren die Vorzüge der beiden Ansätze [10]; eine erfolgreiche Umsetzung ist die Configurable-Program-Analysis (CPA) [11], die es bequem ermöglicht, Kombinationen von Datenfluss-Analyse und Model-Checking zu beschreiben und zu implementieren. So zum Beispiel wird der Ansatz der Gegenbeispiel-gesteuerten Abstraktionsverfeinerung (CEGAR) [20] genutzt für neue Kombinationen mit klassischen Analysen wie Value-Analysis [13] und Symbolic-Execution [12].

Ein ernst zu nehmendes aktuelles Problem der automatischen Verifikation ist es, dass der Einsatz immer noch sehr viel Expertenwissen über das eingesetzte Werkzeug verlangt. Die aktuellen Ansätze sind in Forschungswerkzeugen implementiert, aber noch nicht ausgereift genug für den Standardentwickler. Außerdem ist es nicht zufriedenstellend, wie die Kommunikation zwischen Verifikationswerkzeug und Benutzer erfolgt. Traditionell gibt ein Verifikationswerkzeug als Antwort TRUE oder FALSE, was für den Anwender keinesfalls ausreichend ist. An der LMU werden daher Verfahren und Formate entwickelt und weiterentwickelt, die dieses Problem beheben: Werkzeug-unabhängige und austauschbare Formate für sogenannte Verifikationszeugen schaffen die Möglichkeit zur Speicherung wertvoller, zusätzlicher Informationen als Beiprodukt des Verifikationsvorganges. Bisher bewährt haben sich der Violation-Witness [9] und der Correctness-Witness [8]. Der Violation-Witness wird für den Fall der Ausgabe FALSE produziert und mit dem Verifikationsresultat abgelegt. Er enthält Hinweise, die es einem unabhängigen Validierer

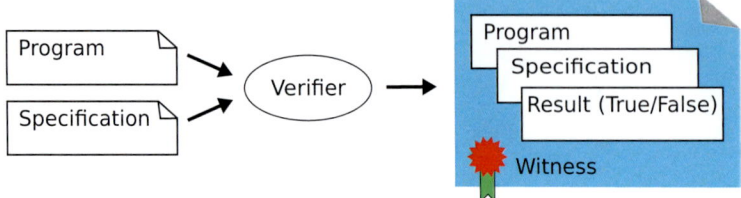

Abb. 5.4 Witness als Resultat des Verifikationsprozesses

ermöglichen, den gefundenen Fehler zu rekonstruieren. Daraus können teilweise Testfälle abgeleitet und mittels traditioneller Methoden untersucht werden [7]. Der Correctness-Witness speichert Invarianten und andere Hinweise, die einem Benutzer oder einem Validator hilfreich sind zu verstehen, warum das Programm die Sicherheitseigenschaft erfüllt. Insbesondere für Regressionsanalyse ist es wichtig, bei erneuten Verifikationsläufen Aufwand zu sparen, indem vorherige Resultate wiederverwendet werden [14].

Abb. 5.4 illustriert den *neuen* Verifikationsprozess mit Witness: Das Programm und die formale Spezifikation der Sicherheitseigenschaft werden dem Verifizierungswerkzeug als Eingabe übergeben. Als Ausgabe wird dem Benutzer nicht nur TRUE oder FALSE zurückgemeldet, sondern ein Witness, der Hinweise dafür enthält, dass die Verifikation des gegebenen Programmes und der gegebenen Spezifikation das Verifikationsresultat ergibt und reproduzierbar sein sollte. Ein unabhängiger Validierer kann nun basierend auf dem Witness, aber unabhängig von dem für die Verifikation benutzten Werkzeug, den Nachweis liefern, ob das Verifikationsresultat stimmt. Das Verfahren mit der Möglichkeit der unabhängigen Validierung erhöht das Vertrauen in den Gesamtprozess und wird erfolgreich in Verifikationswettbewerben zur Qualitätsverbesserung eingesetzt [6].

Theorembeweisen

Seit 1992 wird der interaktive Theorembeweiser Isabelle [33, 34] an der TUM in Zusammenarbeit mit Lawrence Paulson von der Universität Cambridge und mit Markus Wenzel entwickelt (mit langjähriger Förderung durch die DFG). Isabelle ist einer der beiden weltweit populärsten Theorembeweiser. Mit seiner Hilfe kann man Beweise beliebig komplexer formaler Aussagen interaktiv erstellen, deren Korrektheit vom System überprüft wird. Dies reicht von der Software-Verifikation bis hin zur Mathematik. Zu den herausragenden Ergebnissen zählt die Verifikation des Java-Bytecode-Verifiers [31] (GI-Dissertationspreis 2003), die Entwicklung des ersten verifizierten Betriebssystemkerns [32], und ein signifikanter Beitrag zum verifizierten Beweis der Keplerschen Vermutung [25] (zur dichtesten Packung von gleichen Kugeln).

5.3   Werkzeuge und praktische Nutzbarkeit

Freie Verfügbarkeit Eine Gemeinsamkeit der oben erwähnten Forschungsprojekte an den Münchner Universitäten ist es, die Forschungsergebnisse in Werkzeugen öffentlich zur Verfügung zu stellen. Die an den Lehrstühlen entwickelten Softwaresysteme werden der Gesellschaft und der Wirtschaft durch Open-Source-Lizenzen zur freien Verfügung gestellt. Dadurch kann die Software weltweit eingesetzt werden und auch von externen Forschungsteams weiterentwickelt werden. So zum Beispiel entstand Isabelle unter Mitarbeit von über 100 Entwicklern weltweit; für das CPAchecker-Projekt werden 29 Entwickler gelistet, die innerhalb der letzten 12 Monate mehr als 3500 Änderungen (Commits) eingereicht haben[1]

Artifakt-Sammlungen Das *Archive of Formal Proofs*[2], eine ständig wachsende Online-Bibliothek von Isabelle-Beweisen, umfasste im Januar 2017 insgesamt 330 Beiträge mit 1,5 Mio. Zeilen von 243 Autoren. Die *Collection of Verification Tasks*[3] ist eine Sammlung von Verifikationsproblemen, die in einem GitHub-Projekt öffentlich verfügbar sind und allgemein zur experimentellen Evaluation zur Verfügung stehen. Aktuell befinden sich im Repository mehr als 15.000 Programme in den Programmiersprachen C und Java im Umfang von 122 Mio. Zeilen Quelltext (3,7 GB).

5.4   Methoden

Die Berechnungen zur Analyse der Korrektheit von Computerprogrammen sind extrem rechenaufwändig, und die meisten unserer Forschungsresultate müssen experimentell bestätigt werden.

Experimentelle Forschung

Experimentiert wird in der Softwaretechnik schon lange; um allerdings wissenschaftlich valide Ergebnisse aus umfangreichen Experimenten zu erhalten, müssen die Grundsätze des genauen Messens und der Darstellung von experimentellen Ergebnissen beachtet werden. So ist es z. B. erst seit einigen Jahren Dank einer neuen Funktionalität im Linux-Kernel möglich, den Verbrauch von CPU-Zeit und Hauptspeicher genau zu messen und Ressourcen-Grenzen zuverlässig zu forcieren. Dazu wurden neben der hauptsächlichen Algorithmenforschung Beiträge zur Definition von replizierbaren Experimenten geleistet. So zum Beispiel wird mit dem an der LMU weiterentwickelten Werkzeug benchexec die

---

[1] https://www.openhub.net/p/cpachecker.
[2] https://www.isa-afp.org/.
[3] https://github.com/sosy-lab/sv-benchmarks.

erste Experimentierplattform für die zuverlässige Ressourcen-Messung CPU-intensiver Berechnungsprozesse verfügbar [15].

Wettbewerbe

Eine besondere Art der Evaluierung von Forschungsresultaten, die in den letzten Jahren immer mehr an Bedeutung gewonnen hat, ist die Form des internationalen Werkzeug-Wettbewerbs. Solche Wettbewerbe existieren z. B. im Bereich „Satisfiability Modulo Theory" (SMT-COMP) und im Bereich „Software Verification" (SV-COMP). Entscheidungsprogramme wie SMT-Solvers oder Software-Verifiers werden automatisiert auf hunderte oder tausende von Eingabe-Problemen ausgeführt, und anhand der Korrektheit und Antwortzeit wird der Erfolg der Teilnehmer ermittelt und in Rankings präsentiert.

Die „International Competition on Software Verification" (SV-COMP) [6] wird im Jahr 2017 an der LMU ausgerichtet. Durch den Rechencluster der Gruppe Beyer können dem Wettbewerb Ressourcen von über 1500 Rechenkernen und 5 TB Hauptspeicher zur Durchführung bereitgestellt werden. Umgerechnet auf einen normalen Desktop-PC beträgt die Rechenzeit ca. 3 Jahre, muss aber für den Wettbewerb innerhalb einiger Tage absolviert werden.

5.5   Ausblick

Dieser Artikel ist anlässlich des Jubiläums „50 Jahre Informatik in München" entstanden. Er soll dazu dienen, einen groben Überblick zu geben, wie die Forschergruppen der Münchner Universitäten Theorien, Methoden und Werkzeuge beitragen, um korrekte Softwaresysteme zu entwickeln. Dazu wurden exemplarisch einige Themen vorgestellt, die den beteiligten Autoren am Herzen liegen, ohne einen Anspruch auf Vollständigkeit zu legen. Es ist geplant, diese Themen in der Zukunft weiter auszubauen, um weiterhin wertvolle Beiträge zur Konstruktion und Qualitätssicherung zu leisten.

Literatur

1. F. L. Bauer. Program development by stepwise transformations – The project CIP. Appendix: Programming languages under educational and under professional aspects. In *Program Construction, International Summer School, Marktoberdorf*, LNCS 69, pages 237–272. Springer, 1978. DOI: 10.1007/BFb0014671
2. F. L. Bauer, R. Berghammer, M. Broy, W. Dosch, F. Geiselbrechtinger, R. Gnatz, E. Hangel, W. Hesse, B. Krieg-Brückner, A. Laut, T. Matzner, B. Möller, F. Nickl, H. Partsch, P. Pepper, K. Samelson, M. Wirsing, and H. Wössner. *The Munich Project CIP, Volume I: The Wide Spectrum Language CIP-L*. LNCS 183. Springer, 1985. DOI: 10.1007/3-540-15187-7

3. F. L. Bauer, B. Möller, H. Partsch, and P. Pepper. Formal program construction by transformations – Computer-aided, Intuition-guided Programming. *IEEE Trans. Software Eng.*, 15(2):165–
180, 1989. DOI: 10.1109/32.21743

4. S. S. Bauer, P. Mayer, A. Schroeder, and R. Hennicker. On weak modal compatibility, refinement, and the MIO Workbench. In *Proc. TACAS*, LNCS 6015, pages 175–189. Springer, 2010.

5. L. Beringer, R. Grabowski, and M. Hofmann. Verifying pointer and string analyses with region type systems. *Computer Languages, Systems & Structures*, 39(2):49–65, 2013. DOI:
10.1016/j.cl.2013.01.001

6. D. Beyer. Software verification with validation of results (Report on SV-COMP 2017). In *Proc.
TACAS*. Springer, 2017. LNCS 10206, pages 331–349, DOI: 10.1007/978-3-662-54580-5_20

7. D. Beyer and M. Dangl. Verification-aided debugging: An interactive web-service for exploring error witnesses. In *Proc. CAV (2)*, LNCS 9780, pages 502–509. Springer, 2016. DOI:
10.1007/978-3-319-41540-6_28

8. D. Beyer, M. Dangl, D. Dietsch, and M. Heizmann. Correctness witnesses: Exchanging
verification results between verifiers. In *Proc. FSE*, pages 326–337. ACM, 2016. DOI:
10.1145/2950290.2950351

9. D. Beyer, M. Dangl, D. Dietsch, M. Heizmann, and A. Stahlbauer. Witness validation and stepwise testification across software verifiers. In *Proc. FSE*, pages 721–733. ACM, 2015. DOI:
10.1145/2786805.2786867

10. D. Beyer, S. Gulwani, and D. Schmidt. Combining model checking and data-flow analysis. In
E. M. Clarke, T. A. Henzinger, and H. Veith, editors, *Handbook on Model Checking*. Springer,
2017.

11. D. Beyer, T. A. Henzinger, and G. Théoduloz. Configurable software verification: Concretizing
the convergence of model checking and program analysis. In *Proc. CAV*, LNCS 4590, pages
504–518. Springer, 2007. DOI: 10.1007/978-3-540-73368-3_51

12. D. Beyer and T. Lemberger. Symbolic execution with CEGAR. In *Proc. ISoLA*, LNCS 9952,
pages 195–211. Springer, 2016. DOI: 10.1007/978-3-319-47166-2_14

13. D. Beyer and S. Löwe. Explicit-state software model checking based on CEGAR
and interpolation. In *Proc. FASE*, LNCS 7793, pages 146–162. Springer, 2013. DOI:
10.1007/978-3-642-37057-1_11

14. D. Beyer, S. Löwe, E. Novikov, A. Stahlbauer, and P. Wendler. Precision reuse for efficient regression verification. In *Proc. ESEC/FSE*, pages 389–399. ACM, 2013. DOI:
10.1145/2491411.2491429

15. D. Beyer, S. Löwe, and P. Wendler. Benchmarking and resource measurement. In *Proc. SPIN*,
LNCS 9232, pages 160–178. Springer, 2015. DOI: 10.1007/978-3-319-23404-5_12

16. A. Bouajjani, J. Esparza, and O. Maler. Reachability analysis of pushdown automata: Application to model-checking. In *Proc. CONCUR*, LNCS 1243, pages 135–150. Springer, 1997.

17. M. Broy. Towards a formal foundation of the specification and description language SDL. *Formal Aspects of Computing*, 3(1):21–57, 1991.

18. M. Broy and G. Ştefănescu. The algebra of stream processing functions. *Theoretical Computer
Science*, 258(1):99–129, 2001.

19. E. M. Clarke and E. A. Emerson. Design and synthesis of synchronization skeletons using
branching-time temporal logic. In *Proc. Logic of Programs 1981*, LNCS 131, pages 52–71.
Springer, 1982.

20. E. M. Clarke, O. Grumberg, S. Jha, Y. Lu, and H. Veith. Counterexample-guided abstraction
refinement for symbolic model checking. *J. ACM*, 50(5):752–794, 2003.

21. S. Erbatur and M. Hofmann. GuideForce: Type-based enforcement of programming guidelines.
In *Proc. SEFM*, LNCS 9509, pages 75–89. Springer, 2015. DOI: 10.1007/978-3-662-49224-6_8

22. J. Esparza, P. Ganty, and T. Poch. Pattern-based verification for multithreaded programs. *ACM Trans. Program. Lang. Syst.*, 36(3):9, 2014.
23. J. Esparza, M. Hofmann, T. Nipkow, H. Seidl, DFG Graduiertenkolleg GRK 1480: *Programm und Modellanalyse (PUMA)*, 2008-2017, 2007.
24. R. Grabowski, M. Hofmann, and K. Li. Type-based enforcement of secure programming guidelines – Code injection prevention at SAP. In *Proc. FAST*, LNCS 7140, pages 182–197. Springer, 2011. DOI: 10.1007/978-3-642-29420-4_12
25. T. C. Hales, J. Harrison, S. McLaughlin, T. Nipkow, S. Obua, and R. Zumkeller. A revision of the proof of the Kepler conjecture. *Discrete and Computational Geometry*, 44:1–34, 2010.
26. R. Hennicker, M. Bidoit, and T.-S. Dang. On synchronous and asynchronous compatibility of communicating components. In *Proc. COORDINATION*, LNCS 9686, pages 138–156. Springer, 2016.
27. R. Hennicker, S. Janisch, A. Kraus, and M. Ludwig. A web-based modelling and decision support system to investigate global change and the hydrological cycle in the Upper Danube basin. In *Regional Assessment of Global Change Impacts – The Project GLOWA-Danube*, chapter 2, pages 19–28. Springer, 2016.
28. R. Hennicker, A. Klarl, and M. Wirsing. Model-checking Helena ensembles with Spin. In *Logic, Rewriting, and Concurrency - Essays dedicated to José Meseguer on the Occasion of His 65th Birthday*, LNCS 9200, pages 331–360. Springer, 2015.
29. M. M. Hölzl, N. Koch, M. Puviani, M. Wirsing, and F. Zambonelli. The ensemble development life cycle and best practices for collective autonomic systems. In *Software Engineering for Collective Autonomic Systems – The ASCENS Approach*, LNCS 8998, pages 325–354. Springer, 2015. DOI: 10.1007/978-3-319-16310-9_9
30. G. A. Kildall. A unified approach to global program optimization. In *Proc. POPL*, pages 194–206. ACM, 1973. DOI: 10.1145/512927.512945
31. G. Klein, J. Andronick, K. Elphinstone, G. Heiser, D. Cock, P. Derrin, D. Elkaduwe, K. Engelhardt, R. Kolanski, M. Norrish, T. Sewell, H. Tuch, S. Winwood. *Verified Java-Bytecode Verification*. PhD thesis, Institut für Informatik, Technische Universität München, 2003.
32. G. Klein et al. seL4: Formal verification of an operating-system kernel. *Commun. ACM*, 53(6):107–115, 2010.
33. T. Nipkow and G. Klein. *Concrete Semantics with Isabelle/HOL*. Springer, 2014. http://concrete-semantics.org. DOI: 10.1007/978-3-319-10542-0
34. T. Nipkow, L. Paulson, and M. Wenzel. *Isabelle/HOL – A Proof Assistant for Higher-Order Logic*. LNCS 2283. Springer, 2002. DOI: 10.1007/3-540-45949-9
35. M. Wirsing, A. Clark, S. Gilmore, M. Hölzl, A. Knapp, N. Koch, and A. Schroeder. Semantic-based development of service-oriented systems. In *Proc. FORTE*, LNCS 4229, pages 24–45. Springer, 2006.
36. M. Wirsing and M. M. Hölzl, editors. *Rigorous Software Engineering for Service-Oriented Systems – Results of the SENSORIA Project on Software Engineering for Service-Oriented Computing*. LNCS 6582. Springer, 2011. DOI: 10.1007/978-3-642-20401-2
37. M. Wirsing, M. M. Hölzl, N. Koch, and P. Mayer, editors. *Software Engineering for Collective Autonomic Systems – The ASCENS Approach*. LNCS 8998. Springer, 2015. DOI: 10.1007/978-3-319-16310-9

Innovationszentrum Mobiles Internet des ZD.B

Methoden der Digitalisierung in der Arbeitswelt

Claudia Linnhoff-Popien, Sebastian Feld, Martin Werner und Mirco Schönfeld

Zusammenfassung

Der digitale Wandel verändert alle Bereiche von Wirtschaft und Gesellschaft. Er erfasst nicht nur einzelne Medien, sondern ganze Prozesse und Branchen: Damit die Wirtschaft die digitale Transformation bewältigen kann, müssen die Netzinfrastruktur, der Zuschnitt der Plattformen und die Bandbreite stimmen, denn Daten müssen zur richtigen Zeit an den richtigen Ort gelangen. Um den digitalen Aufbruch in Bayern zu unterstützen, sowie Wissenschaft und Industrie bei diesen Fragestellungen besser zu vernetzen, ist das „Innovationszentrum Mobiles Internet" entstanden. Dieses Innovationszentrum ist ein Projekt innerhalb des Zentrum Digitalisierung Bayern (ZD.B), das vom Bayerischen Wirtschaftsministerium finanziert wird. Es hat zum Ziel, die Wirtschaft Bayerns zu stärken, indem Innovationen frühzeitig von der Universität in die Wirtschaft transferiert werden. Entstanden ist es aus der Historie des Lehrstuhls mit zahlreichen namhaften Partnern wie Allianz, BMW, Siemens, Deutsche Telekom u. v. a. m. Dabei hat das Zentrum seine Arbeit in vier Säulen organisiert: Mobiles Internet, Logistik und Tracking, Smart City und Cyber Security. Dieser Artikel stellt konkrete Ergebnisse der wissenschaftlichen Arbeit dieses Zentrums vor.

6.1 Einleitung

Wir leben in einer Zeit, in der die Digitalisierung unsere Gesellschaft, unsere Wertschöpfungsketten und unsere Arbeitsplätze nachhaltig verändert. Einige Tätigkeiten werden in der nahen Zukunft durch Automatisierung entfallen. Im Gegenzug werden aber viele Arbeitsplätze entstehen, die diese modernen Techniken betreiben und verwalten. Dadurch

C. Linnhoff-Popien · S. Feld (✉) · M. Werner · M. Schönfeld
Lehrstuhl für Mobile und Verteilte Systeme, Ludwig-Maximilians-Universität München
München, Deutschland

© Springer-Verlag GmbH Deutschland 2017
A. Bode et al. (Hrsg.), *50 Jahre Universitäts-Informatik in München*,
DOI 10.1007/978-3-662-54712-0_6

verändert sich das Bedürfnis unserer Gesellschaft nach Arbeitskraft: Gut ausgebildete, IT-affine Fachkräfte sind dringend gesucht; aber auch typische Tätigkeiten in der Kundenbindung und im Support (Telefon, E-Mail-Support etc.) werden hinzukommen. Daher gilt es, diese digitale Disruption sozialverträglich zu gestalten.

Neben diesen konkreten Auswirkungen auf den Arbeitsmarkt gibt es in allen Feldern unserer Gesellschaft nachhaltige Veränderungen durch die digitale Transformation. So müssen zum Beispiel Schulen und Universitäten mit neuen Konzepten und Prozessen ausgerüstet werden, um eine exzellente Ausbildung im digitalen Zeitalter zu gewährleisten, Familien und Generationen müssen einen konstruktiven Dialog führen und niemand sollte sich von der Entwicklung abgehangen fühlen. Dabei steht im Mittelpunkt, dass jegliche Technik zuerst dem Mensch dienen sollte und nicht umgekehrt der Mensch in eine scheinbare Abhängigkeit von Maschinen gerät. Wichtig ist dabei, dass neben Arbeit an der digitalen Infrastruktur auch das Verständnis von Städten und Gesellschaften sowie ihrer Abbilder im „Internet der Dinge" mehr in den Vordergrund gerückt wird und in Anwendungen erprobt werden kann.

In diesem Umfeld hat die Politik sowohl auf Bundesebene als auch im Freistaat großen Handlungsbedarf identifiziert. Mit dem Zentrum Digitalisierung Bayern (ZD.B) entsteht dabei in Bayern ein einmaliges Umfeld, in dem diese Themen im Umfeld der Digitalisierung umfassend erforscht und gelöst werden. Dabei hat sich das Zentrum das Ziel gesetzt, „im Bereich der Digitalisierung die Forschungskompetenzen Bayerns weiter zu stärken und zu bündeln, die Kooperationen zwischen Wirtschaft und Wissenschaft zu Schlüsselthemen auszubauen, die Gründungsförderung zu intensivieren sowie den gesellschaftlichen Dialog zu Digitalisierungsthemen zu begleiten" [1].

6.2   Das Innovationszentrum

Das „Innovationszentrum Mobiles Internet" ist ein Forschungsvorhaben im Rahmen des ZD.B. Es baut auf diversen Vorprojekten auf, die vom Bayerischen Wirtschaftsministerium gefördert wurden und mit unterschiedlichen bayerischen Firmen stattfanden. Es hat zum Ziel, die Wirtschaftskraft Bayerns zu steigern, indem frühzeitig Erfindungen von der Universität in die Wirtschaft transferiert werden und somit die Umsetzung von Innovationen gefördert wird.

Das Innovationszentrum Mobiles Internet organisiert dabei die Aktivitäten des Lehrstuhls für Mobile und Verteilte Systeme der LMU im Umfeld der digitalen Transformation in vier Säulen, die in ihrer Gesamtheit die ganze Breite digitaler Innovationen abbilden. Diese Schwerpunktsetzung ermöglicht einerseits eine sehr breite Arbeit auf den Forschungsfeldern der Digitalisierung. Andererseits gibt es auch sehr spezielle, forschungsgetriebene Arbeitsfelder. Insgesamt soll dabei die wirtschaftliche, gesellschaftliche und technische Kompetenz in einem gemeinsamen Rahmen aufgebaut und aufbereitet werden, die dann tatsächliche Innovation mit Partnern ermöglicht. Mit dieser gesamtheitlich ausgerichteten Strategie hat das Zentrum bereits einige Erfolge erreicht, die in fachlich

geprägten, isolierten Aktivitäten nicht möglich gewesen wären. Im Folgenden werden einige Ergebnisse aus den unterschiedlichen Säulen des Zentrums vorgestellt, um auf diese
Weise einen Eindruck dessen zu geben, was unter dem Dach des Innovationszentrums im
Einzelnen wie auch im Zusammenwirken entstehen kann.

Eine gesamtheitliche Betrachtung von IT-gestützten Innovationen mit unterschiedlichen Themen erfordert eine klare Organisation und Strukturierung der Themenbereiche,
um die richtigen Fragestellungen auch im Hinblick auf die Anforderungen aus Wirtschaft
und Wissenschaft systematisch zu bearbeiten. In enger Abstimmung mit Experten aus
Wirtschaft und Wissenschaft wurde eine grobe Strukturierung der Inhalte in vier thematische Säulen vorgenommen (siehe Abb. 6.1). Dabei wird die Semantik der Säulen nicht
als Menge von einander isolierter Bereiche verstanden, sondern vielmehr als eine Menge
an zentralen Ausrichtungen, die an den Schnittstellen und im Zusammenwirken synergetische Innovationen ermöglichen.

Im Bereich „**Mobiles Internet**" (**Säule 1**) werden wirtschaftlich orientierte Innovationen und Fragestellungen in den Fokus gestellt, die mit der Möglichkeit, mobil, breitbandig
und flächendeckend zu kommunizieren, entstehen. Durch Mobilität ergibt sich allerdings
auch ein Bezug zwischen Ort und Innovation. Darüber hinaus werden neuartige Zugangsmöglichkeiten wie Wearables intensiv untersucht.

Im Bereich „**Logistik und Tracking**" (**Säule 2**) wird ein besonderes Augenmerk auf
die Erfassung, Verarbeitung, Verwaltung, Analyse und Visualisierung von Ortsdaten und
auf die Integration dieser Ortsinformationen in Geschäftsprozesse und IT-Systeme gelegt.

Im dritten Bereich „**Smart City**" (**Säule 3**) steht die Transformation des öffentlichen
Raumes durch IT im Vordergrund. Dies beginnt bei bereits heute gut entwickelten Anwendungsfeldern wie „Smart Home", umspannt aber ebenfalls die heute noch problematischen
Anwendungsfelder „IT im öffentlichen Raum" mit Themen wie Datenschutz und „Smart
Health", „Automatisierung im öffentlichen Raum" mit Themen wie autonomem Fahren,
oder die „Digitalisierung der Lehre". Nicht zuletzt sind und bleiben komplexe, dynamische und dezentrale Systeme im Allgemeinen ein Feld für Forschung und Entwicklung.

Abb. 6.1 Strukturierung in thematische Säulen

Innovationen, die das Feld der Cyber Security betreffen, werden wegen der besonderen Denkweise dieser Domäne und der immensen Brisanz in einer eigenen thematischen Säule „**Cyber Security" (Säule 4)** behandelt und die Ergebnisse in diesem Bereich in den Anwendungen der anderen Säulen gezielt integriert.

Insgesamt entsteht so eine thematisch wie organisatorisch schlagkräftige Gesamtstruktur, in der auf der einen Seite Hauptthemenfelder identifiziert werden können, auf der anderen Seite aber auch eine strukturelle Unterstützung beim Zugriff auf weniger fokussierte Themen zustande kommt.

6.3   Mobiles Internet

Die Säule „Mobiles Internet" gliedert sich wiederum in drei Themenbereiche, die sich allesamt sowohl durch eine technische als auch gesellschaftliche Relevanz auszeichnen.

Der erste Bereich „Neue Mobilfunktechnologie" bezieht sich auf die neuesten Entwicklungen im Bereich der Netzzugangstechnologien. Sie sind insbesondere dadurch geprägt, dass die hohen Datenraten, die erzielt werden sollen, auch eine massive organisatorische Veränderung hin zu immer kleineren Funkzellen erzwingen, die dann wiederum zu hochkomplexen Vorgängen der Mobilitätsverwaltung führen.

Der zweite Bereich „Adaptive Mobile Computing" berücksichtigt Möglichkeiten, die steigende Heterogenität von Endgeräten und die sich stets verändernden Möglichkeiten für App-Entwickler und Anwender netzseitig besser zu unterstützen. Eine zentrale Frage ist an dieser Stelle, wie Anwendungen sich besser an wechselnde Netzqualität anpassen können, aber auch an wechselnde Endgeräte. Eine weitere Frage ist die, wie Kapazität für komplexe Berechnungen, die die Akkulaufzeit der Endgeräte negativ beeinflussen, in einem Mobilfunknetz angeboten werden sollte.

Der dritte Bereich „Mobile Commerce" befasst sich schließlich mit der konkreten Integration neuer Endgeräte und neuer Dienste in die Wertschöpfungskette von Industrie- und Handelsunternehmen und schlägt dabei eine Brücke zwischen Theorie und Praxis. In diesem Bereich werden die Entwicklungen der ersten beiden Bereiche auf das Thema „Mobile Commerce" angewendet, um die praktischen Vorteile zeigen zu können. Ergänzend werden neue Methoden zum Datenschutz, die für eine nutzerfreundliche Umsetzung adaptiver Systeme entstehen, behandelt.

Innerhalb des Bereiches „Adaptive Mobile Computing" behandelt das Innovationszentrum derzeit insbesondere das Thema „Mobile Edge Computing" [2], sowie die Virtualisierung von großen Mobilfunknetzen. Beim Mobile Edge Computing wird zusätzlich zur gängigen Zwischenspeicherung von Inhalten eine Rechenkapazität auf den Basisstationen vermietet. Auf diese Weise können zum einen Handys von aufwändigen Aufgaben entbunden und so die Akkulaufzeit verringert werden [3] und zum anderen können ortsbezogene Informationen mit niedriger Latenz und sehr niedrigen Kosten direkt von der Basisstation ausgebracht werden. Besonders nützlich ist dabei die Tatsache, dass derzeit die Funkkapazität von LTE-Zellen höher ist als die Anbindung der Zellen an das Mobilfunkkernnetz beziehungsweise dessen Kapazität. In weiteren Forschungen wurde die Frage behandelt, wie virtuelle Netzwerkdienste effizient in einem virtualisierten Mobilfunkkernnetz platziert werden können. In diesem Zusammenhang wurde eine effiziente, heuristische Platzierungsstrategie erarbeitet, die es erlaubt, solche virtuellen Netzwerk-Services auch in Szenarien realitätsnaher Größenordnung automatisiert zu platzieren [4].

6.4 Logistik und Tracking

In den letzten Jahren ist durch die weite Verbreitung von Positionierungstechnologien wie GPS, iBeacon, WLAN-Positionierung und Positionsbestimmung basierend auf dem Mobilfunknetz eine Vielzahl ortsbezogener Dienste entstanden. Ortsbezogene Dienste sind zu alltäglichen Begleitern geworden, die den Alltag des Einzelnen wesentlich vereinfachen. So kann beispielsweise in einer Kalenderanwendung der Ort eines Treffens gespeichert werden und der Nutzer kann sich selbst direkt auf dem Smartphone dahin navigieren lassen, sowohl mit dem Auto als auch mit dem öffentlichen Nahverkehr. Diese alltägliche Nutzung von Positionsdaten ist allerdings typischerweise beschränkt auf einen oder wenige Orte, die gleichzeitig Berücksichtigung finden. Der Grund dafür ist einfach: Es fehlt bis heute noch an effizienten Verfahren, um Ortsdaten und besonders Daten mit Bezug zu Ort und Zeit effizient zu verarbeiten. Die Herausforderung ist in den letzten Jahren unter dem Begriff „Big Data" zusammengefasst worden. Dieser Begriff umfasst die Probleme bei der Erfassung, Verarbeitung und Nutzbarmachung von Massendaten im Allgemeinen.

Die Möglichkeiten, die für einzelne Nutzer bereits heute über ihr Smartphone selbstverständlich erscheinen, haben auch in der Industrie ein großes Interesse geweckt. Wenn man sich selbst nämlich in die Lage versetzt, Orts- und Zeitinformationen effizient unternehmensintern zu verarbeiten, so werden Applikationen möglich, die für den unternehmerischen Erfolg sehr relevant sein können. Diese Anwendungsideen kommen aus Bereichen wie Logistik, Tracking und Tracing, Context-Awareness, Qualitätssicherung, Floating Car Data und Disposition, Navigation, Smart Cities und Marketing.

Für die Umsetzung der anvisierten Anwendungen sind drei wesentliche Schritte notwendig, die auch innerhalb dieser Säule abgebildet werden: Zunächst muss die Basistechnologie und die Fähigkeit („Ability") geschaffen werden, ortsbezogene Massendaten zu erfassen und zu verwalten. Doch dies allein bringt noch keine Anwendungsmöglichkeit für die Wirtschaft. Vielmehr muss an dieser Stelle ein Modul angekoppelt werden, welches in der Lage ist, unter Verwendung der basistechnologischen Entwicklung höherwertige Informationen zu erzeugen, also die Bedeutung einer Ortsmessung im Hinblick auf eine Anwendung, das automatisierte Schlussfolgern („Reasoning") in Bezug auf Karten und Erfahrungen aus älteren Daten. Schließlich müssen Schnittstellen bereitgestellt werden, auf denen dann Anwendungen und Dienste erstellt werden können.

Innerhalb der Säule „Logistik & Tracking" beschäftigt sich das Innovationszentrum demnach mit allen Themen, die mit der Mobilität von Menschen und Dingen zusammenhängen. Hier werden Aspekte der Kartographie, der Planung, der Navigation, der

Wegeführung, der Datenerhebung und Auswertung im Sinne von Data Science zusammengeführt. Klassischerweise sind diese Themen über verschiedene Personenkreise, Forschungsgruppen und Fächer verstreut. Innerhalb dieser Säule werden diese Felder, die sich mit dem Verständnis von Bewegungsdaten beschäftigen, verbunden.

Wie relevant Bewegungs- und Kartendaten für die Gegenwart sind, zeigt nicht zuletzt die Akquise von Nokia Here durch ein Konsortium deutscher Fahrzeughersteller. Die Bereitstellung von Navigation und Verkehrsdaten ist dabei nur der erste Schritt zur Realisierung von Mobilität in der Zukunft. Wir unterstützen diesen Trend mit Forschung zum Thema Positionierung, Verarbeitung von Karten, Alternativrouten, Zeitreihen, Anomalie-Erkennung, Planung in Produktionsanlagen und -netzen, und vielen anderen Themen. So wird beispielsweise in [5] gezeigt, wie Bewegungsdaten auf Basis aufgezeichneter Bluetooth- bzw. WLAN-Signale auf einfache Weise und ohne aktive Beteiligung der Nutzer aus einer breite Masse gewonnen werden können. In [6] wird beschrieben, warum Qualitätsmetriken von Alternativrouten in Straßennetzen nicht ohne weiteres in Szenarien für Fußgänger in Gebäuden oder mobile Roboter in Fabrikanlagen übertragen werden können. Die effiziente Analyse von gegebenen räumlichen Trajektorien – das können gelaufene Pfade wie auch geschriebene Worte sein – wird in [7] behandelt.

6.5   Smart City

In der thematischen Säule „Smart City" wird beleuchtet, inwiefern sich durch die digitale Vernetzung von Infrastrukturen, Städten und Nutzern in einem mobilen Umfeld neue Wertschöpfungspotentiale ergeben und welche Vorbedingungen erfüllt sein müssen oder welche Hinderungsgründe hier bestehen. Auch diese Säule ist in mehrere Bereiche unterteilt. Im Bereich „Intelligente Mobilität" wird der naheliegende und zugleich herausfordernde Anwendungsfall der integrierten Reiseunterstützung untersucht. In einem zweiten Bereich „Augmented Reality" wird die Integration von digitaler Information in physische Umgebungen mit Methoden der virtuellen Realität betrachtet. Auch hier sind durch die aktuellen Entwicklungen neue, vormals unrealistische Anwendungsszenarien entstanden. In einem dritten Bereich wird sich der Konvergenz der Mobilitätssysteme in einem technischen Sinne gewidmet und Ansätze zur Lösung des Problems des „Multimodalen Routings" entwickeln. Im vierten Bereich „Erfassung von Kontext und Data Mining" werden Methoden entwickelt, die Daten zu verwalten und zu verwerten, die von digitalen Megacities erzeugt werden. In einem fünften Bereich „Verteilte und Eingebettete Systeme" werden Möglichkeiten untersucht, die Vision der „Smart City" mit kleinen und günstigen eingebetteten Systemen zu unterstützen. Umfassend entstehen in dieser Säule Ergebnisse, die die Vision einer „Smart City" mit Mobilität, Augmented Reality, und Context Awareness ermöglichen können.

Die intelligente Stadt ist die Vision einer Stadt, die ihren Bewohnern einen hohen Lebenswert bei gleichzeitig hoch entwickelten städtischen Angeboten ermöglicht. Wohnraum, Veranstaltungen, Kultur, öffentlicher Verkehr, Warenverkehr und Individualverkehr stehen in immer schneller wachsenden Städten nicht ausreichend zur Verfügung. Im Zuge der Digitalisierung kann hier gegengesteuert werden, indem das bestehende Verkehrsnetz noch effizienter gemacht, der individuelle Besitz von Verkehrsgütern wie Fahrzeugen reduziert, dadurch die Luftverschmutzung und Lärmbelästigung reduziert und so die Stadt als Lebensraum wieder für eine breite Gesellschaft attraktiv wird. Die möglichen Forschungsfelder sind hier vielfältig. So wurde ganz praktisch die feingranulare Unfallerkennung von parkenden Fahrzeugen untersucht [8] aber auch das Konzept der Online Social Networks auf eine neue Ebene, nämlich der des Kontexts, gehoben [9]. Im Bereich Erfassung von Kontext und Data Mining wurde ein neuer Ansatz zur Analyse und qualitativen Bewertung menschlicher Bewegung entwickelt, um mit dessen Hilfe komplexe Bewegungsabläufe zu klassifizieren und zu optimieren [10].

6.6 Cyber Security

Neuigkeiten über Cyber Security haben schon vor einiger Zeit ihr Spartendasein verlassen und Einzug in die Hauptberichterstattung gehalten. Die Schlagworte Datenschutz, IT-Sicherheit und Privacy sind mittlerweile allgegenwärtig anzufinden, sei es innerhalb von Unternehmen, in der Politik oder in der Gesellschaft.

Sieben Trends von Cyber Security wurden für die folgenden Jahre prognostiziert [11]: Steigende Investitionen in IT-Sicherheit durch Verschärfung der Bedrohungslage (Compliance-Druck auf Organisationen), Einsatz analytischer Abwehrtools und externer Experten auf Grund steigender Anzahl von Advanced Persistant Threat Angriffen, IT-Security für Medizingeräte (seit Ende 2014 Verpflichtung für Hersteller in den USA), Anpassung an Risiken durch Internet-of-Things-Entwicklung (Sicherheit von Informationen und Privatsphäre nicht ausreichend), Sicherheit für die Industrie 4.0 (offene Sicherheitsfragen sind zentraler Grund für Zurückhaltung bei Transformationsprozessen), Schutz von Fahrzeug-IT und Vernetzung (Konnektivität wird wichtigeres USP als Motorleistung), Schutz von privaten Clouds (Risiken digitaler Assets durch Social Login).

Die steigende Vernetzung intelligenter Geräte birgt nicht nur Potential für wirtschaftliche Entwicklungen sondern auch ein großes Risiko in Bezug auf Daten- und Betriebssicherheit. Wenn Geräte des Alltags unter Kostendruck hergestellt und betrieben werden, ist eine Pflege in Bezug auf Sicherheit und Zuverlässigkeit nicht wirtschaftlich möglich. In der Realität werden diese Schwachstellen zum Beispiel bei Routern und IP-Kameras schon flächendeckend für Internetkriminalität ausgenutzt.

In dieser Säule betrachtet das Innovationszentrum Methoden und Prozesse, die Sicherheit in den Bereichen der drei anderen Säulen nachhaltig ermöglichen. Dazu gehören insbesondere Privacy in allgemeiner verteilter Datenerhebung [12], Privacy bei der Positionierung [13] und Location Privacy in Bezug zu Mobilitätsdaten [14], Anomalie-Detektion in autonomen Systemen im Hinblick auf die Fabrik der Zukunft, Bitcoin und ähnliche öffentliche Beweissysteme für die Absicherung einer Infrastruktur vor Fälschung und Schatten-IT als generelles Risiko von IT-Innovationen: Wenn sich innovative Online-

Dienste schneller in den Berufsalltag integrieren, als die Sicherheitskonzepte überdacht und angepasst werden können, kann es zwar zu einer enormen Leistungssteigerung durch Anwendung der Innovationen kommen, auf der anderen Seite aber auch zu enormen Risiken durch Sicherheitslücken und Industriespionage.

6.7 Zusammenfassung

Dieser Artikel stellt das „Innovationszentrum Mobiles Internet" vor, das als Projekt innerhalb des Zentrums Digitalisierung Bayern die Bayerische Wirtschaft stärken soll, indem Innovationen frühzeitig von der Universität in die Wirtschaft transferiert werden. Dabei ist die Arbeit des Innnovationszentrums in vier thematische Säulen strukturiert. Innerhalb der Säule „Mobiles Internet" sind konkrete Ergebnisse in den Bereichen Mobile Edge Computing und virtuellen Netzwerk-Services vorzuweisen. Die Säule „Logistik & Tracking" beinhaltet Forschungen bezüglich der Analyse von Bewegungsdaten unterschiedlicher Objekte in unterschiedlichen Umgebungen. Der Konsens der Säule „Smart City" ist die Erkennung und Verarbeitung von Kontext, sei es in Online Social Networks oder den Bewegungen von Menschen. Schließlich betrachtet die Säule „Cyber Security" das Thema Privatsphäre in unterschiedlichen Domänen wie etwa Datenerhebung, Positionierung oder Routing.

Literatur

1. ZD.B, „Ziele und Aufgaben", Online, http://zentrum-digitalisierung.bayern/das-zentrum/ziele/, 2016.
2. M. T. Beck, M. Werner, S. Feld, and T. Schimper, „Mobile Edge Computing: A taxonomy", in 6th International Conference on Advances in Future Internet (AFIN 2014), 2014.
3. M. T. Beck, S. Feld, A. Fichtner, C. Linnhoff-Popien, and T. Schimper, „ME-VoLTE: Network Functions for Energy-Efficient Video Transcoding at the Mobile Edge", in 18th International Conference on Intelligence in Next Generation Networks (ICIN 2015), 2015.
4. M. T. Beck, J.-F. Botero, „Coordinated Allocation of Service Function Chains", in 2015 IEEE Global Communications Conference (GLOBECOM), 2015.
5. L. Schauer, M. Werner, and P. Marcus, „Estimating Crowd Densities and Pedestrian Flows Using Wi-Fi and Bluetooth", in 11th International Conference on Mobile and Ubiquitous Systems: Computing, Networking and Services (Mobiquitous 2014), 2014.
6. S. Feld, M. Werner, and C. Linnhoff-Popien, „Criteria for Selecting Small Sets of Alternative Routes in Free Space Scenarios", in Proceedings of the 13th International Conference on Location-Based Services (LBS 2016), 2016.
7. M. Werner and M. Kiermeier, „A Low-Dimensional Feature Vector Representation for Alignment-Free Spatial Trajectory Analysis", in Proceedings of the 5th ACM SIGSPATIAL International Workshop on Mobile Geographic Information Systems (MobiGIS'16), 2016.
8. Ebert, S. Feld, and F. Dorfmeister, „Segmented and Directional Impact Detection for Parked Vehicles using Mobile Devices", in 23rd International Conference on Systems, Signals and Image Processing (IWSSIP 2016), 2016.

9. M. Werner, F. Dorfmeister, and M. Schönfeld, „AMBIENCE: A Context-Centric Online Social Network", in Proceedings of the 12th Workshop on Positioning, Navigation and Communications (WPNC 2015), 2015.

10. Ebert, M. Kiermeier, Chadly Marouane, and Claudia Linnhoff-Popien, „SensX: About Sensing and Assessment of Complex Human Motion" in 14th International Conference on Networking, Sensing, and Control (ICNSC 2017), 2017.

11. TÜV Rheinland, Pressemitteilung vom 18.12.2014, „Das sind die 7 Cyber Security-Trends für 2015", 2014.

12. M. Schönfeld and M. Werner, „Distributed Privacy-Preserving Mean Estimation", in 2nd International Conference on Privacy and Security in Mobile Systems (PRISMS 2014), 2014.

13. L. Schauer, F. Dorfmeister, and F. Wirth, „Analyzing Passive Wi-Fi Fingerprinting for Privacy-Preserving Indoor-Positioning", in 6th International Conference on Localization and GNSS (ICL-GNSS 2016), 2016.

14. F. Dorfmeister, K. Wiesner, M. Schuster, and M. Maier, „Preventing Restricted Space Inference in Online Route Planning Services", in 12th International Conference on Mobile and Ubiquitous Systems: Computing, Networking and Services (MOBIQUITOUS 2015), 2015.

Medieninformatik und Mensch-Computer-Interaktion an der LMU München

Lehre und Forschung für menschengerechte Systeme

Andreas Butz und Heinrich Hußmann

Zusammenfassung

Dieser Beitrag berichtet über die Geschichte und weitere Entwicklung der Fächer Medieninformatik und Mensch-Maschine-Interaktion an der LMU München. Die Studienangebote und viele der Forschungsaktivitäten in diesem Bereich zeichnen sich durch Interdisziplinarität und Kooperation mit anderen Fachbereichen der LMU aus. Im Beitrag wird der Bogen gespannt von den historischen Wurzeln bis hin zu aktuellen, in die Zukunft weisenden, Entwicklungen.

7.1 Entstehungsgeschichte

Die Ludwig-Maximilians-Universität (LMU) München widmet sich in Forschung und Lehre einem sehr breiten Spektrum von Fächern. Das Institut für Informatik ist an der LMU in einer besonderen Situation, da keine weiteren ingenieurwissenschaftlichen Fächer an der Universität bestehen. Deshalb hat das Institut für Informatik der LMU neben Kerninformatik-Themen das Ziel, die Vernetzung von Informationstechnologie mit den vielen potenziellen Anwendungsfeldern zu befördern, die an dieser Universität präsent sind. Bereits im Jahr 1998 entwickelte die Gruppe der Professoren am Institut für Informatik der LMU eine Vision, die die Informatik im Zentrum einer interdisziplinären Zusammenarbeit vieler Disziplinen sieht, die zu diesem Zeitpunkt weitgehend separiert, aber an der LMU repräsentiert waren. Diese Ideen wurden in Form eines „Weißbuchs" [1] dokumentiert. Ein Zitat aus diesem Weißbuch beschreibt klar, wieso Forschung und Lehre in Informatik an einer viel-disziplinären Großuniversität sehr guten Sinn macht:

A. Butz · H. Hußmann (✉)
Institut für Informatik, LFE Medieninformatik, Ludwig-Maximilians-Universität München
Amalienstraße 17, 80333 München, Deutschland

© Springer-Verlag GmbH Deutschland 2017
A. Bode et al. (Hrsg.), *50 Jahre Universitäts-Informatik in München*,
DOI 10.1007/978-3-662-54712-0_7

Immer mehr rücken die Belange von Endbenutzern in den Vordergrund, die weder über Verwaltungs- noch technische Kenntnisse verfügen. Themen wie effektive Gruppenarbeit, Ergonomie, Didaktik und Rechtslage gewinnen innerhalb der Informatik an Wichtigkeit. Ein neues Bild der Informatik entsteht, das, ohne die etablierte und unverzichtbare ingenieur- und naturwissenschaftliche Arbeitsweise zu leugnen, zunehmend von sozial- und geisteswissenschaftlichen Fragestellungen beeinflußt ist [1].

Visionär an dem oben zitierten Text ist vor allem, dass zu diesem Zeitpunkt (1998) die enorme Breitenwirkung der Digitalisierung von Kommunikation und Medien nicht absehbar war. Aus diesen Kernideen entstand das Konzept, an der LMU eine Lehr- und Forschungseinheit mit dem Titel „Angewandte Informatik und Medieninformatik" einzurichten und einen neuen Studiengang mit dem Titel „Medieninformatik" zu konzipieren. Als natürliche Kooperationspartner an der LMU für dieses Projekt wurden zunächst das Institut für Kommunikationswissenschaft und das Institut für Wirtschaftsinformatik und Neue Medien an der BWL-Fakultät ausgemacht. Durch intensives Engagement insbesondere der Professoren H.-G. Hegering und C. Linnhoff-Popien entstand ein neuer Studiengang „Medieninformatik", der im Wintersemester 2001/2002 erstmals studierbar war. Ab dem Sommersemester 2003 war der Lehrstuhl „Medieninformatik" mit Heinrich Hußmann besetzt und ein intensiver Ausbau des Themas begann. Noch im gleichen Jahr konnte eine Emmy-Noether-Nachwuchsgruppe unter Leitung von Albrecht Schmidt zum Thema „Embedded Interaction" gewonnen werden. Zum Wintersemester 2004/05 wurde die Professur für Computergrafik mit Andreas Butz besetzt, der als Forschungsgebiet ebenfalls die Mensch-Maschine-Interaktion vertiefte und eine weitere Emmy-Noether-Gruppe in diesem Themenbereich mitbrachte.

Aus heutiger Sicht (2016) ist bemerkenswert, dass der Beginn der Medieninformatik in München durch ein gespaltenes Bild des neuen Fachs gekennzeichnet ist. Bei einer oberflächlichen Betrachtung war es offensichtlich, dass die Digitalisierung der Medien (worunter man zu diesem Zeitpunkt vor allem Zeitungen, Rundfunkhäuser und Nachrichtenagenturen verstand) speziell ausgebildete Spezialisten benötigt, die mit diesem Studiengang „produziert" werden sollten. Die reale Entwicklung von Technologie und Gesellschaft hat diese Idee aber völlig außer Kraft gesetzt. Medieninformatik-Absolventen arbeiten nur zu einem kleinen Prozentsatz in Medienunternehmen! Warum ist das so?

7.2 Digitale Medien für den Menschen

Digitalisierung ist ein Prozess, der eine Transformation aller Vorgänge der Informationsbearbeitung ausgelöst hat. Dies bedeutet sowohl eine radikale Veränderung von industriellen Entwicklungs- und Produktionsprozessen (z. B. „Industrie 4.0") als auch eine vollständige Veränderung des Verhaltens in der Mediennutzung (z. B. Soziale Medien wie facebook und WhatsApp statt traditioneller Publikationsmedien). Letztlich ist die Grundlage für diese Transformation, dass Medienformen, die vorher als vollständig separate Phänomene verstanden wurden (z. B. Fotografie, redaktionelle Texterstellung, Filmproduktion) auf einer einheitlichen Plattform, beispielsweise dem Internet, mit erheblich vereinfachten Produktionswerkzeugen repräsentiert und kommuniziert werden.

Medieninformatikerinnen und Medieninformatiker werden in ihrer Ausbildung an der LMU an eine Sichtweise auf die Informatik herangeführt, die man als „Informatik für den Menschen" zusammenfassen könnte.

Die IT-Industrie hat eine umfangreiche Geschichte von Fehlentwicklungen, in denen die Anforderungen der Menschen, die letztlich mit den Systemen arbeiten, ignoriert oder nicht ausreichend berücksichtigt wurden. In den letzten Jahren setzen sich in der Praxis immer stärker agile Ansätze zur Projektdurchführung durch, die auch darauf beruhen, die Anforderungen der Menschen in den Mittelpunkt zu stellen, die von den Systemen betroffen sind. Die Durchdringung aller Lebensbereiche, im professionellen wie im privaten Umfeld, durch digitale Lösungen bedeutet außerdem, dass alle Kommunikationsvorgänge zwischen Menschen (man denke nur an soziale Medien) und die gesamte Informationsbasis für Entscheidungen ausschließlich in digitaler Form vorliegen. Die Qualität der Interaktion zwischen Menschen und die Qualität des Handelns einer Organisation hängen davon ab, ob die handelnden Menschen effektiv, mühelos und idealerweise mit einer positiven emotionalen Einstellung mit diesen digitalen Werkzeugen umgehen können. Die Begriffe „Digitale Medien" und „Medieninformatik" klingen zunächst nach einem technischen Spezialgebiet für Medienunternehmen. Wenn man aber berücksichtigt, dass heutzutage jede Kommunikation zwischen Menschen und jeder Organisationsprozess digital stattfinden, ist es extrem wichtig, die Eigenschaften von Menschen und Gesellschaften in die Entwicklung von IT-Systemen einzubeziehen. Es geht eigentlich nicht so sehr um die technischen Medien, sondern um deren möglichst nahtlose Integration mit den Denk- und Arbeitsvorgängen von Menschen. Deshalb sind Informatiker so wichtig, die den Menschen im Fokus haben, die gelernt haben, welche psychologischen, wirtschaftlichen und gesellschaftlichen Zusammenhänge für moderne digitale Systeme bestehen. Deshalb sind Medieninformatik-Absolventinnen und -Absolventen in der Wirtschaft ausgesprochen nachgefragt.

7.3 Lehrkonzept

Der Studiengang Medieninformatik an der LMU startete als Diplom-Studiengang („Dipl.-Medieninf."). Mit der Bologna-Reform wurde der Studiengang in einen Bachelor-Studiengang (mit einer Wahl zwischen diversen sogenannten „Anwendungsfächern") und Master-Studiengänge verschiedenen Profils aufgeteilt.

Ausgehend vom Anwendungsfach Kommunikationswissenschaft (Mediennutzung und Medienwirkung) wurden schrittweise weitere Anwendungsfächer zum Studienangebot hinzugefügt: Medienwirtschaft (BWL), Mediengestaltung, Mensch-Maschine-Interaktion. Kernidee des Münchner Modells der Medieninformatik ist, dass Studierende nicht eine bunte Vielfalt der interdisziplinären Inhalte mit Medienbezug kennenlernen, sondern sich auf einen Schwerpunkt (das Anwendungsfach) konzentrieren und in diesem Fach eine gewisse Tiefe der fachlichen Durchdringung erreichen.

In den Master-Studiengängen setzen sich diese Anwendungsfächer fort, wobei der Master in Medieninformatik mit Anwendungsfach Mensch-Maschine-Interaktion gleich etwas griffiger „Master Mensch-Computer-Interaktion" genannt wurde und heute über die Hälfte der Master-Bewerber anzieht. Erwähnenswert ist auch, dass der Frauenanteil insgesamt bei für Informatik-Studiengänge durchaus unüblichen 30–40 % liegt.

Während die Bachelor-Studiengänge ein solides (theoretisches und praktisches) Fundament an Grundlagen der Informatik, Medien und des Anwendungsfaches vermitteln, sind die Master-Studiengänge sehr forschungsorientiert mit großer Wahlfreiheit und Veranstaltungsformaten, die auch gezielt auf eine Karriere in der Wissenschaft vorbereiten.

Ein Teil der Antwort auf die eingangs gestellte Frage nach den realen Einsatzgebieten der Medieninformatiker und Medieninformatikerinnen liegt in dieser Ausgestaltung der Studiengänge: Die hier vermittelte Fähigkeit, Informatik-Systeme immer explizit im Zusammenspiel mit ihren Nutzern zu betrachten, sie nutzerzentriert zu entwickeln und auch völlig neue Konzepte bis zum Prototypstadium umzusetzen, ist eine Fähigkeit, die in allen von der Digitalisierung betroffenen Branchen benötigt wird, nicht nur in den klassischen Medien. Währen der Arbeitsmarkt für Informatiker ja insgesamt bereits recht gut ist, versenden die Absolventen der LMU Medieninformatik (nach eigenen, informellen Umfragen der Autoren) durchschnittlich weniger als eine Bewerbung! Viele Studierende knüpfen bereits im Studium Kontakte zu Unternehmen und werden von diesen oft angeworben ohne je den freien Arbeitsmarkt zu betreten. Die Autoren sehen hierin eine Bestätigung des Lehrkonzeptes und einen Beleg dafür, dass das Bewusstsein für eine nutzerzentrierte Sichtweise auf breiter Ebene in der Industrie angekommen ist.

In Ergänzung zu den klassischen Bachelor- und Masterstudiengängen und als Reaktion auf neueste Entwicklungen des Faches konnte die LMU zudem zum WS 2016/17 zwei stark interdisziplinäre Studiengänge zu den Themen „Data Science" und „Media, Management and Digital Technologies" einrichten, beide auf Master-Niveau. Diese engen Kooperationen der Informatik mit den anderen an der LMU vertretenen Fächern sind die konsequente Umsetzung der 1998 in dem „Weißbuch" der LMU Professoren angedachten Vernetzung.

7.4   Forschungsprofil

Computer und die durch sie realisierten digitalen Medien nehmen ständig neue Bauformen an: Nach dem klassischen PC der 1980er und den Laptops der 1990er-Jahre nutzen viele Menschen heute bereits bevorzugt Mobiltelefone und Tablets (Mobile Computing) um auf das Internet oder andere Informationsquellen zuzugreifen. Computeruhren (Smart Watches) und Head-Mounted Displays erobern derzeit die Ladenregale und nach Überzeugung der Autoren wird die Robotik als Bauform von Computersystemen mittelfristig stark an Bedeutung gewinnen. Hinzu kommt, dass sehr viele Alltagsgegenstände vom

Backofen über den Fernseher bis zum Auto bereits heute mit Computertechnik ausgestattet sind und mit ihrer Umgebung in Verbindung stehen (Ubiquitous Computing, Internet of Things). Die Bedienkonzepte für all diese Geräte und Bauformen sind Gegenstand der Forschung in der Arbeitsgruppe für Mensch-Maschine-Interaktion der LMU. Nachdem sich bereits die beiden oben genannten Emmy-Noether-Gruppen mit der Interaktion im Ubiquitous Computing befassten, entstanden – auch in Zusammenarbeit mit der Automobilbranche – mehrere Dissertationen im Bereich der Physikalischen Interaktion, Haptik und Touch (zum Beispiel [2]), aber auch zu Themen wie peripherer Interaktion (Interaktion am Rande der Aufmerksamkeit), wo bereits im Jahr 2011 eine Arbeit zur Interaktion beim hochautomatisierten Fahren entstand [3], und auch zur gezielten Erzeugung bestimmter Gesamterlebnisse (User Experience), unter anderem [4].

Die Integration digitaler Medien in die Kollaboration zwischen Menschen stellt ein enormes Potential dar, kann aber bei einem zu sehr Technologie-orientierten Ansatz zu komplexen, für Menschen unangenehmen und damit letztlich die Effektivität nicht verbessernden Konstellationen führen. Das komplexe Gebiet des Designs von Systemen, die die Kollaboration von Teams (physisch im gleichen Raum anwesend) unterstützen, z. B. für Kreativitäts- oder Schlussfolgerungsaufgaben, wurde und wird in einer ganzen Reihe von Promotionen untersucht, die als wichtigstes methodisches Hilfsmittel kontrollierte Benutzerstudien einsetzen (z. B. [5]). Ein besonderer Schwerpunkt entstand in den letzten Jahren zum Spannungsfeld zwischen Bedienbarkeit von Systemen und den Anforderungen an Sicherheit und Privatsphäre. Das offensichtliche Problem, dass Menschen aus Bequemlichkeit und Effizienzstreben den zusätzlichen Aufwand zu umgehen versuchen, den IT-Security-Maßnahmen mit sich bringen, wird hier in einer Vielzahl von Aspekten angegangen, die von Grundlagenergebnissen bis hin zu Prototypen für produktreife Systeme reichen, aber auch hier stets als methodisches Repertoire die Beobachtung menschlichen Verhaltens im Umgang mit den Systemen verwenden (z. B. [6–8]).

Die starke Anwendungsorientierung bringt es mit sich, dass die Themen der Forschungsaktivitäten in einem schnellen Tempo den Trends der Digitalisierung von Arbeits- und Kommunikationsprozessen folgen. Aktuelle Forschungsthemen sind zum Beispiel auf Wearable Computing, auf Augmented/Virtual/Mixed Reality und auf die Integration von Datenanalysen und Machine Learning in die Interaktion mit Digitalen Medien ausgerichtet.

Dieses umfangreiche Portfolio an Forschungsthemen im Bereich der Mensch-Computer-Interaktion hat dazu geführt, dass die Arbeitsgruppen MI und MMI auf der wichtigsten Konferenz des Gebietes (ACM CHI) mittlerweile an die Spitze der Deutschen Forschungslandschaft aufgerückt sind [9] und auch international einen geachteten vorderen Platz einnehmen. Die Jahrestagung des GI Fachbereiches MCI „Mensch und Computer" fand 2014 an der LMU statt, wie auch zwei weitere ACM Konferenzen des Gebietes (ACM TEI 2014, MobileHCI 2013). Ein Überblick mit repräsentativen Arbeiten der beiden Arbeitsgruppen wurde vor 3 Jahren ebenfalls im Informatik Spektrum veröffentlicht [10]. Ein aktuelles Beispiel für die Bandbreite der behandelten Forschungsarbeiten ist der in Abb. 7.1 gezeigte Wasserstrudel „Swirly". Diese im Rahmen einer Dissertation über physikalische

a   b

Abb. 7.1 **a** Die physikalische Visualisierung „Swirly", **b** Implementierung eines prototypischen Interface für Feldstudien

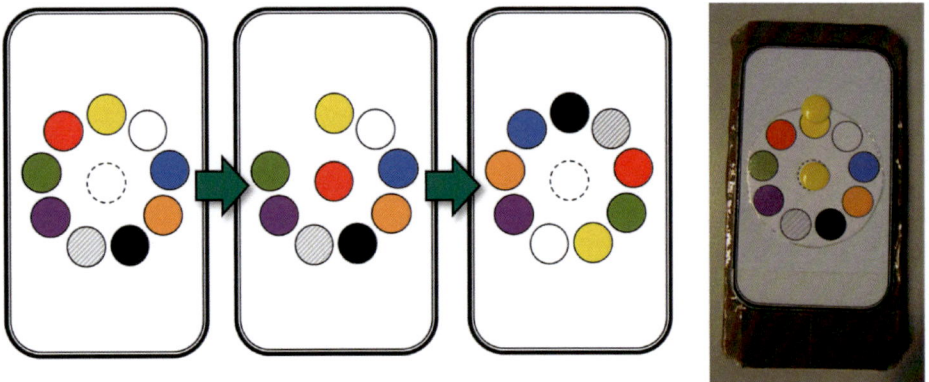

Abb. 7.2 Verschiedene Konzeptzeichnungen und ein Papierprototyp

Visualisierungen [11] entstandene Wasserstrudel vereint seine Rolle als Darstellungsmedium für eine analoge und eine kategoriale Messgröße mit der Funktion als dekoratives Element in einer öffentlichen Umgebung. Abb. 7.2 zeigt einen Ausschnitt aus der inkrementellen, nutzerzentrierten Entwicklung von Authentisierungsverfahren, die gegen die Analyse von Schmierspuren auf einem Touch-Display resistent sind, vom Konzept zu ersten Papier-Prototypen, Abb. 7.1b dann das dazu entsprechende implementierte Interface für Feldstudien.

7.5 Zukünftige Entwicklung

Im Jahr 2016 konnte das Institut für Informatik der LMU eine weitere Professur im MMI-Umfeld aus dem Zentrum Digitalisierung Bayern (ZD.B) einwerben. Die Ausrichtung „Human-Centered Ubiquitous Media" knüpft an die vorhandenen Kompetenzen im Bereich der Medien und MMI an und wird eine konsequente Sicht auf ubiquitäre Technologien als Medien schaffen. Dies beinhaltet neben den zugehörigen Bedienkonzepten ausdrücklich auch gesellschaftliche Aspekte und Phänomene wie z. B. Geschäftsmodelle, Akzeptanz und Auswirkungen. Diese Perspektive rundet den technischen Zugang zum Computer als Medium ab, und zwar auf eine Art, die eben genau dem Profil der LMU als Volluniversität mit starken Geistes- und Sozialwissenschaften entspricht. Digitale Medien und Mensch-Maschine-Interaktion sind in der Mitte der Gesellschaft angekommen und damit eben keine reine Domäne der Informatik mehr. Da kein Bereich der menschlichen Kommunikation und der Industrieproduktion sich der Digitalisierung entziehen kann, entwickelt sich die Medieninformatik von einem Randgebiet der Informatik zu einem zentralen Pfeiler des Gebiets. Global gesehen hat Deutschland eine Pionierrolle in diesem interdisziplinären Ansatz zur Informatik, und die LMU ist stolz darauf, neben vielen anderen deutschen Universitäten dieses Gebiet konsequent auszubauen und voranzutreiben. Informatik für den Menschen passt eben sehr gut an eine nicht-technisch ausgerichtete Universität.

Siehe zu diesem Thema auch den Artikel „Allgegenwärtige Mensch-Computer-Interaktion" (Koch et al.) in diesem Heft.

Literatur

1. Bry, François, et al.: Weißbuch über Perspektiven in der Ludwig-Maximilians-Universität zum Anbruch des Informationszeitalters, LMU München 23.7.1998, verfügbar unter: http://www.en. pms.ifi.lmu.de/publications/PMS-FB/perspektiven.html
2. Richter, Hendrik (2013): Remote tactile feedback on interactive surfaces. Dissertation, LMU München: Fakultät für Mathematik, Informatik und Statistik, verfügbar unter https://edoc.ub. uni-muenchen.de/15682/

3. Spießl, Wolfgang (2011): Assessment and Support of Error Recognition in Automated Driving. Dissertation, LMU München: Fakultät für Mathematik, Informatik und Statistik, verfügbar unter https://edoc.ub.uni-muenchen.de/13277/

4. Knobel, Martin (2013): Experience design in the automotive context. Dissertation, LMU München: Fakultät für Mathematik, Informatik und Statistik, verfügbar unter https://edoc.ub.uni-muenchen.de/16223/

5. Tausch, Sarah (2016): The influence of computer-mediated feedback on collaboration. Dissertation, LMU München: Fakultät für Mathematik, Informatik und Statistik, verfügbar unter https://edoc.ub.uni-muenchen.de/19975/

6. De Luca, Alexander (2011): Designing Usable and Secure Authentication Mechanisms for Public Spaces. Dissertation, LMU München: Fakultät für Mathematik, Informatik und Statistik, verfügbar unter https://edoc.ub.uni-muenchen.de/13155/

7. Hang, Alina (2016): Exploiting autobiographical memory for fallback authentication on smartphones. Dissertation, LMU München: Fakultät für Mathematik, Informatik und Statistik, verfügbar unter https://edoc.ub.uni-muenchen.de/19315/

8. Zezschwitz, Emanuel von (2016): Risks and potentials of graphical and gesture-based authentication for touchscreen mobile devices: balancing usability and security through user-centered analysis and design. Dissertation, LMU München: Fakultät für Mathematik, Informatik und Statistik, verfügbar unter https://edoc.ub.uni-muenchen.de/20251/

9. ACM CHI ranking https://hci.rwth-aachen.de/chi-ranking Stand: 21.11.2016

10. Butz, Andreas, et al. „Out of Shape, Out of Style, Out of Focus." *Informatik-Spektrum* 37.5 (2014): 390–396.

11. Stusak, Simon (2016): Exploring the potential of physical visualizations. Dissertation, LMU München: Fakultät für Mathematik, Informatik und Statistik, verfügbar unter https://edoc.ub.uni-muenchen.de/20190/

Human-Computer Interaction Generating Intrinsic Motivation in Educational Applications

8

David A. Plecher, Axel Lehmann, Marko Hofmann und Gudrun Klinker

Abstract

Over past decades, rapid technological advancements have evolved user-computer interfaces significantly. In consequence, new opportunities are now available to ease and simplify computer access and its effective use in wide areas of applications and a large spectrum of user communities. In view of the state-of-the-art, this article briefly summarizes major development levels towards today's opportunities for development of ergonomic, multi-media and multi-modal user interfaces, such as for effective and user-adaptable learning and training. Based on ongoing research and prototyping experiences, we will demonstrate new chances to generate intrinsic motivation of users for ubiquitous learning and training.

8.1 Introduction

User interface research has progressed in great strides since the first computers were built, reaching increasingly sophisticated levels of human involvement in the interaction (see Table 8.1). Initially, interfaces satisfied mainly technical requirements of computers. They consisted of generic devices such as buttons, switches, punch card readers, tapes, keyboards, printers etc., and very mathematical or formal interfaces such as byte codes or scripting languages. At a second level of user interaction, physical limitations of humans, such as the reachability of physical objects (keys), as well as limitations of human sensing

D. A. Plecher · G. Klinker
Technische Universität München
München, Germany

A. Lehmann (✉) · M. Hofmann
Universität der Bundeswehr München
Neubiberg, Germany

© Springer-Verlag GmbH Deutschland 2017   105
A. Bode et al. (Hrsg.), *50 Jahre Universitäts-Informatik in München*,
DOI 10.1007/978-3-662-54712-0_8

Table 8.1 Levels of Human Involvement in User Interfaces

Level	Issue	Approaches
1	Functionalities of machines, environments	Technical machine construction
2	Physical limitations of humans	Ergonomics: human skeleton, human sensing
3	Cognitive limitations of humans	Usability (effectivity and efficiency): human brain/memory
4	Human motivation (emotions)	Hedonic usability: user experience, flow

and ergonomic body posture became research issues. The advent of desktop computers and *WIMP*[1] interfaces, raised user interfaces to a third level, considering usability issues to provide computer access to non-expert users. Metaphors shown as icons and menus increased the intuitive understanding and the memorability of interactive options. Most recently, research on user interfaces has reached a fourth level, expanding towards human emotions and psychological flow.

In this paper, we present and discuss schemes at the fourth level of human involvement in user interfaces. Based on the observation that playful investigation increases the intrinsic motivation of humans to engage in activities, research on gamification and serious games investigates in which way approaches similar to computer games can be applied across a wide range of tasks involving learning and daily work. The goal is to create positive user experiences that increase users' involvement and productivity and can provide new tools for improvements of system analysis and understanding, or for learning and training. Serious games – i.e. "… game(s) designed for a primary purpose other than pure entertainment" [1] – have already received significant recognition as they can offer essential features like:

- Immersion of users in realistic scenarios and learning contexts
- Generation of intrinsic motivation to apply learning content for making progress
- Opportunities for self-driven, autonomous learning any time anywhere without a coach
- Adaptive gameplay – individual adaptation with respect to a user's capabilities

In the next sections, we present examples investigating schemes how to increase users' intrinsic motivation and understanding in work and learning/training situations.

8.2　SanTrain – A system to train first aid diagnosis and treatment

First aid diagnosis and treatment are a central concern in catastrophic scenarios, such as natural disasters, large traffic accidents, terrorist attacks and war. Modern military forces have sought to reduce deaths on the battlefield by training large numbers of ordinary troops

---

[1] Windows, Icons, Menus and Pointers.

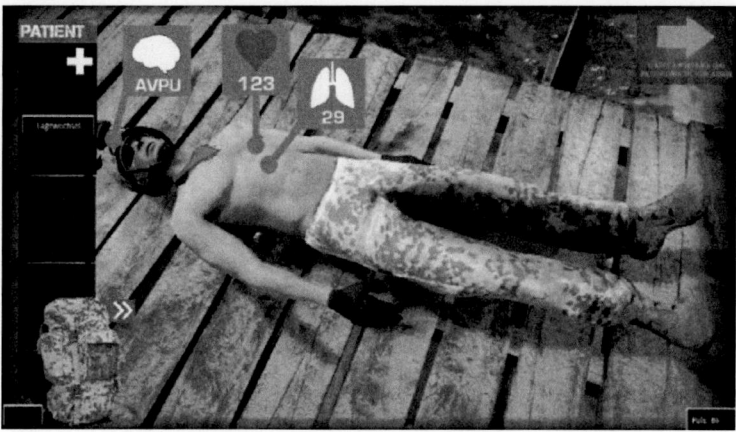

Fig. 8.1 Example of the 3D SanTrain INTERFACE

to offer fast and excellent first aid of particularly lethal injuries even when a medic is not present. As recent military conflicts have shown, intensive training of Tactical Combat Casualty Care (TCCC) principles can save many lives. To train these TCCC principles, trainees have to learn to follow a sequence of simple life saving steps and strict priorities (triage, diagnosis, treatment). To be effective, those training methods have to be grounded on various kinds of tactical scenarios which are expected to lead the trainee to apply correct first aid or medical treatment in case of an emergency under stress. The main goal of the SanTrain project ("*San*itätsdienstliches *Train*ing") is to investigate possibilities and limits of various serious gaming concepts for TCCC training [2]. The SanTrain research project started in 2011 and will be continued, at least, until the end of 2018. As demonstrated by its architecture (see Fig. 8.2a), the SanTrain architecture [3] can be easily adapted to other catastrophic scenarios, wherever first aid medical treatment training is required.

Trainees in SanTrain are exposed to very detailed battlefield simulations with casualties, offering a 2D or 3D interfaces to handle rescue operations.

In the PC version, the trainee interacts with the system via the standard WIMP control elements (2D) whereas the 3D simulation gives feedback to the player via the visual 3D interface and sound. A casualty, for example, may shiver and groan under pain, creating a realistic impression of real combat casualty care. The user interfaces of modern computer game engines offer excellent visualization capabilities for demonstrating realistic "stories" in domain specific scenarios, and enable interactions between player and simulation that come close to reality. The immersion created by the SanTrain system often leads to strong emotions and flow within the players. It is a typical example for a level 4 human involvement in the user interface (see Table 8.1).

From a technical point of view, it is relatively simple to extend the traditional view of the simulation system on a computer display screen to a Virtual Realty (VR) environment using a consumer-ready head mounted display. Simply walking through a SanTrain

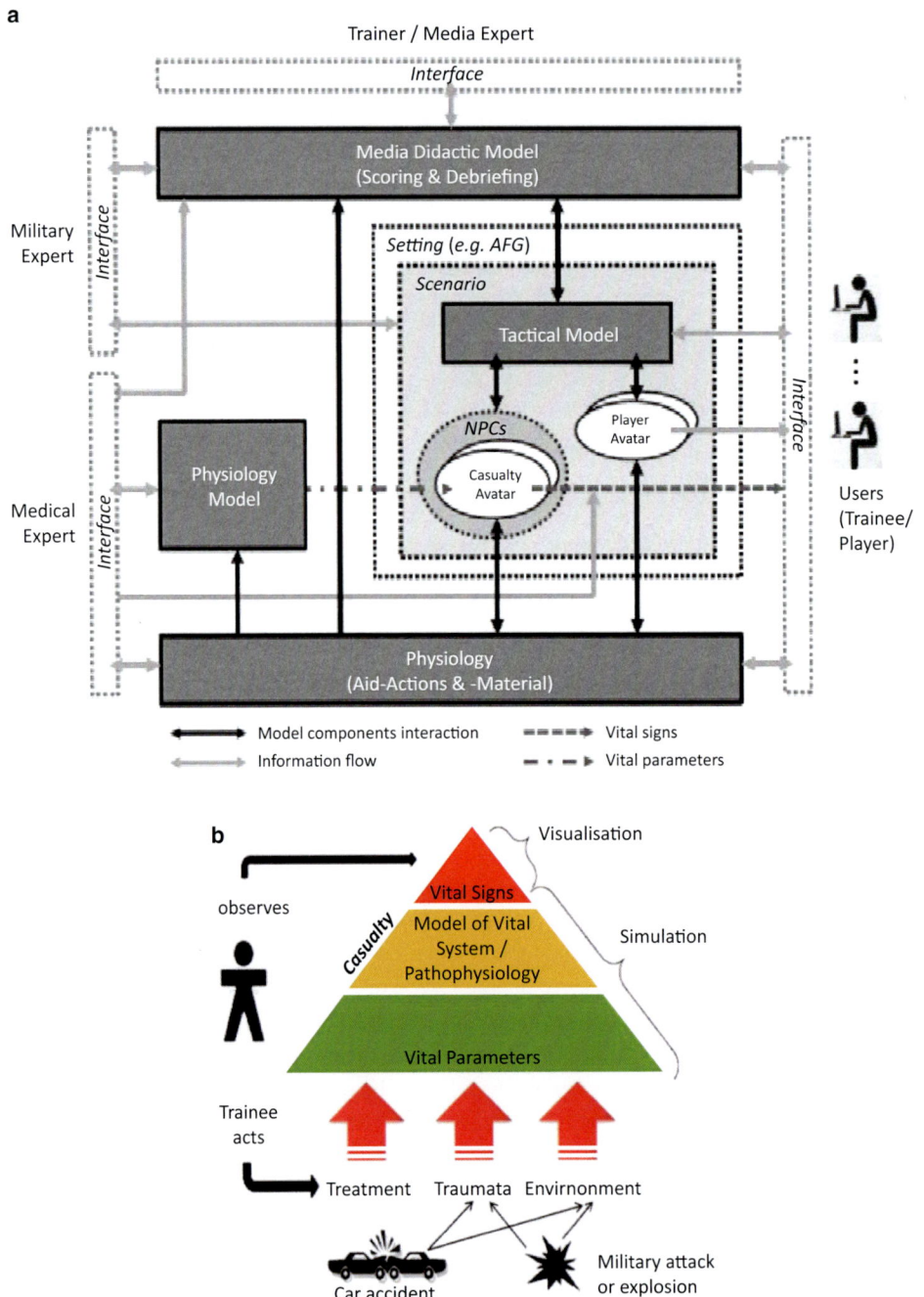

Fig. 8.2 a Architecture of SanTrain, **b** SanTrain Concept [3]

scenario wearing such a device is therefore easy. Yet, the system needs completely new interfaces within the Virtual Reality environment. Currently, since this transition would create additional obstacles for the use within the Bundeswehr (availability of VR Gear), our focus is on the traditional screen-based version. Moreover, it is by no means self-evident that human learning (leading, in the case of SanTrain to life-saving skills) is always best served by high-tech interfaces. The reason of this problem is that the purpose of the simulation is not game but related to the simulation of a very serious real situation.

In the case of SanTrain manual skills of first aid (bandaging, intravenous infusion, or needle (chest) decompression, for example) are not realistically trainable via mouse or keyboard, and it is questionable whether even sophisticated VR equipment can impart haptic sensory input and motoric details of treatments with sufficient detail and quality. The system therefore focusses on the training of cognitive processes (injury diagnosis with vital signs evaluation, appropriate treatment decisions) associated with TCCC, not on aid action execution details. These limitations on the applicability of the system suggest that a proper TCCC training curriculum involving rescue simulations must be hybrid, i.e., that it must also involve traditional training sessions, e.g. with manikins and live tissue, to teach those skills which are, hitherto, unsuitable for computer-based training.

Hence, the intended purpose of the physiological simulation is to support the TCCC teaching aims. The system must generate parameters and symptoms (vital signs) which are *sufficiently typical* of real injuries. The goal is to teach the trainee caring for a wounded virtual casualty how to identify whether or not the injury is a TCCC injury. Furthermore, the system must teach how to quickly and correctly diagnose the injury, its degree of lethality for triage purposes, and which treatment options might be the correct ones (Fig. 8.2b).

In order to implement this idea, however, a system needs more information than a 3D interface of the trainee provides. A substantial part of the validation is based on efficient numeric and graphical representations that take into account the cognitive limitations of humans (level 3 from Table 8.1) who are unable to extract all these information from only watching the simulation. This is a perfect example for systems that need multi-level human involvement in the user interface.

8.3   Educational Training using Augmented Reality

Educational training can go beyond traditional, WIMP-based user interfaces in order to provide the utmost user experience. User interfaces have evolved from mostly mechanical devices in the early years to desktop-based *WIMP* interfaces and to *Post-WIMP* interfaces [4]. In the *Post-WIMP* era, multi-modal, multi-media interfaces have become available. These include not only optical, but also acoustic and haptic input and output – with touch-based interfaces being one of the prominent current developments. Beyond interaction facilities on a personal basis, *Post-WIMP* interfaces are also evolving on an environmental basis, extending spatial aspects of interaction. Becoming increasingly mobile and ubiquitous, the borders of individual computers disappear; the whole world becomes the interface to computing. Ubiquitous tracking/sensing, as well as ubiquitous information presentation/visualization and ubiquitous interaction in 2D and 3D open the way to ubiquitous Virtual and Augmented Reality. Such interfaces move towards the general concept of ubiquitously available assortments of devices in multi-device environments [5]. Humans and computers interact implicitly and ubiquitously via direct actions and re-actions.

At the Technical University of Munich, we are investigating whether Post-WIMP user interfaces, such as Augmented Reality are able to provide deeper user experience for educational training, fostered as serious games. For this, we develop both ordinary and serious games, and we supply them with a range of different user interfaces, comparing whether novel interfaces are providing benefits over mouse and keyboard – or whether they are hindering users' enjoyment of the game, due to poor ergonomic or usability characteristics (levels 2 and 3 of Table 8.1) (see Fig. 8.3a).

With students in our study program "Informatik: Games Engineering" we are investigating options and problems of using AR and gamification for serious applications. For example, we have extended a tower defense game into an AR-based multi-device system [6]: players saw and interacted with a 2D terrain on a large touch-sensitive display. They could place towers into the terrain by touching the table. Beyond this, they were able to obtain a much more detailed AR-based, 3D view into the tower on their smartphone when they held it above the table (Fig. 8.3b).

We have used similar principles to create a serious AR-game teaching people about life in a Celtic village [7]. The game focused on tool production, involving an ore mine, a blacksmith shop, a char burner and a kitchen (Fig. 8.4a). Players could explore the settings in AR-based views of the houses, seeing them from the outside as part of the village or semi-transparently at the inside to obtain a better understanding of their functionality (Fig. 8.4b). They could rearrange them via tangible interfaces (markers) to optimize travel paths of the production line between the buildings (Fig. 8.4c). Discussions with a few test persons indicate that "they were especially enthusiastic about the AR technique as it is something new and exciting and appraised it as totally useful for conveying knowledge

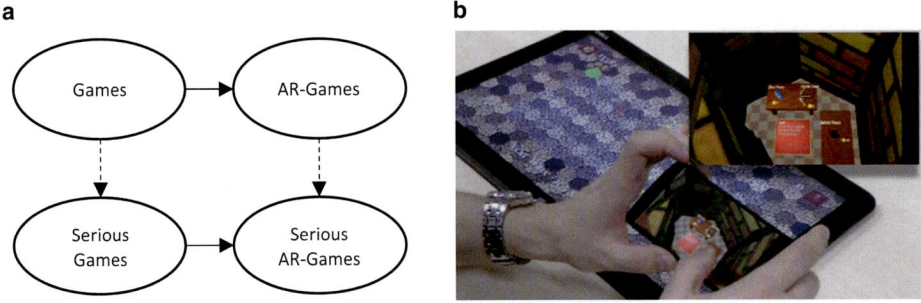

Fig. 8.3 **a** Progression from Games to Serious AR-Games, **b** Multi-device tower defense game with AR view. (See also www.youtube.com/watch?v=KYAbeQ602o4&feature=youtu.be)

Fig. 8.4 Planning and exploring spatial layouts of buildings in a Celtic village (**a**) to understand their function (**b**) and to understand their collaborative contribution to tool smithing (**c**). (See also: www.youtube.com/watch?v=Oh8h4oL9-tk)

since it is interactive and demonstrative with a relation to the reality. With this, they enjoyed exploring the buildings since this worked very well and the buildings were nice and descriptive designed" [7].

8.4 Outlook

We are convinced that serious games and augmented reality can confer a new degree of immersion and flow for users that will thoroughly change the way people are learning with computers. Expectations especially of young learners will put a high demand on "modern" forms of didactic environments. There is, however, a fundamental challenge for all forms of education, which has to be met by (AR) serious games, too: They have to ensure that the learning process is effective and efficient in the corresponding real world reference system. Commercial games often also imitate real world systems (war, natural disasters etc.), but there is no need for a recreational or casual game to correspond exactly to reality. Often players of such games even get a completely wrong impression of the "true" dynamics of the reference systems (combat, medical care, emergency situations, etc.). In sharp contrast, the "validity" of a serious game and its successful evaluation in realistic scenarios are paramount. A serious game can never neglect how playing the game affects the corresponding skills in reality; it can never sacrifice its plausibility for the sake of increased fun. Balancing the usability and validity of new forms of human-computer-interactions in serious games is therefore one of our most important research topics for the future.

8.5   Acknowledgments

We are thankful for many contributions from the members of the SanTrain team at the Universität der Bundeswehr München and from many students and members of the FAR team at TU Munich. In particular, Paul Tolstoi and Annette Köhler were deeply involved in designing and implementing the Tower Defense and Celtic Village games. The work at Technical University Munich is partially supported by the BMBF project *Enable*, and the research at Universität der Bundeswehr Munich is supported by Bundeswehr Medical Academy.

References

1. D. Djaouti, J. Alvarez und J.-P. Jessel, "Classifying Serious Games: The G/P/S Model," in *Handbook of Research on Improving Learning and Motivation through Educational Games: Multidisciplinary Approaches,*, Hershey, IGI Global, 2011, pp. 118–136.
2. M. Hofmann und H. Feron, "Tactical Combat Casualty Care: Strategic Issues of a Serious Simulation Game Development," in *Proceedings of the 2012 Winter Simulation Conference*, Berlin, 2012.
3. M. Hofmann, J. Pali, A. Lehmann, Patrick Ruckdeschel und A. Karagkasidis, "SanTrain: A Serious Game Architecture as Platform for Multiple First Aid and Emergency Medical Trainings," in *Proceedings of the 13th Asia Simulation Conference*, 2014; Springer Communications in Computer and Information Science
4. A. van Dam, "Post-WIMP user interfaces," *Communications of the ACM,* Bd. 40, pp. 63–67, 1997.
5. C. Sandor und G. Klinker, "A Rapid Prototyping Software Infrastructure for User Interfaces in Ubiquitous Augmented Reality," *Personal and Ubiquitous Computing,* Bd. 9, Nr. 3, pp. 169–185, 2005.
6. P. Tolstoi and A. Dippon, "Towering Defense: An Augmented Reality Multi-Device Game," in *ACM CHI Extended Abstracts*, 2015.
7. A. Köhler, "Serious Game about Celtic Life and History using Augmented Reality (Bachelor Thesis)," TU München, 2016.

Intelligence and Security Studies

Ein Novum für die deutsche Informatik

9

Uwe M. Borghoff und Jan-Hendrik Dietrich

Zusammenfassung

Funktionserwartungen an Sicherheitskräfte sind in der Bundesrepublik in den vergangenen Jahren deutlich angestiegen. Terroranschläge sollen ebenso frühzeitig verhindert werden wie Cyberattacken. Gleichzeitig sollen Freiheit und Sicherheit Deutschlands an entlegenen Orten der Welt militärisch verteidigt werden. Bei der Erfüllung der staatlichen Sicherheitsgewährleistungspflicht kommt insbesondere den Akteuren der deutschen „Intelligence Community" eine zentrale Rolle zu. Sie versorgen politische und militärische Entscheidungsträger mit wichtigen Analysen und Informationen. Der nachfolgend erörterte Master-Studiengang setzt an dieser Aufgabe an. Erstmals wird in Deutschland eine professionelle Intelligence Education auf höchstem akademischen Niveau angeboten.

9.1 Hintergründe

Im Glanze der beiden Münchner Exzellenzuniversitäten profiliert sich die Universität der Bundeswehr München verstärkt als „Bundesuniversität" mit unverwechselbarem Profil. Die Fakultät für Informatik, schon heute eine der drittmittelstärksten Fakultäten der Universität, strebt an, im Bereich *Cyber*-Sicherheit zur führenden Einrichtung in Deutschland zu werden. Kürzlich kündigte die Bundesministerin der Verteidigung an, innerhalb

U. M. Borghoff
Fakultät für Informatik & Campus Advanced Studies Center (CASC), Universität der Bundeswehr München
München, Deutschland

J.-H. Dietrich (✉)
Fachbereich Nachrichtendienste, Hochschule des Bundes für öffentliche Verwaltung
München, Deutschland

© Springer-Verlag GmbH Deutschland 2017
A. Bode et al. (Hrsg.), *50 Jahre Universitäts-Informatik in München*,
DOI 10.1007/978-3-662-54712-0_9

der nächsten fünf Jahre ein neues Kommando *Cyber- und Informationsraum* mit 13.500 Soldaten und zivilen Mitarbeitern aufzustellen. In diesem Zusammenhang werden die Forschungs- und Lehrkapazitäten an der Fakultät für Informatik deutlich ausgebaut. Zukünftig forschen mehr als fünfzehn *Cyber*-Professuren mit ihren Mitarbeitern im engen Umfeld dieser Thematik. Im Januar 2018 startet der Masterstudiengang *Cyber*-Sicherheit. Zusätzlich laufen Planungen für einen neuen Masterstudiengang *Intelligence and Security Studies*, der hier näher vorgestellt werden soll.

Unter Federführung des Bundeskanzleramtes und unter Beteiligung weiterer Ressorts haben die Universität der Bundeswehr München und die Hochschule des Bundes (Fachbereich Nachrichtendienste) eine enge Kooperation vereinbart. Auf höchstem wissenschaftlichem Niveau haben sie gemeinsam einen universitären *intelligence*-spezifischen Studiengang konzipiert, der in Deutschland einzigartig ist. Seine Ziele sind ambitioniert:

Professionalisierung der Intelligence-Ausbildung

Durch die Einrichtung des Studiengangs wird es erstmals möglich sein, zukünftige Führungskräfte aus der *Intelligence Community* bedarfsspezifisch auf akademischem Niveau auszubilden. Die Intelligence Community ist weit zu verstehen. Sie vereint im Kern die Nachrichtendienste des Bundes und der Länder, aber auch das Militärische Nachrichtenwesen der Bundeswehr. Daneben zählen weitere Behörden wie etwa das Bundeskriminalamt („Criminal Intelligence") oder auch spezielle Stellen der Bundestagsverwaltung (Sekretariat Parlamentarisches Kontrollgremium und G10-Kommission) zur („Wider") Intelligence Community. Das Studium befähigt Absolventen, aktuelle sicherheitsrelevante Entwicklungen aus dem Blickwinkel verschiedener Wissenschaftsdisziplinen zu analysieren. Davon wird gerade auch der digitale Raum einbezogen. Im Zeitalter von Hacker-Angriffen auf kritische Infrastrukturen (z. B. Atomkraftwerke), den sog. „Fake-News" oder der nachrichtendienstlich gesteuerten Beeinflussung von demokratischen Wahlen gewinnt informatikbasierter Zugang zu staatlicher Sicherheit eine neue Bedeutung.

Anschluss an internationale Ausbildungsstandards

Außerhalb Deutschlands wird seit vielen Jahren eine professionelle *Intelligence Education* betrieben [1]. Den *Intelligence Studies* sind eine Vielzahl von Studiengängen (z. B. *King's College* in London, *Universidad Carlos III* in Madrid oder *SciencesPo* in Paris), Fachgemeinschaften (z. B. *International Association for Intelligence Education*), Forschungseinrichtungen (z. B. *Oxford Intelligence Research Group*), Schriftenreihen, Fachzeitschriften und Lehrbücher gewidmet [2]. Der hier vorgestellte Studiengang knüpft an den Ansatz der *Intelligence Studies* nach diesem Vorbild an und sucht auf diese Weise Anschluss an internationale Ausbildungsstandards. Allerdings geht er auch teilweise darüber hinaus: Die Studiengänge im Ausland sind bei näherer Betrachtung weit überwiegend auf eine politik-

bzw. geschichtswissenschaftliche Perspektive limitiert. Um Bedrohungen der nationalen Sicherheit erkennen und analysieren zu können, greift das zu kurz. Dementsprechend bezieht der Studiengang „Intelligence and Security Studies" mit der Informatik gerade auch einen technischen Zugang zu Sicherheitsfragen mit ein. Zudem werden rechtswissenschaftliche und psychologische Perspektiven eröffnet.

Standardisierung und Vernetzung

In der Bundesrepublik Deutschland besteht eine *Intelligence Community* nur in Ansätzen. Bisher fehlt ihr eine verbindende Infrastruktur. Eine gemeinsame wissenschaftliche Ausbildung für alle relevanten Akteure kann im Zusammenhang des *Community Building* einen grundsätzlichen Beitrag leisten. Die beteiligten Wissenschaftler übernehmen eine wichtige Moderationsfunktion und tragen zur Qualitätssicherung bei.

9.2   Zielgruppe, Kooperationspartner und angestrebte Kompetenzen

Der neue Studiengang wendet sich vorrangig an die zukünftige deutsche *Intelligence Community*, die sich gerade auch durch diesen Studiengang herausbilden soll. Angesprochen werden in erster Linie Mitarbeiter der Nachrichtendienste des Bundes (Bundesnachrichtendienst, Bundesamt für Verfassungsschutz und Militärischer Abschirmdienst) und der entsprechenden Landesämter für Verfassungsschutz sowie Soldaten der Bundeswehr (insbesondere aus dem Bereich des Militärischen Nachrichtenwesens). Daneben steht der Studiengang auch Angehörigen der Ministerialverwaltung mit Bezügen zur Sicherheitspolitik (z. B. Bundeskanzleramt, Bundesinnenministerium, Bundesministerium der Verteidigung, Auswärtiges Amt), den im Bereich Staatsschutz tätigen Beschäftigten der Kriminalpolizei sowie Angehörigen der Parlamentsverwaltung offen. Mittelfristig soll der Studiengang bzw. einzelne seiner Module zudem von Mitarbeitern von Wirtschaftsunternehmen mit Sicherheitsbezug sowie von Angehörigen ausgesuchter ausländischer Behörden und Streitkräfte absolviert werden können.

Da es der intensive fachliche Diskurs in den Lehrveranstaltungen oft erfordert, inhaltlich eine Brücke zur nachrichtendienstlichen Praxis mit einschlägigen Daten und Methoden zu schlagen, ist es erforderlich, dass die Studierenden eine Sicherheitsüberprüfung mit positivem Ergebnis durchlaufen.

Der Studiengang ist ein gemeinsames Angebot der Fakultät für Informatik am Weiterbildungsinstitut CASC der Universität der Bundeswehr München und des Fachbereichs Nachrichtendienste der Hochschule des Bundes. Die Kooperation betont die individuellen Stärken der einzelnen Partner: Am Fachbereich Nachrichtendienste bestehen bereits seit Jahren umfangreiche Erfahrungen in Bezug auf die nachrichtendienstspezifische Aus- und Fortbildung. Professuren sind z. T. bereits *intelligence*-spezifisch gewidmet (z. B. Professur für das Recht der Nachrichtendienste, Professur für *Intelligence Analysis*, Professur

Abb. 9.1 Münchner Informatik lehrt zukünftig auch in Berlin

für Nachrichtendienst-Psychologie). Weitere spezifische Professuren werden eingerichtet. Die Fakultät für Informatik zusammen mit ihrem Forschungszentrum CODE [3] ergänzt das Studienangebot u. a. bei *Big Data-Analysis*, beim Zugriff auf föderierte Datenbanken und in ausgewählten Bereichen der *Cyber*-Sicherheit. Die Adressierung des Studiengangs an alle Akteure der zukünftigen *Intelligence Community* und sein breiter inhaltlicher Zuschnitt sind bislang einzigartig in Europa. Das verpflichtende Einführungs- und Kernstudium findet am Fachbereich Nachrichtendienste in Berlin statt. Die Kollegen der Münchner Informatik werden dabei vor Ort in Berlin lehren. Studienvertiefungen können wahlweise an der Universität der Bundeswehr München in Neubiberg oder am Fachbereich Nachrichtendienste in Berlin oder Brühl belegt werden.

Unter Berücksichtigung des Bedarfs nachrichtendienstlicher und militärischer Praxis werden den Studierenden neben Fach- und Methodenkompetenzen auch Sozial- und Personalkompetenzen vermittelt.

Fachkompetenzen

Die Absolventen verfügen über ein vertieftes Strukturverständnis nationaler und internationaler Sicherheitsarchitektur. Sie verfügen über umfangreiche Wissensbestände zum Themenfeld *Intelligence* und können diese miteinander verknüpfen. Dies betrifft nicht nur den *Intelligence Cycle* und das nachrichtendienstliche Produkt. Vielmehr können die Absolventen nachrichtendienstliche Herausforderungen u. a. auch aus sozio-kultureller Perspektive (*Intelligence Culture*), vor dem Hintergrund nationalen und internationalen Rechts (*Intelligence Law*) und auf der Grundlage geschichtswissenschaftlicher Erkenntnisse (*Intelligence History*) identifizieren und erklärbar machen. Eine wesentliche Fachkompetenz besteht zudem in der Kenntnis und der Analyse komplexer politikwissenschaftlicher Sachverhalte, insbesondere auf internationaler Ebene, sowie der auf Theorien und Methoden basierenden Fähigkeit, probabilistische Prognosen über zukünftige Handlungsräume erstellen zu können. Weitere Fachkompetenzen liegen im Bereich der *Intelligence Technology*. In diesem Zusammenhang sollen die Studierenden insbesondere Ansätze zur Sicherung von Informationen auf der Übertragungsschicht bzw. auf dem Übertragungsweg nutzbar machen können sowie grundsätzliche Kenntnisse der Kryptographie, der Signalanalyse und der Informationsextraktion aus unbekannten oder fremden Bitströmen erwerben.

Methodenkompetenzen

Die Studierenden schärfen und vertiefen während des Studiums ihre analytischen Fähigkeiten durch die Einübung *intelligence*-relevanter Denk-, Analyse- und Argumentationsfähigkeiten. Dabei sollen insbesondere ein methodisches Verständnis einer operativen Wissenschaft entwickelt und die Beherrschung der Methoden der *Intelligence Analysis* erlernt und vertieft werden. Absolventen verfügen über spezialisierte fachliche Fertigkeiten zur Lösung strategischer Probleme in nachrichtendienstlichen Belangen und können auch bei unvollständiger Information Alternativen abwägen. Auch Methoden der (automatisierten) Klassifikation von Informationen und deren aggregierte Auswertung mithilfe von Mustererkennung oder *Data-Mining*-Strategien werden kennengelernt. Dabei berücksichtigen sie ethische und rechtliche Grenzen ihrer Tätigkeit.

Sozialkompetenzen

Eine soziale Kernkompetenz der Absolventen ist die Fähigkeit, wertschätzende und entwicklungsorientierte Kritik sowohl äußern als auch annehmen zu können. Unabhängig davon verfügen sie über praxisbezogene Führungskompetenzen im kooperativen und partizipatorischen Sinne, insbesondere über die Fähigkeit, in kurzer Zeit Aufgaben mitarbeitergerecht delegieren, Entscheidungen treffen und durchsetzen zu können.

Personalkompetenzen

Die Studierenden sollen neben allgemeinen Fähigkeiten (wie Selbstorganisation, zweisprachige Schreibkompetenz) persönliche Kompetenzen erwerben, die im nachrichtendienstlichen Kontext von besonderer Bedeutung sind: Die Fähigkeit, initial und eigenverantwortlich zu handeln, dabei Selbstreflexion zu üben, bei der Betrachtung eines Sachverhalts verschiedene Perspektiven zu übernehmen und andere nachhaltig von einer Einschätzung überzeugen zu können. Die Studierenden sind zudem in der Lage, Stress- und Extremsituationen zu bewältigen.

9.3   Das Studium

Das Curriculum bedient das oben erwähnte Kompetenzprofil. Das für alle Studierenden vorgeschriebene Pflichtcurriculum besteht aus einem *Einführungsmodul* und *zwei Kernstudienphasen*. Anschließend wählen die Teilnehmer *eine von vier möglichen Studienkonzentrationen*. Nach Beendigung der Studienkonzentration kehren die Studierenden in der Regel in ihre Dienststellen bzw. an ihren Arbeitsplatz zurück und schließen das Studium dort mit einer Masterarbeit ab.

Strukturell folgt der Aufbau des Studiengangs dem Muster professioneller *Intelligence*-Studiengänge im Ausland wie beispielsweise an der *National Intelligence University* in den Vereinigten Staaten. Inhaltlich setzt er sich aber von den meisten dieser Studienangebote ab. Während vor allem in Europa *Intelligence*-Studiengänge oft politik- bzw. geschichtswissenschaftlich ausgerichtet sind und dabei z. T. lediglich sicherheitsrelevante Inhalte unter dem Label der *Intelligence Studies* vermittelt werden, ermöglicht dieser Studiengang eine spezifische, praxisorientierte *Intelligence Education*. Dazu gehört, dass sicherheitsrelevante Sachverhalte, Probleme und Entwicklungen aus verschiedensten wissenschaftlichen Perspektiven in den Blick genommen werden. Deshalb werden Kenntnisse und Methoden aus der Informatik, aber natürlich auch aus der Rechtswissenschaft, Psychologie, Politikwissenschaft, Geschichtswissenschaft und Soziologie vermittelt. Insoweit verfolgt der Studiengang einen transdisziplinären Ansatz.

Nachfolgend sollen einige Module zur besseren Veranschaulichung näher beleuchtet werden.

Einführungsmodul

Das Einführungsmodul legt Grundlagen. Im Mittelpunkt stehen Funktion und Funktionsweise von Nachrichtendiensten in nationaler und internationaler Sicherheitsarchitektur. Ziel ist es, den Studierenden aus verschiedenen wissenschaftlichen Perspektiven zentrale Facetten nachrichtendienstlicher Tätigkeit aufzuzeigen und sie so weit wie möglich auf einen gemeinsamen Kenntnisstand zu bringen.

Kernstudienphasen

An das Einführungsmodul schließt sich das Kernstudium an, das in zwei Kernstudien-phasen unterteilt ist. Im Sinne der *Intelligence Studies* werden Aspekte nachrichtendienst-licher Arbeit aus der Perspektive verschiedener Wissenschaftsdisziplinen eingehend in den Blick genommen und kritisch reflektiert. Gleichzeitig wird der Kontext zu aktuel-len sicherheitspolitischen, sicherheitsökonomischen und sicherheitstechnologischen Ent-wicklungen und Herausforderungen hergestellt. Im Modul *Intelligence Methods* werden teilweise Veranstaltungen angeboten, die auf eingestuftes Material im Sinne der Ver-schlusssachen-Anweisung zurückgreifen. Für Studierende, denen kein uneingeschränkter Zugang zu Verschlusssachen eingeräumt werden soll, werden alternative Veranstaltungs-angebote gemacht.

Das Modul *Nachrichtendienste im politischen Entscheidungsprozess* thematisiert Nachrichtendienste in ihrer Rolle für die staatliche Sicherheitsgewährleistung. Die Studie-renden werden zunächst mit Grundlagen der *Good Governance* vertraut gemacht, was den Boden bereitet, um die Bedeutung der Nachrichtendienste für politische Entscheidungs-träger in den Blick zu nehmen. Ein wesentliches Augenmerk gilt dabei den geltenden Rechtsgrundlagen für die nachrichtendienstliche Arbeit sowie Fragen politischer Steue-rung und parlamentarischer Kontrolle der Dienste.

Durch Gesetze werden Nachrichtendienste in demokratischen Rechtsstaaten zu emp-findlichen Eingriffen in individuelle Rechte von Bürgern ermächtigt. Daraus resultiert eine demokratische Verantwortung der Dienste. Zivilgesellschaftliche Anliegen und ethische Grundsätze werden in den Veranstaltungen *Intelligence Accountability* in den Kontext nachrichtendienstlicher Arbeit gestellt. Von besonderer Bedeutung ist dabei eine kontras-tierende geschichtswissenschaftliche Perspektive auf die Rolle von Nachrichtendiensten in Diktaturen der jüngsten deutschen Vergangenheit.

Die *Beschaffung von Informationen* beschreibt eine zentrale Aufgabe der Nachrichten-dienste. Die Methoden der Beschaffung sind zahlreich und vielfältig. Ihre Beherrschung zählt zum nachrichtendienstlichen Handwerk. Gegenstand dieses Moduls ist es nicht, die Studierenden in Beschaffungsmethodik zu trainieren. Vielmehr wird eine (fach-)wissen-schaftliche Perspektive auf die Beschaffungsmethoden eingenommen. Sie werden kontex-tualisiert und hinterfragt; Probleme und Potentiale werden offengelegt. Dadurch gelingt der sogenannte *Shift from Tradecraft to Science*, der sich später förderlich auf die nach-richtendienstliche Praxis auswirken wird.

Intelligence Analysis bezeichnet nicht nur eine wichtige gesetzliche Aufgabe der Nach-richtendienste (Auswertung), sondern auch eine tragende Teildisziplin der *Intelligence Studies*. In letzterem Sinne verknüpft die *Intelligence Analysis* Auswertungsinstrumen-te der Praxis mit einer wissenschaftlichen Perspektive. Es geht – mit Richards J. Heuer gesprochen [4] – um *Thinking about Thinking*. Anhand von Beispielen aus der Praxis werden die Studierenden in diesem Modul z. B. in die Lage versetzt, *Intelligence Failures* in der Analyse nachzuvollziehen. Auch Informatik-Herausforderungen beim Umgang mit

Big Data oder psychische Einflüsse auf die Auswertung von Sachverhalten stehen hier im Mittelpunkt.

Das Modul *Kommunikation und Führung in Nachrichtendiensten* setzt am nachrichtendienstlichen Produktionsprozess an. Ein wesentlicher Schwerpunkt liegt auf der Vermittlung von Führungs- und Kommunikationskompetenzen. Besondere Bedeutung kommt zudem der bedarfsadäquaten Aufbereitung und Präsentation nachrichtendienstlicher Erkenntnisse zu: Unter dem Aspekt der *Intelligence Credibility* soll reflektiert werden, wie die Akzeptanz bzw. Verwertbarkeit eines nachrichtendienstlichen Produkts bei den Entscheidungsträgern bzw. Bedarfsträgern gesteigert oder verringert wird.

Mit dem Modul *Intelligence und Cyber-Sicherheit* sollen vertiefende Kenntnisse im Bereich der Beherrschbarkeit komplexer IT-Systeme erlangt werden, um die Konzeption, die Planung, die Umsetzung und den Betrieb von IT-Systemen mit speziellem Fokus auf *Cyber*-Sicherheit zu verstehen. Beispiele für die praxisrelevanten Fähigkeiten, welche im Studium vermittelt werden, sind u. a. die Erkennung von Schwachstellen, die Entwicklung von IT-Sicherheitskonzepten sowie die Bewusstseinsschärfung für die Abwehrmöglichkeiten von Angriffen auf IT-Systeme.

Studienkonzentration

An die Kernstudienphase schließt sich eine Studienkonzentration an, in der die Studierenden interessengeleitet und/oder verwendungsorientiert ihre bisherigen Kenntnisse und Fähigkeiten vertiefen können. In Neubiberg wird die Studienkonzentration *Cyber*-Sicherheit angeboten. Verfassungsschutzspezifische Themen greift die Vertiefungsrichtung *Nachrichtendienste und öffentliche Sicherheit* auf, die am Studienort Brühl durchgeführt wird. In diesem Zusammenhang wird auch eine Kooperation mit der Akademie für Verfassungsschutz angestrebt. Gerade Studierende aus den Landesverfassungsschutzbehörden sollen hierdurch angesprochen werden. Die Studienkonzentrationen *Counter-terrorism* und *Regional Security* werden am Studienort Berlin angeboten.

Exemplarisch sei die Studienkonzentration *Cyber*-Sicherheit vorgestellt: Dieser Schwerpunkt baut auf dem Modul *Intelligence und Cyber-Sicherheit* aus dem Kernstudium auf und vertieft die Aspekte, die sich aus dem Einsatz vernetzter Rechen- und Kommunikationssysteme ergeben. Die Studierenden lernen etwa die typischen Schritte eines Angriffs auf ein IT-System kennen und entwickeln ein Verständnis für die Prinzipien und Vorgehensweisen bei der Untersuchung von Sicherheitsvorfällen. Insbesondere verstehen sie die verschiedenen Analysemethoden und sind in der Lage, diese in Form einer gerichtsverwertbaren Aufarbeitung anwenden zu können. In den beiden Modulen erhalten die Studierenden so einen vertiefenden Einblick in verschiedene Aspekte der IT-Sicherheit mit hoher, praktischer Relevanz. Durch die ausgewählten Bereiche werden sie in die Lage versetzt, die Bedeutung und Zusammenhänge verschiedener Einflussfaktoren auf die IT-Sicherheit zu verstehen und darauf basierend ganzheitliche Betrachtungen und Bewertungen der IT-Sicherheit moderner Systeme und Strukturen vorzunehmen und darüber hinaus die besondere Bedeutung externer und nicht-technischer Faktoren zu erkennen und zu berücksichtigen. Veranstaltungen sind u. a.: *Embedded IT Security*, Digitale Forensik, Mobile Forensik, *Penetration-Testing* und Schwachstellen-Analyse, Angriffsdetektion von *Advanced Persistent Threats*, *Smart Data* und *Cyber*-Lagebild, *Reverse Software Engineering*, *Cyber-Crime*, *Cyber-War*, *Cyber Terror*, *Ethical Hacking* sowie Netzsicherheit, System und Software-Sicherheit.

9.4 Entwicklungsperspektiven

Das skizzierte Masterprogramm ist entwicklungsoffen angelegt. Es kann auf eine mittelfristig verstärkte Nachfrage flexibel angepasst werden. Für externe Akteure außerhalb der deutschen Sicherheitsverwaltung bzw. außerhalb der Bundeswehr sind viele Veranstaltungen von großer Attraktivität. Für Angehörige ausgewählter ausländischer Streitkräfte oder Nachrichtendienste können perspektivisch passgenaue Modulstudien zusammengestellt werden.

Der Studiengang unterliegt den Qualitätssicherungsmechanismen der Kooperationspartner. Zur dauerhaften Gewährleistung der akademischen und inhaltlichen Qualität wird darüber hinaus angestrebt, einen unabhängigen Fachbeirat einzurichten, dessen Mitglieder bereits über Erfahrungen bei der Etablierung verwandter Studiengänge verfügen. Ihre Bereitschaft zu Mitwirkung und Beratung haben bereits namhafte Kollegen aus dem In- und Ausland zugesagt.

9.5 Danksagung

An der Studiengangsentwicklung haben zahlreiche Personen maßgeblich mitgewirkt. Bedanken möchten wir uns für die Unterstützung im Bundeskanzleramt. Im Bundesministerium der Verteidigung kamen viele Impulse von Stefan Schäfer, dem Beauftragten für die beiden Universitäten der Bundeswehr. Inhaltliche Anregungen und Ergänzungen verdanken wir unseren Kollegen Gabrijela Dreo-Rodosek, Carlo Masala, Christian Haas, Markus Denzler, Alessandro Scheffler Corvaja und Gunter Warg.

Literatur

1. Alessandro Scheffler Corvaja, Brigita Jeraj, Uwe M. Borghoff. *The Rise of Intelligence Studies: A Model for Germany?* Connections: The Quarterly Journal 15(1), 79–106, 2016. DOI 10.11610/Connections.15.1.06.
2. Anthony Glees, *Intelligence Studies, Universities and Security*, British Journal of Educational Studies 63(3), 281–310, 2015.
3. CODE: siehe https://www.code.unibw-muenchen.de/
4. Richards J. Heuer jr. *Psychology of Intelligence Analysis*, Center for the Study of Intelligence, Central Intelligence Agency, 1999.

Neurorobotics: From Computational Neuroscience to Intelligent Robots and Back

A. Knoll, F. Röhrbein, M. Akl, A. Kuhn und K. Sharma

Abstract

The field of neurorobotics encompasses the intersection of computational neuroscience and robotics. The TUM led Neurorobotics subproject of the Human Brain Project is actively researching concepts within the field and developing the tools to allow researchers to fully explore simulated robotics driven by computational neuroscience models. Further, the development of biologically inspired, tendon driven robotics systems provides a unique research platform. These efforts allow researchers to explore the interesting space from computational neuroscience to intelligent robots and back.

10.1 The Human Brain Project

The Human Brain Project (HBP) is a European Commission Future and Emerging Technologies Flagship Program[1] intended to advance our understanding of the brain. It is designed to run for a period of 10 years with strong collaboration between 116 partnering organizations from all over Europe. With a total planned funding of roughly one billion Euros, the HBP is a large effort with very complex problems and goals. As such, the HBP effort is divided into 12 unique but interconnected research areas (so-called subprojects, see Fig. 10.1) designed to foster interdisciplinary collaboration between research laboratories across Europe [1].

Experts in the fields of neuroscience, biology, medicine, computation, robotics, and many more combine their efforts towards common goals. HBP researchers have published

---

[1] https://www.humanbrainproject.eu.

A. Knoll · F. Röhrbein (✉) · M. Akl · A. Kuhn · K. Sharma
Technische Universität München
München, Germany

© Springer-Verlag GmbH Deutschland 2017
A. Bode et al. (Hrsg.), *50 Jahre Universitäts-Informatik in München*,
DOI 10.1007/978-3-662-54712-0_10

Subproject 1 SP1 Strategic Mouse Brain Data
Subproject 2 SP2 Strategic Human Brain Data
Subproject 3 SP3 Cognitive Architectures
Subproject 4 SP4 Theoretical Neuroscience
Subproject 5 SP5 Neuroinformatics
Subproject 6 SP6 Brain Simulation
Subproject 7 SP7 High Performance Computing
Subproject 8 SP8 Medical Informatics
Subproject 9 SP9 Neuromorphic Computing
Subproject 10 SP10 Neurorobotics
Subproject 11 SP11 Applications
Subproject 12 SP12 Ethics and Society

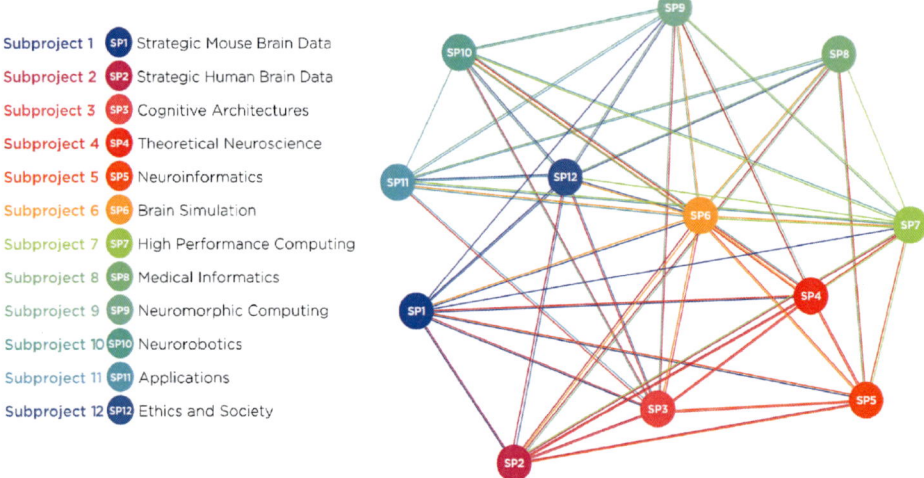

Fig. 10.1 Human Brain Project Subproject Organization

over 250 academic papers since the program's inception in 2013 and many exciting research efforts are underway. This article will focus on the Neurorobotics Subproject, which is led by TUM and intends to place computational brain models within virtual robotic bodies that can interact within simulated environments. Imagine a computational brain model being able to sense – see or feel – the world around it and richly interact – through movement or manipulation. The goal of the subproject is help understand the concept of neurorobotics from computational neuroscience to intelligent robots and back.

10.2   Background on Computational Neuroscience and Intelligent Robots

In recent years, there has been significant research towards the development of brain models – from single cell behavior at the fundamental biological level to population-level group dynamics within specific brain regions that replicate recorded behavior to whole brain behavioral models.

Computational Neuroscience investigates the nervous system, connecting it to numerous fields such as computer science, electrical engineering and physics. This allows researchers to create new types of biologically inspired models and systems that mimic the mind. These models are intended to explain everything from complex cellular activity on a short-time scale to long-term mechanisms of chronic disease and degeneration. The mouse brain has been thoroughly researched at every level and some very specialized areas are now fairly well understood. These mouse models are comparable to human mo dels, and though many differences exist, they serve as an important basis of understanding towards the human brain.

Robotic Control and Intelligence is a broad field of research involving the development of advanced motor control systems and artificial intelligence. Within neurorobotics, this takes the form of biologically inspired analogues of muscles and highly specialized brain models. There is considerable ongoing research towards understanding how biologically inspired models behave compare to conventional control systems and even how they could potentially produce more natural and human-like behavior and responses.

Whole brain models do not currently exist with the capability to fully control a complex human or mouse-like system. The ability to complement highly specialized computational neuroscience models of very specific areas (e.g. vision or motor control) with generalized robotic control models allows researchers to focus on specific research areas while also leveraging libraries of stable components and behaviors from the robotics community.

10.3   The Neurorobotics Subproject

The Neurorobotics Subproject primarily develops the Neurorobotics Platform (NRP), which offers scientists and developers all over the world the opportunity to connect brain models to robot models in various virtual environments. These neurorobotics experiments are executed in real-time on high performance supercomputing clusters through an easy to use web interface. This enables users around the globe to access otherwise unavailable performance from their browsers, even from mobile devices.

In addition to developing the publicly available platform, also contemporary topics such as biologically inspired robotics and learning are investigated. Much of this research focuses on the mouse – from fundamental biology to advanced simulations. Real mice are studied while their virtual counterparts are further developed. This complex and ambitious effort serves as an intermediary step towards the ultimate goal of understanding the human brain.

10.4   The Role of the TUM in the HBP

As presented in paper recently published in Science [2], Neurorobotics is a central pillar of the HBP. The TUM has many years of experience developing biologically inspired robotics. Projects such as ECCEROBOT[2] and Roboy[3], which are depicted in Fig. 10.2, are rooted in Munich [3] and have grown over the last years.

ECCEROBOT showcases early stage tendon driven robotics research, while Roboy demonstrates modern advancements and engineering. The work on Roboy is ongoing and the

---

[2] http://eccerobot.org/.
[3] http://roboy.org/.

Fig. 10.2 ECCEROBOT (**a**) and Roboy (**b**)

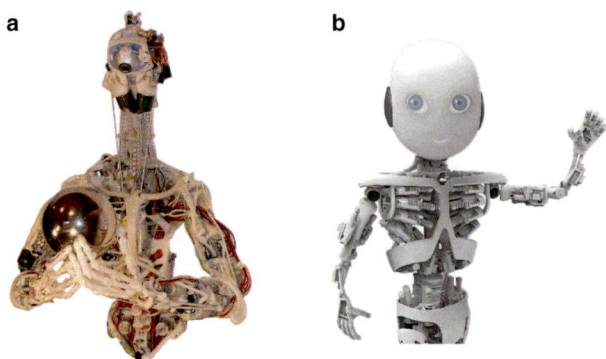

team officially joined the HBP in April 2016. Roboy is unique in its design with its versatile tendon-driven muscle design and 3D printed skeletal structure. Biologically inspired robotics such as Roboy will be available within the NRP, allowing researchers a unique option that lies between purely biological animal models and more traditional robotic models. These models can be used to design and develop real hardware and capabilities that would otherwise be impossible to produce.

10.5   The Neurorobotics Platform

The NRP is an open source cloud based system for neurorobotic simulations that aims to provide researchers with software and hardware tools to aide in the investigation of the intersection between computational neuroscience and robotics. The hardware tools include supercomputing cluster nodes at several sites within Europe including the Swiss National Supercomputing Center in Lugano, Switzerland. The software tools include a web-based user interface designed to develop brain models, build and edit virtual environments, equip robots with sensors and actuators, and link robot components to brain models.

It can be thought of as a virtual lab, where neuroscientists can exploit these tools to perform simulated experiments within sensory-rich environments. Moreover, the NRP also supports roboticists by providing the ability to investigate the use of brain models instead of traditional controllers for robotic locomotion and manipulation tasks using traditional robotic platforms.

This virtual lab is made possible through eight software modules that include four designers (Robot Designer, Environment Designer, Experiment Designer and Brain Interfaces & Body Integrator), three simulation engines (World Simulation, Neural Simulation and Closed Loop) and an Experiment Simulation Viewer. These eight modules allow users to design experiments from scratch, re-run previous experiments with different parameters, robots, or brain models, visualize experiments in real time, and analyze and share experiment results. A team of highly skilled developers is continuously working on improving

Fig. 10.3 Evolution of two exemplary models in the Neurorobotics Platform from the 1st release shown in the top row (**a**) to the 2nd release at the bottom (**b**)

the platform and providing new features to meet users' needs. Fig. 10.3 illustrates how models have advanced towards realism in the NRP over the short development period.

In March 2016, the NRP was officially released and the user base has been growing constantly. Researchers and the general public can request an account to access this platform, more information can be found by visiting http://neurorobotics.net.

10.6   Conclusion and Outlook

Only a few years after its launch in 2013, the HBP has come a long way. Its organization has been refined and improved. The TUM led Neurorobotics subproject has been progressing significantly, collaborating across subprojects, and generating results across its research and development efforts. With three separate chairs and the Fortiss institute being directly involved, it is also one of the biggest partners in its subproject.

In January 2017 TUM was the host to this year's HBP Neurorobotics Performance Show as it has been numerous times in the past. Frequent exchanges between the research community and the developers ensure that the NRP development goals actually align with the scientific research goals and the needs of users. Though there is still much research and development to be done, the subproject is well on track and already now offers a powerful and versatile tool to researchers all around the globe.

10.7   Acknowledgements

This project has received funding from the European Union's H2020 Framework Programme for Research and Innovation under Grant Agreement No 720270 (Human Brain Project SGA1).

References

1. Amunts, K.: The Human Brain Project: Creating a European Research Infrastructure to Decode the Human Brain. Neuron 2016
2. Knoll, A., and M.-O. Gewaltig, M.-O.: Neurorobotics: A strategic pillar of the Human Brain Project, Science Robotics, 2016.
3. Rüth, C.: Human Brain Project Das Gehirn im Supercomputer. Faszination Forschung 12/13

Susanne Albers, Martin Bichler, Felix Brandt, Peter Gritzmann und Rainer Kolisch

Zusammenfassung

Die Informatik hat viele Wissenschaften grundlegend beeinflusst, die Wirtschaftswissenschaften in besonders hohem Maße. Vor allem die enormen Fortschritte der Algorithmik und mathematischen Optimierung haben großen Einfluss auf Theorie und Praxis. Neben traditionellen Anwendungen des *Operations Research* in der Ablauf- oder Tourenplanung ermöglichen diese Fortschritte völlig neue Anwendungen, und sie spielen für Geschäftsmodelle der digitalen Wirtschaft eine wichtige Rolle. Die Schnittstelle zwischen Informatik, Mathematik und Wirtschaftswissenschaften hat sich im Münchner Umfeld von Universitäten und Industrie in den vergangenen Jahren sehr dynamisch entwickelt. Der vorliegende Artikel gibt verschiedene Beispiele, wie Algorithmen und neue Ansätze der Optimierung sowohl betriebswirtschaftliche Probleme lösen (erster Teil) als auch Entwicklungen der wirtschaftswissenschaftlichen Theorie beeinflussen (zweiter Teil). Sie zeugen von einer neuen, einer „informatischen" Art, wirtschaftliche Prozesse zu gestalten und zu erklären, die auch international großen Auftrieb erhält.

S. Albers · M. Bichler (✉) · F. Brandt
Fakultät für Informatik, Technische Universität München
München, Deutschland

P. Gritzmann
Zentrum für Mathematik
München, Deutschland

R. Kolisch
School of Management
München, Deutschland

© Springer-Verlag GmbH Deutschland 2017   129
A. Bode et al. (Hrsg.), *50 Jahre Universitäts-Informatik in München*,
DOI 10.1007/978-3-662-54712-0_11

11.1 Einleitung

Die Entwicklung in der Informatik der letzten Jahre hat viele Bereiche der Wissenschaft, der Technik und unseres täglichen Lebens beeinflusst. Internet-Suche, intelligente Benutzerassistenten, Bilderkennung oder Robotik sind Beispiele dafür, wie Informatik unsere Welt verändert. In ähnlich starker Weise beeinflussen Informatik und Mathematik die Wirtschaftswissenschaften. Operations Research (OR) bzw. Management Science (MS) beschäftigt sich als akademische Disziplin seit jeher mit Fragestellungen an der Schnittstelle zwischen Wirtschaftswissenschaften, Mathematik und Informatik und gehört mittlerweile zu den großen akademischen Fächern. Alleine die IFORS (ifors.org) vereint als internationaler Fachverband über 30.000 Mitglieder und bietet eine Plattform für Optimierung, Stochastik, Produktion, Logistik, und Wirtschaftsinformatik. Das Fach ist insbesondere an der TU München stark gewachsen. Diese Entwicklung trägt der steigenden Bedeutung des Operations Research und der Absolventen des Faches in der Wirtschaft Rechnung.

Deutlich weniger bekannt als klassische OR-Anwendungen in Produktion und Logistik sind die enormen Fortschritte der Algorithmik zur Lösung kombinatorischer Optimierungsprobleme in den letzten zwanzig Jahren. Neue Heuristiken und Dekompositionstechniken führten dazu, dass heute Optimierungsprobleme gelöst werden können, deren Lösung noch vor 20 Jahren undenkbar schien. Bixby [10] berichtet von einer über 29.000-fachen Leistungssteigerung von Software zur Lösung gemischt-ganzzahliger Optimierungsprobleme in den Jahren zwischen 1991 und 2006, und die Entwicklung hat in den letzten Jahren nicht nachgelassen. Die enormen Fortschritte in der Hardwaretechnik und in der Parallelisierung der Lösungsverfahren sind dabei nicht mit eingerechnet.[1] Diese Leistungssteigerungen ermöglichen neue Anwendungen und Innovation in ganz unterschiedlichen Bereichen.

Im ersten Teil dieses Artikels behandeln wir zunächst ausgewählte Anwendungen, die illustrieren, wie neue Ansätze in der Optimierung betriebswirtschaftliche Probleme lösen. Sie basieren auf Entwicklungen in der Algorithmik ganzzahlig-linearer Optimierungsprobleme, auf neuen Techniken für robuste und stochastische Optimierung, aber auch auf Entwicklungen im Bereich der Approximations- oder Online-Algorithmen. Diese Techniken haben gemeinsame Wurzeln in der mathematischen Optimierung und Algorithmik und werden heute in so unterschiedlichen Anwendungen wie im Cloud Computing, bei der Lieferantenauswahl in der Beschaffung, in der Ablaufplanung, der Tourenplanung und Logistik eingesetzt. Die zunehmende Digitalisierung erschließt immer neue Anwendungsfelder einer effektiven Automatisierung durch Optimierungsverfahren. Viele der neuen Anwendungsbereiche behandeln Ressourcenallokationsprobleme mit mehreren Entscheidern. Abb. 11.1 symbolisiert, wie verschiedene methodische Herausforderungen zu neuen Entwicklungen wie Approximationsalgorithmen, robuster und stochastischer

---

[1] http://bob4er.blogspot.de/2015/05/amazing-solver-speedups.html?view=sidebar.

Abb. 11.1 Herausforderungen und methodische Entwicklungen bei der Lösung von Ressourcenallokationsproblemen

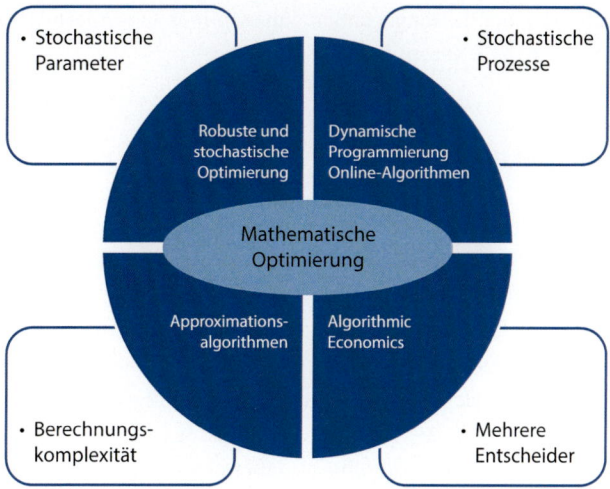

Optimierung, dynamischer Programmierung, Online-Algorithmen oder Algorithmic Economics geführt haben, die mittlerweile in Theorie und Praxis eine große Rolle spielen.

Im zweiten Teil des Artikels diskutieren wir einige neue Entwicklungen in der wirtschaftswissenschaftlichen Theorie, die stark durch Algorithmik und Optimierung beeinflusst wurden. So basieren etwa neuere spieltheoretische Modelle von Märkten auf Methoden der diskreten Optimierung, und diese führten zu neuen Impulsen in der Markt- und Preistheorie, die bei der konkreten Ausgestaltung von Systemen anwendungsnah zum Einsatz kommt. Ob es sich um Marktmechanismen, Wahl- und Abstimmungsverfahren, oder den Entwurf robuster Netzwerke handelt: Informatik, mathematische Optimierung und wirtschaftswissenschaftliche Theorie gehen hier Hand in Hand.

Das DFG-Graduiertenkolleg „Advanced Optimization in a Networked Economy" (www.adone.gs.tum.de) an der TU München vermittelt diese Methoden und Entwicklungen im Rahmen der Ausbildung des wissenschaftlichen Nachwuchses.[2] Die nachfolgenden Kapitel illustrieren wichtige Themen, wie sie auch im Rahmen des Graduiertenkollegs behandelt werden. Sie zeigen wie vielseitig Methoden des Operations Research einsetzbar sind und welchen Beitrag sie für Gesellschaft und Wirtschaft liefern können.

11.2 Neue Anwendungen und Methoden

Nachfolgend behandeln wir verschiedene Anwendungen, die in den vergangenen Jahren maßgeblich durch Optimierung beeinflusst wurden und von den algorithmischen Fort-

---

[2] Träger des Graduiertenkolleg sind: Susanne Albers (IN), Dirk Bergemann (Yale University, IAS), Martin Bichler (IN, SoM), Peter Gritzmann (MA, IN), Martin Grunow (SOM), Rainer Kolisch (SOM), Stefan Minner (SOM, Sprecher des GK) und Andreas Schulz (MA, SOM).

schritten der Lösung großer ganzzahliger Optimierungsprobleme (engl. mixed integer program, MIP) profitieren.

Abläufe optimieren

Die Modellierung und Optimierung von Ablaufplanungsproblemen ist ein etabliertes Anwendungsgebiet des Operations Research [18]. Die Mehrzahl der Probleme ist NP-schwer und damit (vermutlich) nicht mit polynomialem Aufwand zu lösen. Neue Entwicklungen im Bereich von MIP-Solvern, Modellierungstechniken und Dekompositionsverfahren erlauben jedoch die Lösung von großen, komplexen Praxisproblemen. Ein Beispiel ist die Planung des Gepäckablaufs an Hub-Flughäfen [23]. Ein Flughafen von der Größe des Terminal 2 des Münchner Flughafens bearbeitet je Tag ca. 30.000 Gepäckstücke. Jedes Gepäckstück durchläuft dabei ein komplexes, verkettetes Logistiksystem, das aus Ein- und Aussteuerungsstationen (wie den Check-In Automaten und den Gepäckbändern), Gepäckförderungssystemen und einem (ca. 2.500 Gepäckstücke fassenden) Gepäckspeicher besteht. Aufgrund der begrenzten Kapazität des Systems und seiner Teilsysteme einerseits und dem dynamischen Flugzeug- und Gepäckaufkommen an Hubflughäfen andererseits ist eine sorgfältige Ablaufplanung für die Abgleichung von Kapazitätsangebot und -nachfrage notwendig. Dabei kann über den Zeitpunkt der Ein- und Aussteuerung von Gepäck in das System, der Auswahl der Ein- und Aussteuerungsstationen, der Anzahl der einem Flug zugewiesenen Bearbeitungsstationen sowie der Speicherung von Gepäck entschieden werden. Ziel ist die gleichmäßige Auslastung der Teilsysteme unter Einhaltung der durch den Flugplan vorgegebenen Zeiten. Die Problemstellung kann prinzipiell als MIP mit zeitindexierten Binärvariablen (1, wenn die Gepäckstücke eines Flugs f zu einem Zeitpunkt t an einer Station s von a Arbeitern bearbeitet werden, 0 sonst) behandelt werden. Trotz Preprocessing-Techniken ist das MIP allerdings für Probleme praktisch relevanter Größenordnung nicht lösbar. Dekompositionstechniken erlauben jedoch die Reformulierung des Problems als Dantzig-Wolfe Modell, in dem im Masterproblem über die Auswahl von Teilplänen (Zuweisung und Zeitplanung einer Teilmenge von Flügen zu einem Gepäckverladeband) entschieden wird und Informationen in Form von Dualvariablen erzeugt werden, mit denen effizient neue Teilpläne erzeugt werden. Im Zusammenspiel mit Beschleunigungstechniken, Schnittebenenverfahren sowie leistungsfähigen MIP-Solvern sind mit diesem Ansatz Planungsprobleme realistischer Größenordnung lösbar mit 400 Flügen und einen Planunghorizont von einem Tag unterteilt in 236 Perioden der Länge fünf Minuten. Im Vergleich mit der durch Leistandsysteme unterstützten manuellen Planung können dadurch die Lastspitzen um durchschnittlich 65% reduziert und so erheblich bessere und robustere Pläne generiert werden.

Märkte gestalten

Kombinatorische Optimierung spielt auch eine wichtige Rolle, um Angebot und Nachfrage in unterschiedlichen Märkten zusammenzuführen. Energiemärkte, Beschaffungsauktionen in der Industrie, aber auch Frequenzauktionen basieren immer öfter auf mathematischen Verfahren.

Bei von Regulatoren weltweit eingesetzten *Frequenzauktionen* werden zunehmend Methoden zur Lösung ganzzahlig-linearer und quadratischer Optimierungsprobleme angewendet [8]. In diesen Auktionen versteigert der Regulator Rechte zur Nutzung bestimmter Frequenzbereiche an Telekommunikationsunternehmen. Die Frequenzbänder werden dazu üblicherweise in 5 MHz-Lizenzen aufgeteilt, die beliebig miteinander kombiniert werden können. Für Mobilfunkunternehmen erweisen sich bestimmte Kombinationen dieser Lizenzen als besonders wertvoll, und es ist daher wichtig, auf Kombinationen von Lizenzen bieten zu können, ohne Gefahr zu laufen, zu viel für nur ein Teilpaket der Zielkombination zu zahlen. Sowohl das Allokations- als auch das Preisberechnungproblem sind wieder NP-vollständig. Noch Mitte der 90er-Jahre war man daher der Ansicht, dass kombinatorische Auktionen praktisch nicht durchführbar seien. Mittlerweile wurden solche Auktionen jedoch in Ländern wie Australien, Kanada, Großbritannien, Holland, Irland, Österreich, und der Schweiz durchgeführt.

Die wohl größten Anwendungsgebiete optimierungsbasierter Auktionsverfahren sind *betriebliche Beschaffung, Transport und Logistik*. Kombinatorische Auktionen werden etwa für die Vergabe von Transportdienstleistungen eingesetzt, bei denen sich Spediteure für Kombinationen von Transportstrecken interessieren, die eine Rundroute ergeben. In der Beschaffung werden aber auch ganz andere Arten von optimierungsbasierten Auktionen eingesetzt. Sogenannte Mengenrabattauktionen erlauben es Bietern, verschiedene Typen von Mengenrabatten zu spezifizieren und „auf Knopfdruck" kostenminimale Allokationen zu berechnen [24]. Das Allokationsproblem ist allerdings so schwierig, dass auch mit modernen Methoden bislang nur Problemgrößen von bis zu ca. 30 Bietern und 30 Gütern optimal berechnet werden können. Für viele Anwendungen in der Beschaffung sind diese Problemgrößen jedoch durchaus ausreichend. Neue Marktmechanismen erlauben es den Marktteilnehmern, ein reiches Set an Präferenzen und verschiedenen Nebenbedingungen zu spezifizieren, die dann in der Allokation berücksichtigt werden können. In zahlreichen Projekten mit Industriepartnern hat sich diese Flexibilität als sehr wichtig herausgestellt. Verfahren der diskreten Optimierung sind die Voraussetzung dafür.

Daten segmentieren

Das Zusammenspiel der verschiedenen Disziplinen ist besonders im Bereich der Analyse großer Datenmengen unverzichtbar. Welche Methoden wann für die Datenanalyse eingesetzt und wie kombiniert werden, hängt dabei davon ab, wie groß die Datenmengen sind, in welcher Dynamik sie auftreten und welche Anforderungen an die Antwortzeit gestellt werden.

Wir beschänken uns im folgenden auf einige neuere Aspekte der *Datensegmentierung*. Ziel dabei ist es, Strukturen in großen Datenmengen zu erkennen, Datenpunkte nach Zielkriterien zu gruppieren (und dabei Ausreißer zu identifizieren) sowie ggf. Grundlagen für nachfolgende Datenkompression zu schaffen. Clustering-Techniken werden bereits seit langem als wichtiges Mittel zur Strukturierung von Daten verwendet. Ohne Zweifel spielt hier der klassische k-means Algorithmus eine zentrale Rolle, der letztendlich eine Voronoi-Zerlegung des Parameterraumes erzeugt, um die gegebenen Datenpunkte im $\mathbb{R}^n$ in k Cluster aufzuteilen. Für eine Vielzahl von Anwendungsfeldern ist es jedoch erforderlich, zusätzliche Nebenbedingungen an Cluster zu stellen. Insbesondere sind oftmals Schranken an die Clustergrößen einzuhalten.

Solche Probleme treten etwa dann auf, wenn man, wie bei der Bewertung von Kreditrisiken, eine große Parametermenge in wesentlich homogenere Teilkohorten zerlegen und diese dann statistisch analysieren will. Naturgemäß sind dabei untere Schranken an die Clustergrößen einzuhalten, alleine schon aus Gründen der erwünschten statistischen Signifikanz. Andere Anwendungsfelder des *constrained clustering* umfassen so unterschiedliche Gebiete wie den Zuschnitt von Versorgungsnetzwerken (Distributionszentren und -gebieten) [17, 19], die Flurbereinigung in der Landwirtschaft [11], die Bestimmung von Wahlkreisen für demokratische Entscheidungen [16] oder die Darstellung von Polykristallen (grain maps) und ihrer Wachstumsprozesse in den Materialwissenschaften [4]. In allen diesen Anwendungen wird ausgenutzt, dass ein enger Zusammenhang zwischen gutem Clustering und geometrischen Diagrammen, d. h. verschiedenen Verallgemeinerungen von Voronoi-Diagrammen besteht; für einen kurzen Überblick vgl. [25, Sect. 37.7 Constrained Clustering].

11.3   Neue wirtschaftswissenschaftliche Theorie

Neben methodischen Entwicklungen, die zu neuen Anwendungen führen, wurde auch die wirtschaftswissenschaftliche Theorie in den vergangenen Jahren maßgeblich durch Entwicklungen in der mathematischen Optimierung beeinflusst. Theorie ist wichtig, um elektronische Märkte zu verstehen und damit auch gestalten zu können.

Märkte modellieren

Etablierte Marktmodelle in den Wirtschaftswissenschaften basieren auf kontinuierlichen und differenzierbaren Nutzen- und Kostenfunktionen. Oft führt die Produktion eines Gutes jedoch zu signifikanten sprungfixen Kosten (beispielsweise durch Einsatz einer neuen Maschine), und auch die Nutzenfunktionen von Nachfragern sind nicht stetig. So hat beispielsweise der Konsum eines Güterbündels oft einen deutlich höheren Nutzen als die

Summe der Nutzen der einzelnen Güter. Ein Konzertbesuch in London am Wochenende ist nur interessant, wenn auch für Anreise und Übernachtung gesorgt ist. Ähnliche Komplementaritäten finden sich in den oben diskutierten Mobilfunk- oder Logistikmärkten. Auch mathematische Modelle von Märkten bedienen sich daher zunehmend der diskreten Mathematik.

Relativ neu ist das Verständnis von Marktmechanismen als Algorithmen zur Lösung von Ressourcenallokationsproblemen. Solche Algorithmen können mit Lösungskonzepten aus der Spieltheorie analysiert werden, um strategische Eigenschaften zu charakterisieren. Das führt zu einem besseren Verständnis dafür, welche Marktmechanismen robust gegenüber strategischem Bietverhalten sind, und unter Umständen sogar dominante Strategien aufweisen. Solche Strategien sind unabhängig von Informationen über Wettbewerber und einfach für Marktteilnehmer umsetzbar.

Ein gutes Beispiel einer algorithmischen Modellierung von Märkten ist die Theorie zu aufsteigenden Mehrgüterauktionen. Diese werden oft über primal-duale Algorithmen modelliert [9, 27], und sie zeigen wann ein Marktmechanismus wohlfahrtsmaximierende Lösungen erreichnen kann.

Ein weiteres Beispiel sind Approximationsverfahren. Etablierte Marktmodelle gehen weitgehend von wohlfahrtsmaximierenden Marktmechanismen aus, bei denen die Allokation optimal berechnet werden kann. Ressourcenallokationsprobleme, wie sie im ersten Teil des Artikels diskutiert wurden, sind meist NP-vollständig, und eine exakte, optimale Lösung ist daher im Regelfall nicht möglich. In der Informatik nähert man sich solchen Problemen über Approximationsalgorithmen, die in polynomieller Zeit laufen, aber Garantien bezüglich der Lösungsgüte geben. Eine interessante Frage ist daher, ob es Approximationsalgorithmen für Allokationsprobleme mit guten Approximationsgarantien geben kann, die starken spieltheoretischen Annahmen standhalten und damit ebenso robust gegen strategisches Bietverhalten sind [22, 26]. Theoretische Arbeiten in diesen Bereichen sind eine Voraussetzung, um auch komplexe Märkte in der digitalen Wirtschaft ingenieursmäßig gestalten zu können.

Präferenzen aggregieren

Im relativ jungen und interdisziplinären Forschungsgebiet *Computational Social Choice* beschäftigen sich Informatiker, Mathematiker und Wirtschaftswissenschaftler mit Fragestellungen aus der Sozialwahltheorie, bei denen es um formale Aspekte der Bündelung von Präferenzen unterschiedlicher Akteure geht [7, 15]. Klassische Anwendungen sind Wahlverfahren und Verteilungsmechanismen, zum Beispiel bei der Zuteilung von Studierenden zu Seminaren oder Praktika. Ein Grundprinzip der Sozialwahltheorie ist die axiomatische Methode: Wünschenswerte Eigenschaften von Bündelungsverfahren, sog. „Axiome", werden formal definiert, um dann die Klassen von Verfahren zu charakterisieren, die diese Eigenschaften erfüllen. Ein zentrales Resultat in diesem Bereich ist Arrow's Unmöglichkeitssatz. Kenneth Arrow (Nobelpreis für Wirtschaftswissenschaften

1972) konnte beweisen, dass das einzige Präferenzbündelungsverfahren, das eine Reihe sehr schwach und natürlich erscheinender Axiome erfüllt, eine Diktatur ist, d. h. das Verfahren richtet sich ausschließlich nach den Präferenzen eines einzelnen, vorher feststehenden Teilnehmers. In der Folge wurde eine Vielzahl von Ansätzen analysiert, diese Unmöglichkeit durch Abschwächen der Axiome oder der Rahmenbedingungen zu umgehen.

In den letzten Jahren stellte sich heraus, dass manche Wahlverfahren zwar viele wünschenswerte Axiome erfüllen, die Berechnung des Ergebnisses aber NP-schwer ist. Ein randomisiertes Verfahren, dessen Ergebnis in polynomieller Zeit mit Hilfe linearer Programmierung bestimmt werden kann, ist *Maximal Lotteries*. Wie kürzlich gezeigt wurde, ist *Maximal Lotteries* das einzige Verfahren, das zwei wichtige Konsistenzeigenschaften gleichzeitig erfüllt [13]. Computer können die Untersuchung von Problemen dieser Art wesentlich erleichtern. Mit Hilfe ausgefeilter rechnerunterstützter Methoden wie MIP oder SAT solving lässt sich etwa die Inkompatibilität bestimmter Axiome beweisen [12, 14].

Als besonders praxistaugliche Verfahren zur Präferenzbündelung gelten der *Gale-Shapley-Algorithmus*, den die Fakultät für Informatik der Technischen Universität München seit dem Wintersemester 2014/15 zur fairen Vergabe von Seminarplätzen einsetzt [20], sowie verschiedene Abstimmungsverfahren (einschließlich *Maximal Lotteries*), die auf der Webseite http://pnyx.dss.in.tum.de mit Hilfe eines einfachen benutzerfreundlichen Interfaces genutzt werde können.

Netzwerke entwerfen

Große Netzwerke wie das Internet durchdringen alle Lebensbereiche. Ein besonderes Charakteristikum dieser Netzwerke ist, dass sie nicht von einer zentralen Autorität ausgelegt und gesteuert werden. Vielmehr sind an ihrer Konstruktion viele autonome Agenten mit eigennützigen Interessen beteiligt. Eine faszinierende Forschungsrichtung im interdisziplinären Spannungsfeld der Informatik, Mathematik und den Wirtschaftswissenschaften hat zum Ziel, Einsicht in die Entstehung und Entwicklung großer Netzwerke zu gewinnen. Gesucht sind Nash-Gleichgewichte, in denen kein Agent einen Anreiz hat, von seiner Strategie abzuweichen. Der *Preis der Anarchie* gibt an, wie stark das schlechteste Nash-Gleichgewicht von Optimum abweicht. Der *Preis der Stabilität* evaluiert, wie sich das beste Nash-Gleichgewicht relativ zum Optimum verhält.

Im folgenden besprechen wir einige Aspekte von *Netzwerkdesignspielen*.

Netzwerkdesign mit freien Verbindungen Fabrikant et al. [21] haben ein Netzwerkdesignspiel definiert, in dem n Agenten ein zusammenhängendes Netzwerk aufbauen müssen. Jeder Spieler kontrolliert einen Netzwerkknoten und darf in seiner Strategie Kanten zu beliebigen anderen Knoten auslegen. Die Einrichtung einer Kante erzeugt konstante Kosten $\alpha > 1$. Die Gesamtkosten eines Agenten bestehen aus (1) α mal der Anzahl der vom Agenten ausgelegten Kanten und (2) der Summe der Kürzeste-Wege-Distanzen zu allen anderen Agenten. Albers et al. [3] zeigten, dass der Preis der Anarchie für $\alpha \in O(\sqrt{n})$ und $\alpha \geq 12n \log n$ konstant ist, während allgemein eine obere Schranke von $O(n^{1/3})$ gilt. Diese Resultate können auf gewichtete Netzwerkdesignspiele sowie auf Szenarien mit Kostenteilung erweitert werden.

Netzwerkdesign mit festen Verbindungen   Eine zweite Familie von gut untersuchten Netzwerkdesignspielen wurde von Anshelevich et al. [5] und Anshelevich et al. [6] definiert. Dabei ist ein Graph $G = (V, E)$ bestehend aus einer Kontenmenge V und einer Kantenmenge E gegeben. Eine Kante $e \in E$ hat nicht-negative Kosten $c(e)$. Jeder der n Agenten muss eine gegebene Menge von Knoten verbinden. Eine Strategie besteht aus einer Kantenmenge, die die gewünschten Knoten verbindet. Albers [1] zeigt in Spielen mit fairer Kostenteilung die Mächtigkeit von Kooperation. Tatsächlich ist der Preis der Anarchie von starken Nash-Gleichgewichten durch $O(\log n)$ beschränkt. Somit sind die schlechtesten Zustände mit Kooperation mindestens so gut wie die besten Zustände ohne Kooperation. Ferner untersuchen Albers and Lenzner [2] die Güte von approximativen Nash-Gleichgewichten.

11.4   Ausblick

Die Fortschritte in der Algorithmik und mathematischen Optimierung haben dazu geführt, dass diese in immer größerem Umfang in der betriebswirtschaftlichen Praxis zum Einsatz kommen. Das gilt für die Optimierung von betriebswirtschaftlichen Prozessen, der Analyse von großen Datenmengen und der Gestaltung von Märkten und Netzwerken. Diese Entwicklung hat auch zu theoretischen Modellen geführt, die ein neues Licht auf wirtschaftliche Phänomene wie Märkte und Wahlverfahren werfen, und deutlich zu deren Verständnis beitragen. Wir erwarten an der Schnittstelle zwischen Informatik, Mathematik und Wirtschaftswissenschaften auch in Zukunft wichtige Erkenntnisse für die Gestaltung und das Verstehen einer digitalisierten Ökonomie. Das DFG-Graduiertenkolleg „Advanced Optimization in a Networked Economy" an der Technischen Universität München soll dieser Entwicklung in den kommenden Jahren Rechnung tragen und stellt einen wichtigen Baustein für weitere geplante Aktivitäten in München dar.

Literatur

1.   S. Albers. On the value of coordination in network design. *SIAM Journal on Computing*. 38(6):2273–2302, 2009.
2.   S. Albers and P. Lenzner. On approximate Nash equilibria in network design. *Internet Mathematics*. 9(4):384–405, 2013.
3.   S. Albers, S. Eilts, E. Even-Dar, Y. Mansour, and L. Roditty. On Nash equilibria for a network creation game. *ACM Transactions on Economics and Computation*. 2(1):2, 2014.

4. A. Alpers, A. Brieden, P. Gritzmann, A. Lyckegaard, and H. F. Poulsen. Generalized balanced power diagrams for 3D representations of polycrystals. *Philosophical Magazine*. 95:1016–1028, 2015.

5. E. Anshelevich, A. Dasgupta, J. Kleinberg, E. Tardos, T. Wexler, and T. Roughgarden. The price of stability for network design with fair cost allocation. *SIAM Journal on Computing*. 38(4):1602–1623, 2008.

6. E. Anshelevich, A. Dasgupta, É. Tardos, and T. Wexler. Near-optimal network design with selfish agents. *Theory of Computing*. 4(1):77–109, 2008.

7. H. Aziz, F. Brandt, E. Elkind, and P. Skowron. Computational social choice: The first ten years and beyond. In B. Steffen and G. Woeginger, editors, *Computer Science Today*, volume 10000 of *Lecture Notes in Computer Science (LNCS)*. Springer-Verlag, 2017.

8. M. Bichler and J. Goeree, editors. *Handbook of Spectrum Auction Design*. Cambridge University Press, 2017.

9. S. Bikhchandani and J. M. Ostroy. The package assignment model. *Journal of Economic theory*. 107(2):377–406, 2002.

10. R. E. Bixby. A brief history of linear and mixed-integer programming computation. *Documenta Mathematica*. pages 107–121, 2012.

11. S. Borgwardt, A. Brieden, and P. Gritzmann. Geometric clustering for the consolidation of farmland and woodland. *Mathematical Intelligencer*. 36:37–44, 2014.

12. F. Brandl, F. Brandt, and C. Geist. Proving the incompatibility of efficiency and strategyproofness via SMT solving. In *Proceedings of the 25th International Joint Conference on Artificial Intelligence (IJCAI)*, pages 116–122. AAAI Press, 2016.

13. F. Brandl, F. Brandt, and H. G. Seedig. Consistent probabilistic social choice. *Econometrica*. 84 (5): 1839–1880, 2016.

14. F. Brandt and C. Geist. Finding strategyproof social choice functions via SAT solving. *Journal of Artificial Intelligence Research*. 55:565–602, 2016.

15. F. Brandt, V. Conitzer, U. Endriss, J. Lang, and A. Procaccia, editors. *Handbook of Computational Social Choice*. Cambridge University Press, 2016.

16. A. Brieden, P. Gritzmann, and F. Klemm. Electoral district design via constrained clustering. *European Journal of Operational Research (under revision)*. 2017.

17. J. G. Carlsson, E. Carlsson, and R. Devulapalli. Balancing workloads of service vehicles over a geographic territory. *IEEE/RSJ Intern. Conf. Intelligent Robots and Systems*. pages 209–216, 2014.

18. R. Conway, W. Maxwell, and L. Miller. *Theory of Scheduling*. Addison–Wesley, 1967.

19. J. Cortes. Coverage optimization and spatial load balancing by robotic sensor networks. *IEEE Trans. Automatic Control*. 55: 749–754, 2010.

20. F. Diebold and M. Bichler. Matching with ties: a comparison in the context of course allocation. *European Journal on Operational Research*. to appear, 2017.

21. A. Fabrikant, A. Luthra, E. Maneva, C. Papadimitriou, and S. Shenker. On a network creation game. In *Proceedings of the 22nd Annual Symposium on Principles of Distributed Computing (PODC)*. pages 347–351. ACM Press, 2003.

22. S. Fadaei and M. Bichler. Generalized assignment problem: Truthful mechanism design without money. *Operations Research Letters*. 45:72–76, 2017.

23. M. Frey, R. Kolisch, and C. Artigues. Column generation for outbound baggage handling at airports. *Transportation Science*. 2017.

24. A. Goetzendorff, M. Bichler, P. Shabalin, and R. W. Day. Compact bid languages and core pricing in large multi-item auctions. *Management Science*. 61(7):1684–1703, 2015.

25. P. Gritzmann and V. Klee. Computational convexity. In *Handbook of Discrete and Computational Geometry*. chapter 37. 3rd edition, 2017.

26. N. Nisan, T. Roughgarden, E. Tardos, and V. Vazirani. *Algorithmic game theory*. Cambridge University Press Cambridge, 2007.
27. I. Petrakis, G. Ziegler, and M. Bichler. Ascending combinatorial auctions with allocation constraints: On game theoretical and computational properties of generic pricing rules. *Information Systems Research*. 24(3):768–786, 2012.

Herausforderungen an der Schnittstelle von Informatik und Gesellschaft: Institutionalisierte Erforschung der Digitalisierung zur Sicherung von Wohlstand und Fortschritt

12

Markus Anding, Andreas Boes, Claudia Eckert, Dietmar Harhoff, Thomas Hess, Ursula Münch und Alexander Pretschner

Zusammenfassung

Das Internet und die durch das Internet ermöglichte Digitalisierung haben tiefgreifende Auswirkungen auf die gesellschaftliche und wirtschaftliche Entwicklung, die in Deutschland relativ spät diskutiert und nicht immer proaktiv gestaltet wird. Zum

M. Anding
Munich Center for Internet Research (MCIR), Bayerischen Akademie der Wissenschaften
München, Deutschland

A. Boes
MCIR und Institut für Sozialwissenschaftliche Forschung, Bayerischen Akademie der Wissenschaften
München, Deutschland

C. Eckert
MCIR,Technische Universität München und Fraunhofer Institut für Angewandte und Integrierte Sicherheit
München, Deutschland

D. Harhoff
MCIR und Max-Planck-Institut für Innovation und Wettbewerb
München, Deutschland

T. Hess
MCIR und Ludwig-Maximilians-Universität München
München, Deutschland

U. Münch
MCIR, Akademie für politische Bildung und Universität der Bundeswehr
München, Deutschland

A. Pretschner (✉)
MCIR, Technische Universität München und fortiss GmbH
München, Deutschland

© Springer-Verlag GmbH Deutschland 2017
A. Bode et al. (Hrsg.), *50 Jahre Universitäts-Informatik in München*,
DOI 10.1007/978-3-662-54712-0_12

Beispiel wirft das recht komplexe Konzept des autonomen Fahrens sowohl technische als auch rechtliche Fragestellungen auf, die nur im Zusammenspiel mehrerer Disziplinen adressiert werden können. An der Schnittstelle von Informatik und Gesellschaft kann die Wissenschaft hierzu einen wichtigen Beitrag leisten, der z. B. in Form eines innovativen Forschungsprogramms gestaltet werden kann, das die relevanten Problemfelder (z. B. Politik und Recht oder Wirtschaft und Arbeit) interdisziplinär untersucht und die Erkenntnisse und Handlungsempfehlungen unterschiedlichen gesellschaftlichen Gruppen zugänglich macht. Mit dem Munich Center for Internet Research wurde eine Forschungsinstitution ins Leben gerufen, die sich dies zum Ziel gesetzt hat.

12.1 Digitalisierung und Informatisierung der Gesellschaft als Herausforderung für die Sicherung von Wohlstand und Fortschritt

Die auf dem Internet aufbauenden Anwendungen verändern fundamental die Art und Weise, wie Menschen kommunizieren und sich informieren, wie ihre Arbeitswelt aussieht und sie ihre Freizeit gestalten, wie politische Prozesse funktionieren und wie Meinungen entstehen, wie Werte geschaffen werden und Wissen vermittelt wird. Damit haben das Internet und die durch das Internet ermöglichte Digitalisierung tiefgreifende Auswirkungen auf die gesellschaftliche und wirtschaftliche Entwicklung eines Landes. Derartige Veränderungen werden in Deutschland relativ spät diskutiert und nicht immer proaktiv gestaltet. Die Auswirkungen der Digitalisierung werden zudem nicht immer (wissenschaftlich) objektiv betrachtet und in einigen Facetten zu positiv, in anderen zu negativ eingeschätzt. Insgesamt besteht bei unzureichendem Verständnis und unzureichender Betrachtung des Effekts von Digitalisierung auf die Gesellschaft das Risiko gesellschaftlicher Verwerfungen und einer Gefährdung von Wohlstand und gesellschaftlichem Fortschritt.

In der Wissenschaft wird die Digitalisierung seit geraumer Zeit aufgegriffen und aus der Perspektive der jeweiligen Wissenschaftsfelder mit deskriptiver und präskriptiver Zielsetzung untersucht. Die Unterscheidung in „Digitization" und „Digitalization" versucht hierbei, die bisher eher technisch fokussierte von der nun stärker gesellschaftlich relevanten und damit umfassenderen Digitalisierung abzugrenzen. Dies erweitert den Betrachtungsgegenstand „Internet" über die bisher hauptsächlich untersuchten technischen Schichten (Technologie und Anwendungen im klassischen ISO/OSI-Modell) um eine sozioökonomische Schicht (gesellschaftliche Akteure und Prozesse), die für eine Gesamtsicht der Effekte von Informatik und Gesellschaft künftig integriert zu betrachten sind (Abb. 12.1).

Der hierbei entstehende neue gesellschaftliche Handlungsraum schafft neue Möglichkeiten, aber auch Herausforderungen, für sämtliche Bereiche der Gesellschaft. Geräte, Software, Städte werden „smarter" und autonomer und definieren etwa die Qualität und Quantität von Arbeit neu. Diese Herausforderungen wurden bislang nur unzureichend und vor allem nicht disziplinübergreifend wissenschaftlich untersucht. Insbesondere die dis-

Abb. 12.1 Ebenen des
Internets als Untersuchungs-
gegenstand

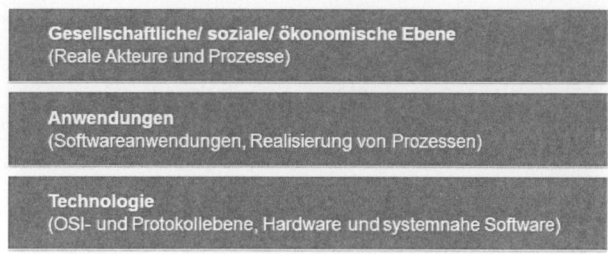

ziplin- und industrieübergreifende Wirkung der Digitalisierung ist jedoch ein zentraler
Effekt, der nur durch entsprechend ausgerichtete Forschung adressiert werden kann.

So ergeben sich beispielsweise Anwendungen im Bereich des autonomen Fahrens
recht umfangreiche und komplexe Fragestellungen im Zusammenspiel von Informatik
und Rechtswissenschaft, wenn im Falle eines Unfalls rechtssicher zu ermitteln ist, was
genau im Vorfeld geschehen ist und ob Automobilhersteller, Softwareentwickler oder
Fahrzeugeigentümer Verantwortung tragen. Die Beantwortung dieser Fragen erfordert
einen neuen, interdisziplinären Forschungsansatz.

12.2 Bedeutende Problemfelder für Informatik und Gesellschaft

Werden die oben dargestellten Schichten integriert betrachtet, entsteht eine Reihe umfas-
sender Problemfelder für Informatik und Gesellschaft, für deren Lösung eine disziplin-
übergreifende Betrachtung unerlässlich ist. Ein Versuch, diese Problemfelder zu struktu-
rieren und – gezwungenermaßen exemplarisch – jeweils konkrete Fragestellungen abzuleiten, kann sich wie folgt darstellen.

Problemfeld Politik und Recht:

- Welche Auswirkungen haben die neuen Formen der Teilhabe und Transparenz auf das
  Zusammenspiel und Machtgefüge von Politik, Medien, Wirtschaft und Gesellschaft?
- Welche Möglichkeiten zur direkten demokratischen Teilhabe bei der Gestaltung von
  Gesetzen eröffnet das Internet Bürgerinnen und Bürgern?
- Wie sollten Onlinedienste ausgestaltet sein, um eine optimale Teilhabe am und Trans-
  parenz des Gesetzgebungsprozesses zu erzielen?
- Wie ist eine Internet Policy zu gestalten, die sowohl den Sicherheitsbedürfnissen als
  auch der praktischen Nutzbarkeit des Internets durch bspw. Konsumenten gerecht wird
  und die nationale, europäische und internationale Interessen reflektiert?

Problemfeld Medien und öffentliche Kommunikation:

- Welche Chancen und Risiken ergeben sich aus der algorithmenbasierten Erstellung und
  Bündelung von Inhalten, sowohl im Kommunikationsprozess als auch ökonomisch?

- Wie können sog. fake news oder social bots erkannt und gekennzeichnet werden?
- Wie gelingt etablierten Anbietern der Aufbau attraktiver Online-Angebote, sowohl produktseitig als auch intern? Wie bestimmt man deren Nutzung, wie deren Wirkung? Welche Rolle spielen Daten über den Nutzer in Erlösmodellen?
- Wie sieht zukünftig die Aufgabenteilung zwischen privaten Anbietern, öffentlichen Anbietern und Community-basierten Anbietern wie Wikipedia aus? Wie verändert sich die Marktstruktur?
- Welche technologische Kompetenz müssen Medienunternehmen zukünftig haben, welche bleibt bei Technologieunternehmen?
- Wie sollte der zukünftige regulative Rahmen für das Mediensystem aussehen?

Problemfeld Bildung:

- Was bedeutet die Forderung, Bildung neu – nämlich digital und damit auch quer zu bestehenden Strukturen – zu denken für die bisherigen Strukturen des Bildungssystems?
- Ab welcher Stufe des Bildungssystems ist die Flexibilisierung und damit Öffnung für informelle Kanäle und Potenziale (z. B. YouTube, Twitter) sinnvoll?
- Welche Rolle spielen Schulen, Universitäten, Volkshochschulen in zehn Jahren?
- Wie kann digitales Technologiewissen i. S. v. Medienkompetenz, aber auch i. S. etwa von Sicherheitstechnik als Bildungsinhalt auf allen Stufen der Ausbildung verbessert werden?

Problemfeld Wirtschaft und Arbeit:

- Welche neuen Geschäfts- und Innovationsstrategien verfolgen Unternehmen, und wie verändern sich Wertschöpfungssysteme und Konsummuster?
- Wie verändern sich Produktions- und Arbeitsmodelle? Welche neuen Organisations- und Führungskonzepte bilden sich heraus?
- Wie entwickeln sich der Arbeitsmarkt, die Beschäftigungs- und Erwerbsarbeitsstrukturen und was sind die zukünftigen Anforderungen an berufliche Qualifikationen und Kompetenzen?
- Welches sind die zukünftigen Herausforderungen für politische Rahmenbedingungen und die Regulation von Arbeit?

Problemfeld Lebenswelt:

- Wie definieren Menschen ihre eigene Identität im virtuellen Raum und wie gestalten sie ihr Erscheinungsbild dort?
- Wie wird sich in virtuellen Gemeinschaften das Sozialverhalten entwickeln?
- Unter welchen rechtlichen Rahmenbedingungen finden diese Prozesse statt?
- Wie verändert sich Mobilität durch neue technische Möglichkeiten?
- Was bedeutet „Smart City" im Kontext von Digitalisierung und Industrie 4.0?

- Welche Rolle spielt das Internet of Things in der Vereinfachung oder auch Verkomplizierung des Alltags?
- Wie können Personen mit Handicap in die virtuelle Welt eingebunden werden?

Problemfeld Medizin, Gesundheit und Fitness:

- Wie verändert die wachsende Transparenz über die Wirkung medizinischer Produkte Forschung, Entwicklung und Zusammenspiel von Akteuren im Gesundheitssystem?
- Welche Auswirkungen hat der stärkere laterale Austausch zwischen Patienten auf Autoritäten im Gesundheitssystem?
- Wie können neue Technologien für eine Veränderung zur „Outcome-based Medicine" genutzt werden?

Neben diesen disziplinübergreifenden Problemfeldern gibt es eine ganze Reihe querschnittlicher Fragestellungen. Netzausbau und -konvergenz, Informationssicherheit und Datenschutz, Protokollformate, Web Science und Digital Humanities sind offensichtliche, ihrerseits häufig interdisziplinäre, Beispiele dafür. Mit ethischen und rechtlichen Fragestellungen, etwa zum vielzitierten autonomen Fahrzeug, das in Extremsituationen „entscheiden" muss, welches Leben gefährdet werden soll, gewinnt der Themenkomplex außerdem eine hochrelevante normative Ausprägung.

Die genannten Problemfelder decken in dieser ersten Gesamtschau einen weiten Teil der denkbaren Problemfelder ab, sind jedoch in ihrer Konfiguration und den jeweils enthaltenen Kernfragen zwangsläufig nicht statisch und befinden sich wie die Informatisierung und Digitalisierung der Gesellschaft auch in konstantem Wandel. Es ist ein Mechanismus erforderlich, der auf Basis gesellschaftlicher und technologischer Entwicklungen sowie sich entwickelnden Erkenntnisbedarfs in der Gesellschaft neue Themen ins Blickfeld der Forschung rückt.

12.3 Konzept für ein Forschungs- und Interaktionsprogramm

Um die oben genannten Herausforderungen zu adressieren, ist neben einem entsprechend gestalteten Forschungsprogramm, welches sich in interdisziplinären Forschungsprojekten der relevanten Themen annimmt, vor allem auch ein Ansatz zur Interaktion mit verschiedenen Bereichen der Gesellschaft notwendig, um geschaffene Erkenntnisse effektiv durch die Gesellschaft nutzbar zu machen. Im Folgenden wollen wir daher die Eckpunkte eines entsprechenden Ansatzes kurz umreißen.

Forschungsprogramm
Inhaltlich sollte ein Forschungsprogramm die in Abschn. 12.2 beschriebenen Problemfelder abdecken und sicherstellen, dass die jeweils relevanten interdisziplinären Sichten involviert sind. So ist im oben erwähnten Beispiel autonomer Fahrzeuge neben der

Informatik für die (software-)technische Analyse und Realisierung unter anderem die Rechtswissenschaft, Ethik und ggf. die Betriebswirtschaft einzubeziehen, um entsprechende rechtliche Fragestellungen zu untersuchen, ethische Erwägungen anzustellen sowie die wirtschaftliche Sinnhaftigkeit zu beurteilen.

Organisatorisch müssen die entsprechenden Forscher eingebunden und eine effektive Zusammenarbeit organisiert werden. Eine trotz des zugrundeliegenden Fokus auf Digitalisierung notwendige Bedingung für erfolgreiche interdisziplinäre Forschung und effektiven Austausch ist die physische Proximität der Akteure, die zumindest zeitweise realisiert werden muss. Dies erfordert letztlich einen physischen Standort, der beispielsweise über flexible Arbeitsplätze und kommunikativ ausgestattete Meetingräume, unterstützt durch digitale Kommunikationstools (wie beispielsweise Slack) entsprechende Zusammenarbeitsmöglichkeiten schafft.

Prozessual könnte, um der agilen Natur der Digitalisierung gerecht zu werden, einerseits ein im Vergleich zu bisheriger monodisziplinärer Forschung agilerer, interaktiverer Arbeits- und Ergebnismodus gefunden werden, der sich beispielsweise am Scrum-Modell orientieren kann. So erscheint bspw. ein regelmäßiger, z. B. alle 6–8 Wochen stattfindender, Sprint-Review mit klarer Artefaktorientierung attraktiv. Andererseits muss ein Weg gefunden werden, neue, sich als relevant ergebende Forschungsfragen zu identifizieren und zu priorisieren.

Interaktionsprogramm

Ein Interaktionsprogramm schließlich muss geschaffene Erkenntnisse an verschiedene Zielgruppen der Gesellschaft (z. B. Politik, Wirtschaft, Zivilgesellschaft) kommunizieren. Hierbei ist eine Übersetzungsleistung zentral, die Inhalte zielgruppenspezifisch aufbereitet und beispielsweise auf Basis von Forschungsergebnissen zum autonomen Fahren der Politik handlungsorientierte Hinweise zur Gestaltung von Gesetzen gibt. Daneben bildet die Bildung eine Komponente von erheblicher Bedeutung für den gesellschaftlich sinnvollen Umgang mit der Digitalisierung und sollte neben relevanten internet-bezogenen Inhalten auch das Internet und digitale Technologien als Bildungsmedien nutzen. Das Interaktionsprogramm sollte auf jeden Fall bidirektional gestaltet werden, um eine hinreichende Beteiligung der Gesellschaft, bspw. bei der Identifikation neuer Forschungsfelder, sicherzustellen.

Neben Forschungs- und Interaktionsprogramm kommt mit dem Sammeln, Aufbereiten und Zurverfügungstellung von relevanten und objektiven Daten einer weiteren Säule entscheidende Bedeutung zu, die sowohl Forschung als auch Interaktion mit der notwendigen Datenbasis versorgt.

12.4   Munich Center for Internet Research (MCIR)

Die oben beschriebenen Komponenten eines Forschungs- und Interaktionsprogramms müssen letztlich trotz aller Digitalisierungs- und Dematerialisierungsdiskussion in einer realen Forschungsinstitution umgesetzt und in der Gesellschaft verankert werden. Im internationalen Raum sind bereits einige entsprechende Institute entstanden, die sich z. T. einem recht breiten Themenspektrum widmen. Als Beispiele seien das Berkman Klein Center der Harvard University, das Oxford Internet Institute, die Internet Policy Research Initiative am MIT oder das Web Science Institute der University of Southampton genannt.

Das Munich Center for Internet Research, seit Dezember 2015 als Forschungsinstitution durch die Akademie für Politische Bildung Tutzing, das Fraunhofer-Institut für Angewandte und Integrierte Sicherheit, das Institut für Sozialwissenschaftliche Forschung, die Ludwig-Maximilians-Universität München, das Max-Planck-Institut für Innovation und Wettbewerb und die Technische Universität München an der Bayerischen Akademie der Wissenschaften etabliert und durch das Bayerische Staatsministerium für Bildung und Kultus, Wissenschaft und Kunst gefördert, zielt entlang der oben beschriebenen Säulenstruktur auf die Beantwortung der aufgeworfenen Problemfelder in Informatik und Gesellschaft ab und will damit einen Beitrag leisten, die gesellschaftlichen Herausforderungen der Digitalisierung zu meistern. Bisher wurden im MCIR-Forschungsprogramm erste Ergebnisse in vier interdisziplinären Forschungsprojekten erzeugt und der oben beschriebene Arbeitsmodus erprobt. Das Interaktionsprogramm wurde mit bisher 10 Veranstaltungen in 2016 initiiert, die jeweils mit Keynote international renommierter Sprecher und Podiumsdiskussion ein gesellschaftlich relevantes Thema aufgegriffen und die Interaktion mit je ca. 100–200 Teilnehmern vor Ort und ca. 1000 Online-Teilnehmern im Livestream ermöglicht hat. Weitere und aktuelle Informationen zum MCIR stehen unter www.mcir.digital zur Verfügung.

Die Evolution des Hauptspeicher-Datenbanksystems HyPer: Von Transaktionen und Analytik zu Big Data sowie von der Forschung zum Technologietransfer

13

Alfons Kemper, Viktor Leis und Thomas Neumann

Zusammenfassung

Wir beschreiben die evolutionäre Entwicklung des an der TUM entwickelten Hauptspeicher-Datenbanksystems HyPer, das für heterogene Workloads bestehend aus Transaktionen, analytischen Anfragen bis hin zu Big Data Explorationen gleichermaßen konzipiert wurde. Der Vorteil eines solchen „all-in-one" Datenbanksystems gegenüber bisher gebräuchlichen dedizierten Einzelsystemen besteht darin, dass die Datenexploration auf dem jüngsten Datenbankzustand basiert und somit aktuell gültige Erkenntnisse liefert.

HyPer wurde im Jahre 2010 mit der Idee begonnen, ein Hauptspeicher-Datenbanksystem für heterogene Arbeitslasten aus Transaktionen und Analyseanfragen zu entwickeln. Diese neuartigen Systeme werden heute vielfach unter dem Begriff HTAP (Hybrid Transactional/Analytical Processing) klassifiziert. Die damalige Zielsetzung sollte mit zwei grundlegenden (damals disruptiven) Designentscheidungen erzielt werden.

1. Snapshot Versionierung der Daten Die beiden unterschiedlichen Anwendungsklassen Transaktionen (OLTP) und Analytik sollten auf demselben Datenbankzustand ausgeführt werden. Sie sollten aber dennoch „sauber" getrennt werden. Ursprünglich wurde ein grob granularer Snapshotting-Mechanismus verfolgt, der den gesamten virtuellen Speicherbereich virtuell trennte. Dieses Modell wurde später verfeinert, indem individuelle Datensätze im Zuge eines MVCC-Mechanismus versioniert vorgehalten wurden.

2. Kompilation der Anfragen Traditionell werden Anfragen in Datenbanksystemen interpretativ ausgewertet. Die extrem langen Zugriffe auf Daten auf dem Hintergrundspei-

A. Kemper (✉) · V. Leis · T. Neumann
Lehrstuhl für Datenbanksysteme, Fakultät für Informatik, Technische Universität München
München, Deutschland

© Springer-Verlag GmbH Deutschland 2017
A. Bode et al. (Hrsg.), *50 Jahre Universitäts-Informatik in München*,
DOI 10.1007/978-3-662-54712-0_13

cher haben den Nachteil der interpretativen Bearbeitung kaschiert. Erst bei Hauptspeicher-
Datenbanken wurden die durch den Interpreter verursachten Kosten (häufige Kontext-
wechsel, wenig Datenlokalität in den Caches und Registern, etc.) aufgedeckt. Deshalb
wurde HyPer von Beginn an als kompilierende Daten-Engine konzipiert. Durch Ausnutzung der Low Level Virtual Maschine (LLVM) Zwischensprache, anstatt einer höheren Programmiersprache wie C, Scala oder C++, war es möglich, auch komplexe SQL-
Anfragen und HyPerScript-Transaktionsskripte [3] in wenigen Millisekunden zu überset-
zen. Als Konsequenz dieser Entwurfsentscheidung gleicht ein modernes Hauptspeicher-
Datenbanksystem wie HyPer fast mehr einem Compiler als einem klassischen Datenver-
waltungssystem.

13.1   Transaktionen

Online Transaction Processing (OLTP) zeichnet sich dadurch aus, dass einige wenige Datensätze gezielt gesucht werden, um daraus Änderungsoperationen abzuleiten, die wiederum nur wenige Datensätze betreffen. Die Suche muss durch leistungsfähige Indexstrukturen unterstützt werden. Wir haben dafür den Adaptive Radix Tree (ART) [5] entwickelt,
der besonders effizient für moderne Prozessoren ist, da er weitgehend auf (teure) Vergleiche und Verzweigungen (wie sie typisch für konventionelle Suchbäume sind) verzichtet.
Basierend auf diesen effizienten Indexstrukturen, erzielt HyPer für typische Verkaufstrans-
aktionen, wie sie im standardisierten TPC-C Benchmark nachgebildet werden, Durchsatz-
raten von einigen 100.000 pro Sekunde. Das ist weit mehr als z. Bsp. Amazon sogar im
Weihnachtsgeschäft benötigt, wo ca. 10.000 Verkäufe pro Sekunde weltweit zu bewältigen sind. Für die Parallelisierung der Transaktionsverarbeitung auf einem modernen
Multi-Core-Server haben wir ein Synchronisationsverfahren entwickelt, das die Hardware Transactional Memory-Unterstützung moderner Prozessoren ausnutzt. Dazu werden
komplexe Datenbank-Transaktionen in elementare Hardware-Transaktionen partitioniert.
Die globale Transaktions-Isolation wird dabei durch eine Abwandlung der Zeitstempel-
basierten Synchronisation erzielt.

13.2   Analytik

Für die analytische Anfrage-Auswertung auf der „all-in-one"-Datenbank ist die Iso-
lation des Transaktions – von dem Datenanalyse-Betrieb notwendig. Anfangs hatten
wir hierfür ein Snapshotting-Verfahren entwickelt [2], das auf der virtuellen Speicher-
verwaltung basiert. Hierzu gibt es einen autoritativen OLTP-Prozess, der sozusagen
die Datenbasis besitzt. Durch den Unix fork-Systemaufruf in dem OLTP-Prozess wird
ein neuer OLAP-Prozess kreiert, der (virtuell) ein exaktes Speicher-Abbild des OLTP-
Prozesses erhält. Dieser Speicherzustand wird mittels einer Kopie der Seiten-Tabelle
gemeinsam benutzt. Erst bei einer Datenänderung wird ein „copy-on-write" durchgeführt,

der die betreffende Seite repliziert. Im Laufe der Zeit hat sich dieses Hardware-basierte Snapshotting-Verfahren als zu grob-granular herausgestellt, so dass wir ein neues Multi-Version-Concurrency-Control (MVCC)-Verfahren [9] entwickelt haben, bei dem einzelne Datensätze in verschiedenen Versionen gehalten werden. Unser MVCC-Verfahren unterscheidet sich in drei Aspekten von früheren MVCC-Synchronisationsverfahren: (1) Die Versionen werden weitestgehend speicherkostenneutral in den Undo-Puffern der laufenden Transaktionen verwaltet, wo man sie sowieso für Recovery-Zwecke vorhalten muss. (2) Die neueste Version eines Datums wird im eigentlichen Datenvektor (also „in-place") verwaltet um die für OLAP-Anfragen entscheidende Scan-Performanz aufrechterhalten zu können. (3) Die abschließende Validierung der Serialisierbarkeit kann „punktgenau" erfolgen, indem wir die Zugriffsprädikate der zu validierenden Transaktion mit den in neuester Zeit erfolgten Datenbankänderungen aus den Undo-Puffern abgleichen. Dies ist eine Variation des bekannten Precision-Locking-Verfahrens.

Eine besondere Herausforderung besteht darin, die vielen (bald Hunderte) Rechenkerne in einem Mehrprozessorrechner effektiv auszunutzen. Traditionelle Anfrage-Engines basieren darauf, die Daten vorab gemäß der Anzahl der Prozessoren zu partitionieren und quasi separate, replizierte Anfragepläne darauf auszuführen. Der Nachteil besteht in der fehlenden Adaptivität und der nachteiligen Auswirkung einer Schieflage der Datenpartitionierung mit einhergehender Unterauslastung vieler Prozessoren. Wir haben deshalb die Morsel (Häppchen)-basierte Parallelisierung [4] entwickelt, bei der die Datenbank dynamisch in gleich große „Häppchen" (von je ca. 100.000 Datensätzen) zerlegt wird und die Prozessoren sich immer wieder neue „Häppchen" vom Workload-Manager besorgen. Dadurch ist nicht nur sichergestellt, dass alle Prozessoren gut ausgelastet werden, sondern auch dass sie in einem Non-Uniform Memory Architecture (NUMA)-Rechner weitestgehend mit lokalen Daten (Häppchen) versorgt werden.

Für die Effizienz der Auswertung dieser Daten ist die Kompilation der Anfragepläne essentiell [8]. Nach der logischen Optimierung der Joinreihenfolge, sowie der Entschachtelung korrelierter Unteranfragen, werden sogenannte Verarbeitungs-„Pipelines" identifiziert, die „en bloc" in einen datenzentrischen LLVM-Plan übersetzt werden. Diese Pipelines stellen zusammen mit den zugehörigen dynamisch generierten Daten-Häppchen die Aufgaben (Tasks) dar, die der Workload-Manager mit entsprechenden Daten-Häppchen an die Threads verteilt. Eine experimentelle Analyse hat gezeigt, dass diese Architektur für heutige Prozessoren mit bis zu Hundert Rechenkernen gut (also fast linear) skaliert.

13.3   Big Data

Hauptspeicher-Datenbanksysteme und Big Data sind nach unserer Überzeugung kein Widerspruch. Im Gegenteil, um eine interaktive Exploration auf großen Datenvolumen zu ermöglichen ist die „in-memory" Datenverarbeitung unabdingbar. Zu diesem Zweck wurde für HyPer ein sehr effizientes Datenladeverfahren (genannt „instant loading" [7]) entwickelt, so dass man sehr große Datenbestände abschnittsweise in den Haupt-Speicher

Abb. 13.1 Die Vision des all-in-one-Datenbanksystems HyPer als erweiterbare „Computational Database" für alle Anwendungsszenarien: Transaktionen, Analytik und Big Data (v. r. n. l.). Die effiziente Erweiterbarkeit wird durch den für Datenbanksysteme innovativen just-in-time-Compiler erzielt

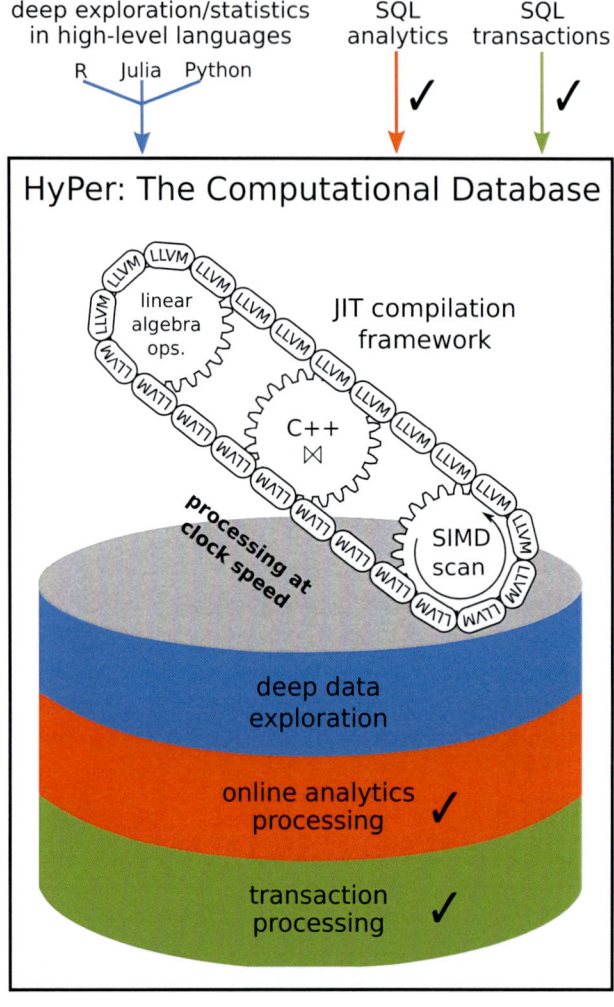

laden kann, wo sie dann effizient analysiert werden können. Man exploriert die Daten somit in sogenannten „load-work-unload" (LWU) -Zyklen. Um die Kapazität eines einzelnen Servers, der heute immerhin schon im „Commodity"-Bereich bis zu 6TB Hauptspeicherkapazität hat, weiter auszudehnen, wurde eine Verteilung in einem Cluster mit Hochgeschwindigkeitsnetz (Infiniband mit RDMA-Zugriff auf entfernte Daten) entwickelt [11]. Nur durch den Einsatz modernster Breitband-Kommunikation lässt sich die Netzwerklatenz einer solchen „Scale-out"-Architektur im Vergleich zur Skalierung eines zentralen Servers („scale-up") kompensieren. Deshalb propagieren wir – entgegen weitläufiger Meinung – soweit wie möglich eine zentrale Scale-up Lösung und erst nach Erreichen tatsächlicher (oder wirtschaftlicher) Kapazitätsgrenzen eine verteilte Scale-out-Architektur einzusetzen. Sobald der Datenbestand die Kapazitätsgrenzen des verfügbaren

Hauptspeichers erreicht, sollte man zudem Kompressionsverfahren einsetzen, um eine bessere Ausnutzung des kostbaren Speichers zu ermöglichen [1]. Wir haben hierfür die „Data-Blocks" entwickelt [6], die jeweils eine feste Anzahl (standardmäßig 2^{17}) Datensätze verwalten. Die Datensätze werden innerhalb der Data-Blocks spalten-basiert als Column-Store verwaltet. Jede Spalte wird separat mit der jeweils vorteilhaftesten Technik komprimiert, z. Bsp. durch Wörterbuch- oder Offset-Komprimierung. Um ganze Data-Blocks filtern zu können, werden pro Data-Block Synopsen der Daten erstellt, u. a. die Minimal- und Maximalwerte der Spalten. Häufig kann man somit in der Anfragebearbeitung ganze Data-Blocks, die keine qualifizierenden Datensätze enthalten, in Gänze überspringen. In vielen modernen Big Data-Anwendungen, insbesondere im IoT-Bereich, werden Raum/Zeit-bezogene Daten verwaltet, die insbesondere von Sensoren verschiedenster Art in hoher Geschwindigkeit (Velocity) generiert werden. In [10] haben wir die Erweiterung von HyPer, genannt HyPerSpace, vorgestellt, um diese Art der Daten effizient explorieren zu können. Diese Arbeit erfolgt im Rahmen des TUM Living Lab Connected Mobility (tum-llcm.de), um Mobilitätsdaten quasi in Realzeit auswerten zu können.

13.4 Impact: Forschung und Technologietransfer

HyPer wird vielfach als das derzeit leistungsfähigste HTAP-Datenbanksystem eingeschätzt. Davon zeugen nicht zuletzt die zahlreichen Veröffentlichungen auf den renommiertesten Datenbankkonferenzen (SIGMOD, VLDB, ICDE, CIDR, EDBT, DAMON, etc.). Diese Veröffentlichungen sowie eine online-Demo des Systems sind über unsere Projekt-Website hyper-db.de zugänglich. Die online Demo wird nicht nur international von anderen Datenbankforschern als Benchmark für ihre eigenen Arbeiten benutzt sondern wird auch von uns in der Lehre eingesetzt; u. a. lernen die mehr als 1000 Studierenden unserer jährlich stattfindenden Vorlesung „Grundlagen Datenbanken" die Anfragesprache SQL mit unserem eigenen Standard-konformen Datenbank-System HyPer.

Einige der zentralen Architekturentscheidungen im HyPer-Projekt wurden als Best Paper ausgezeichnet: Der Optimiereransatz (BTW 2013), das Entschachteln korrelierter Unteranfragen (BTW 2015), die Ausnutzung der Hardware Transactional Memory (ICDE 2014) sowie die HyPerSpace-Demo (SIGMOD 2016). Weiterhin wurde T. Neumann für seine wegweisende Arbeit an der kompilierenden Daten-Engine von HyPer mit dem VLDB Early Career Innovation Award 2014 prämiert und V. Leis wurde für seine dem HyPer-Projekt maßgeblich zugute gekommene Dissertation mit dem GI DBIS Dissertationspreis 2015/2016 ausgezeichnet. Die Forschung in diesem Projekt wurde von zahlreichen Industrie-Partnern (Google, IBM, Oracle, Fujitsu, etc.) gefördert sowie von der DFG sowie durch insgesamt 4 Förderungen im Rahmen der Software Campus-Projekte des BMBF.

Anfang 2016 wurde ein Spin-off-Unternehmen der TUM gegründet, mit dem Ziel die Kommerzialisierung von HyPer in die Wege zu leiten. Diese Ausgründung wurde in der

Zwischenzeit von Tableau Software, dem Marktführer für Datenvisualisierung übernommen, um HyPer als Daten-Engine für die interaktive visuelle Datenexploration weiterzuentwickeln. Zu diesem Zweck hat Tableau ein Hyper-Forschungs- und Entwicklungszentrum in München etabliert.[1]

Die TUM besitzt weiterhin die Nutzungs- und Forschungslizenz für HyPer, so dass weitergehende akademische Projekte im Gange sind. Für die Entwicklung einer sogenannten „Computational Database" auf der Basis des HyPer-Projekts hat T. Neumann einen ERC Consolidator Grant 2017 eingeworben. Weiterhin sind die Autoren Kemper und Neumann Ko-Koordinatoren (mit Kai-Uwe Sattler von der Univ. Ilmenau und Jens Teubner von der TU-Dortmund) des DFG-Schwerpunktprogramms „Scalable Data Management for Future Hardware."[2]

Literatur

1. Florian Funke, Alfons Kemper, and Thomas Neumann. Compacting transactional data in hybrid OLTP&OLAP databases. *PVLDB* 5(11):1424–1435, 2012.
2. Alfons Kemper and Thomas Neumann. HyPer: A hybrid OLTP&OLAP main memory database system based on virtual memory snapshots. In *ICDE* 2011.
3. Alfons Kemper, Thomas Neumann, Jan Finis, Florian Funke, Viktor Leis, Henrik Mühe, Tobias Mühlbauer, and Wolf Rödiger. Processing in the hybrid OLTP & OLAP main-memory database system hyper. *IEEE Data Eng. Bull.* 36(2):41–47, 2013.
4. Viktor Leis, Peter Boncz, Alfons Kemper, and Thomas Neumann. Morsel-driven parallelism: A NUMA-aware query evaluation framework for the many-core age. In *SIGMOD*, pages 743–754, 2014.
5. Viktor Leis, Alfons Kemper, and Thomas Neumann. The adaptive radix tree: ARTful indexing for main-memory databases. In *ICDE* 2013.
6. Harald Lang, Tobias Mühlbauer, Florian Funke, Peter A. Boncz, Thomas Neumann, and Alfons Kemper. Data Blocks: Hybrid OLTP and OLAP on compressed storage using both vectorization and compilation. In *SIGMOD*, pages 311–326, 2016.
7. Tobias Mühlbauer, Wolf Rödiger, Robert Seilbeck, Angelika Reiser, Alfons Kemper, and Thomas Neumann. Instant loading for main memory databases. *PVLDB* 6(14):1702–1713, 2013.
8. Thomas Neumann. Efficiently compiling efficient query plans for modern hardware. *PVLDB* 4(9), 2011.
9. Thomas Neumann, Tobias Mühlbauer, and Alfons Kemper. Fast serializable multi-version concurrency control for main-memory database systems. In *SIGMOD* pages 677–689, 2015.
10. Varun Pandey, Andreas Kipf, Dimitri Vorona, Tobias Mühlbauer, Thomas Neumann, and Alfons Kemper. High-performance geospatial analytics in hyperspace. In *SIGMOD*, pages 2145–2148, 2016.
11. Wolf Rödiger, Tobias Mühlbauer, Alfons Kemper, and Thomas Neumann. High-speed query processing over high-speed networks. *PVLDB* 9(4):228–239, 2015.

[1] http://www.tableau.com/about/press-releases/2016/media-alert-tableau-announces-european-research-and-development-center.
[2] https://www.dfg-spp2037.de.

Informatik-Forschung für digitale Mobilitätsplattformen

Am Beispiel des TUM Living Lab Connected Mobility

Sasan Amini, Kristian Beckers, Markus Böhm, Fritz Busch,
Nihan Celikkaya, Vittorio Cozzolino, Anne Faber, Michael Haus,
Dominik Huth, Alfons Kemper, Andreas Kipf, Helmut Krcmar,
Florian Matthes, Jörg Ott, Christian Prehofer, Alexander Pretschner,
Ömer Uludağ und Wolfgang Wörndl

Zusammenfassung

Zur Unterstützung der digitalen Transformation im Bereich Smart Mobility und Smart City wurde das TUM Living Lab Connected Mobility (TUM LLCM) initiiert. Das Forschungsprojekt bündelt die einschlägigen Forschungs-, Entwicklungs-, und Innovations-Kompetenzen der TU München in der Informatik und in der Verkehrsforschung. Im Projekt wird die Konzeption und prototypische Implementierung offener und somit anbieterübergreifend nutzbarer digitaler Mobilitätsplattformen vorangetrieben. Die eigentliche Implementierung dieser Plattformen erfolgt durch kommerzielle Anbieter unter Berücksichtigung der Anforderungen des sich im Umbruch befindlichen kundenorientierten Mobilitätsmarkts. Dieser Artikel zeigt am Beispiel des TUM LLCM Projekts, wie die Fakultät für Informatik der TU München die Kompetenzen ihrer Forschungseinheiten in innovativen Anwendungsszenarien bündelt, um zeitnah gesellschaftlich relevante Ergebnisse im engen Austausch mit den betroffenen Akteuren außerhalb der Forschung zu erzielen.

S. Amini · F. Busch · N. Celikkaya
Technische Universität München
80333 München, Deutschland

K. Beckers · M. Böhm · V. Cozzolino · A. Faber · M. Haus · D. Huth · A. Kemper · A. Kipf
· H. Krcmar · F. Matthes (✉) · J. Ott · C. Prehofer · A. Pretschner · Ö. Uludağ · W. Wörndl
Technische Universität München
85748 Garching bei München, Deutschland

© Springer-Verlag GmbH Deutschland 2017
A. Bode et al. (Hrsg.), *50 Jahre Universitäts-Informatik in München*,
DOI 10.1007/978-3-662-54712-0_14

14.1 Einleitung

Zur Unterstützung der digitalen Transformation im Bereich Smart Mobility und Smart City wurde das Living Lab Connected Mobility (TUM LLCM) (www.tum-llcm.de) Projekt initiiert. Das dreijährige Projekt bündelt einschlägige Forschungs-, Entwicklungs-, und Innovations-Kompetenzen der TU München in der Informatik (sieben Lehrstühle) und in der Verkehrsforschung (ein Lehrstuhl), um die Konzeption und skalierbare Implementierung offener und somit anbieterübergreifend nutzbarer digitaler Mobilitätsplattformen voranzutreiben. Das Projekt erforscht neue digitale Geschäftsmodelle im Bereich Mobilität unter dem Aspekt der Verbesserung der Mobilität im Sinne der Bürgerinnen und Bürger und die Förderung innovativer Ansätze zum städtischen Verkehrsmanagement und somit einen Nutzen für Wirtschaft, Bürger und Städte. Daher werden die eigentlichen Forschungsarbeiten ergänzt durch Maßnahmen zur Vernetzung von Mobilitätsanbietern, Serviceanbietern, Entwicklern und Nutzern auf persönlicher, organisatorischer und technischer Ebene, wie zum Beispiel durch Praktika, Lehrveranstaltungen, Hackathons, Messen und Konferenzen.

Dieser Artikel zeigt am Beispiel des TUM Living Lab Connected Mobility (TUM LLCM) Verbundprojekts, wie die Fakultät für Informatik der TU München die Kompetenzen ihrer Forschungseinheiten in innovativen Anwendungsszenarien bündelt, um zeitnah gesellschaftlich relevante Ergebnisse im engen Austausch mit den betroffenen Akteuren außerhalb der Forschung zu erzielen (siehe Abb. 14.1): Für sechs Forschungsfelder der Informatik wird jeweils aufgezeigt, welche neuen Forschungsfragen offene Plattformen und

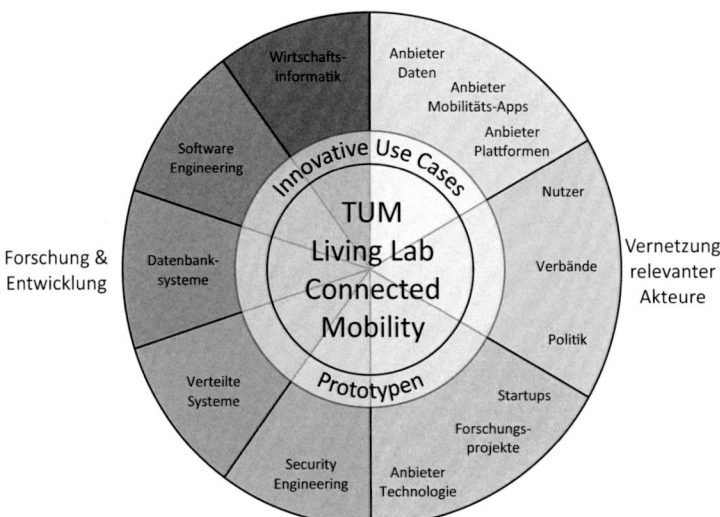

Abb. 14.1 Beiträge des TUM Living Lab Connected Mobility zur Entwicklung digitaler Mobilitätsdienstleistungen für den urbanen Raum

Ökosysteme für digitale Mobilitätsdienste aufwerfen, und wie die jeweiligen Lehrstühle der Fakultät ihre Forschungsergebnisse und Fachexpertise in die Realisierung innovativer Use Cases einbringen. Dem Gedanken eines „Living Lab" folgend, werden die Ergebnisse nicht nur von den Projektteilnehmern unmittelbar selbst verwendet, sondern auch früh den relevanten Akteuren außerhalb des Projekts zur Verfügung gestellt. Hierzu gehören neben kommerzielle Anbieter von Mobilitätsdaten, -Anwendungen und -Plattformen auch Nutzer, Verbände und Vertreter der Politik. Andere Forschungsprojekte, Startups und Technologieanbieter dienen als Multiplikatoren (siehe Abb. 14.1).

14.2 Forschungsfeld Wirtschaftsinformatik

Seit seiner Gründung 1987 verfolgt der Lehrstuhl für Wirtschaftsinformatik (Prof. Krcmar) das Ziel, sozio-technische Innovationen in interdisziplinären Forschungsprojekten voranzutreiben. Neben der Analyse und Evaluation von Informationssystemen und deren Nutzung nimmt auch die gestaltungsorientierte Forschung einen hohen Stellenwert ein, um wertvolle und nachhaltige Innovationen zu schaffen.

Damit Innovationen einen anhaltenden Nutzen stiften, sind adäquate Geschäftsmodelle erforderlich. Nur wenn mit dem von einer Innovation vermuteten Wertversprechen auch Gewinn erzielt werden kann, finden sich Unternehmen, die diese Innovationen auf den Markt bringen. Daher nimmt die Geschäftsmodellforschung einen immer wichtigeren Stellenwert in der Wirtschaftsinformatik ein [1], um die tatsächliche Verbreitung von IT-gestützten Innovationen zu fördern.

Der aktuelle Trend der Digitalen Transformation macht die wirtschaftliche Betrachtung von Digitalisierungsinitiativen besonders deutlich. Unternehmen aller Branchen versuchen durch eine Digitalisierung von Geschäftsprozessen, digitale Zusatzprodukte und -dienste oder einer Digitalisierung der Nutzerschnittstelle Innovationen zu schaffen. Nicht immer wird hierdurch Wert geschaffen. Wie verschiedene Beispiele, etwa die der App-gesteuerten Kaffeemaschinen, zeigen, wird der Mehrwert für den Kunden häufig außer Acht gelassen. Nicht alles was digitalisiert werden kann muss auch digitalisiert werden. Entscheidend sind neben dem Wertversprechen für den Kunden [2] auch die Art und Weise, wie mit Digitalisierung Gewinne erzielt werden können.

Im Projekt TUM LLCM widmet sich der Lehrstuhl für Wirtschaftsinformatik der Entwicklung eines konfigurierbaren Referenzgeschäftsmodells für Plattformanbieter. Hierzu bringt der Lehrstuhl seine Expertise in der Beschreibung und Analyse von Geschäftsmodellen ein. Eine besondere Bedeutung kommt bei derartigen Plattformgeschäftsmodellen auch der Analyse des Ökosystems mit Hilfe von Wertflussnetzwerken zu, um sicherzustellen, dass das Geschäftsmodell nicht auf Grund fehlender Erlösströme für einzelne Akteure in sich zusammenbricht (siehe Abb. 14.2) [3].

Im Rahmen des Projekts wurde zunächst eine Literaturstudie durchgeführt, welche wesentliche Geschäftsmodellkomponenten für Plattformen zusammenfasst. Darüber hinaus verdeutlicht sie, dass der Lebenszyklus von Geschäftsmodellen bislang kaum Berücksich-

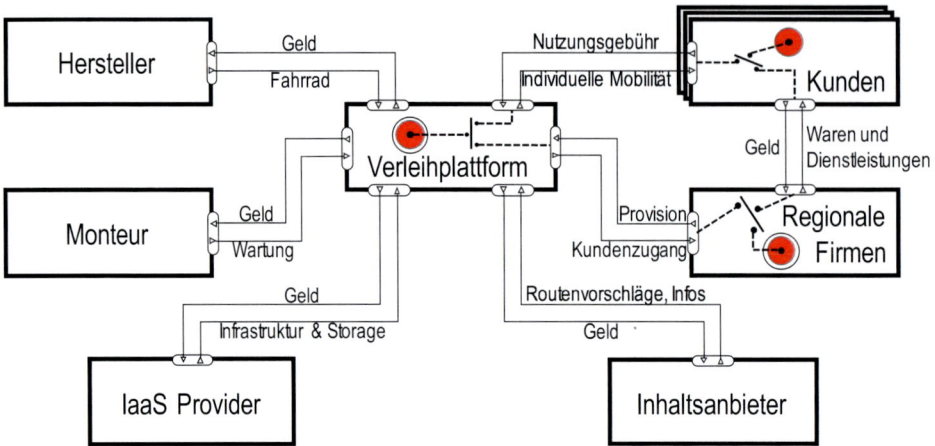

Abb. 14.2 Beispiel eines Wertflussnetzwerks einer Fahrradverleihplattform

tigung in der Literatur findet [4]. Ferner konnten die Definition von Rollen, Preismodelle, die vom Plattformbetreiber zu Verfügung gestellte Ressourcenbasis (boundary resources) sowie Offenheit als wesentliche Konzepte für das Design von Plattformökosystemen identifiziert werden [5].

Aktuell wird eine Fallstudiendatenbank aufgebaut, in der Informationen zu realen Plattformgeschäftsmodellen (zum Beispiel aktuelle P2P-CarSharing Anbieter) gesammelt werden. Aus der Analyse dieser Fallstudien sollen induktiv Bestandteile für das Referenzgeschäftsmodell abgeleitet werden. Hieraus soll letztendlich ein modular aufgebautes Referenzgeschäftsmodell für Plattformanbieter entwickelt werden, welches an veränderliche Anforderungen (zum Beispiel Kundenpräferenzen) angepasst werden kann und somit den Lebenszyklus von Geschäftsmodellen berücksichtigt.

Parallel zu den Kernaktivitäten wird in Kooperation mit dem Schwesterprojekt *Connected Mobility Lab (CML)* – BMW und Siemens – ein Fahrsimulatorexperiment vorbereitet, um die Kundenpräferenzen für verschiedene Mobilitätsbündel zu identifizieren. Hierzu sollen die Probanden ein Stauszenario fahren und sich für alternative Kombinationen von Mobilitätsangeboten (U-Bahn, Bike-Sharing, etc.) entscheiden. Das Experiment lässt Rückschlüsse zur Akzeptanz von intermodalen Mobilitätskonzepten erwarten und dient dazu, das Wertversprechen im zu entwickelnden Referenzgeschäftsmodell zu schärfen.

14.3   Forschungsfeld Software Engineering

Management von Dienstnetzwerken/Ganzheitliches Management offener Dienstplattformen

Seit 2002 erforscht und entwickelt der Lehrstuhl für Software Engineering für betriebliche Informationssysteme (Prof. Matthes) Konzepte, Methoden und Werkzeuge zur Zusammenarbeit in Organisationen und über Unternehmensgrenzen hinweg [6]. Dabei bilden das Unternehmensarchitekturmanagement und modellbasierte Kollaborationsumgebungen die Kernkompetenzen des Lehrstuhls, die für die Durchführung des TUM LLCM Projekts von wesentlicher Bedeutung sind.

Das Unternehmensarchitekturmanagement stellt Modelle und Governance-Prozesse bereit, um strategische Geschäftsziele systematisch im Rahmen von Transformationsprojekten, z. B. um neue Geschäftsmodelle umzusetzen [7]. Zentraler Gegenstand des Unternehmensarchitekturmanagements ist die ganzheitliche Modellierung der zentralen Strukturen und Beziehungen einer Organisation [8].

Modellbasierte Kollaborationsumgebungen bieten Informationsträgern und Modellierern in einer Organisation die Möglichkeit, die für Ihre Arbeit benötigten Aspekte von Unternehmensmodellen kollaborativ und inkrementell in einem Bottom-up-Ansatz zu entwickeln, zu warten und zu erweitern. Hierbei wird ein leichtgewichtiger Hybrid-Wiki-Ansatz verwendet [9].

Um die digitale Transformation von Unternehmen im Bereich Smart Mobility und Smart City zu unterstützen, müssen die Kompetenzen des Unternehmensarchitekturmanagements und der kollaborativen Modellierungsaktivitäten im TUM LLCM Projekt erweitert werden. Daher erforscht der Lehrstuhl das Management und die Modellierung von dynamischen digitalen Wertschöpfungsnetzen. Diese erweitern die eher nach innen gerichtete ganzheitlichen Sicht des Unternehmens um Modelle des Ökosystems in dem das Unternehmen agiert (Kunden, Wettbewerber, Partner, Staat, Bürger, ...). Eine besondere Herausforderung ist die Identifikation und Evaluation einer geeigneten Modellierungssprache um dynamische Netzwerkökosysteme geeignet abzubilden. Im Rahmen des TUM LLCM Projektes muss der bisherige Fokus der Forschung von modellbasierten Kollaborationsumgebungen für einzelne Unternehmen um Unternehmensverbünde erweitert werden. Zum einen ist hier die Konzeption und Umsetzung strukturierter On- und Offboarding Prozesse für neue Partner und Services ein Bestandteil der aktuellen Forschung im Rahmen des TUM LLCM Projekts, welches für den Aufbau und den Erhalt des Ökosystems ein wesentliches Erfolgskriterium ist. Herausforderungen sind in diesem Forschungsthema die Identifikation von Automatisierungs- und Qualitätssicherungsmöglichkeiten von On- und Offboarding Prozessen und die Umsetzung des Datenschutzes beim Offboarding von Partnern. Zum anderen erforscht der Lehrstuhl die Entwicklung, Implementierung, Dokumentation und kritische Reflektion von Governance Prozessen für das TUM LLCM Mobilitätsplattform. Hierbei besteht die Herausforderung geeignete Governance Prozesse und Methoden für den späteren Betrieb der Mobilitätsplattform und die gesteuerte Evolution des Ökosystems zu identifizieren und zu implementieren.

Softwarearchitektur und Entwicklerunterstützung

Offene und integrierte Mobilitätsplattform müssen sowohl föderierte Dienste als auch heterogene Daten integrieren und aufbereiten, insbesondere von verschiedenen Transportanbietern, Fahrzeugen sowie Kartendiensten.

Da sich die Plattform und die Dienste im Umfeld von Mobilitätsplattformen kontinuierlich weiterentwickeln, ist es wichtig, Methoden und Werkzeuge für adaptive Systeme und Dienstekomposition zu entwickeln. Dabei muss ein optimales Zusammenspiel der Systemkomponenten unter verschiedenen Konfigurationen mit alten und neuen Diensten sichergestellt werden. Zu diesen Fragen der Systemarchitektur und -modellierung werden die langjährigen Forschungsarbeiten in der Forschungsgruppe Software und Systems Engineering der TU München eingebracht.

Die Adaptivität von Systemen ermöglicht die Anpassung von Systemkonfiguration und Diensten zur Laufzeit. Da im Kontext von Mobilitätsplattformen enorme Datenmengen über Systemabläufe, Nutzerdaten als auch Kontextdaten gewonnen werden, ist ein wesentliches Forschungsziel, diese Daten für die kontinuierliche Optimierung des Systems zu verwenden. Typische Herausforderungen liegen in der Verteilung der Systemfunktionalitäten zwischen Automobilen, Cloud-Diensten und eventuell mobilen Endgeräten, als auch die Sicherstellung von Datenqualität und Performanz.

Hierfür werden Techniken der Datenanalyse („Big Data") verwendet, um diese Datenmengen effizient zur Laufzeit auswerten und nutzbar zu machen. Eine besondere Herausforderung in solchen föderierten Plattformen ist es, die entsprechenden Daten die verschiedenen Beteiligten gehören, unter Berücksichtigung von Privatsphäre (Privacy) und Vertraulichkeit zu verwalten.

Weiterhin werden Methoden für die Modellierung und Optimierung der kontinuierlichen Software-Buildprozesse, das sogenannte „continous delivery", erforscht. Hier werden die Prozesse und Werkzeuge zum Erstellen und automatisiertem Test von Software modelliert und erfasst. Ein weiteres Forschungsziel ist es, die obigen Techniken für Adaption zur Laufzeit auch frühzeitig in die Entwicklungsprozesse einfließen zu lassen. Geplant ist die Auswahl von Testfällen anhand der beobachteten, realen Szenarien.

Für die Entwicklung von neuen Diensten mit graphischen, interaktiven Werkzeugen werden sogenannte „Mashup Tools" eingesetzt. Mashup-Tools erlauben die interaktive Modellierung von Daten- und Kontrollfluss zwischen Komponenten auf Basis von vorgegebenen Bausteinen, Regeln und Vorlagen. Mashup-Tools verwenden offene Schnittstellen von Diensten, typischerweise auf Basis von REST-basierten Protokollen. Damit ist es möglich, mehrere Internetdienste zu kombinieren und somit neue Dienste erheblich einfacher zu entwickeln.

Während bestehende Werkzeuge im Umfeld des Internets der Dinge vor allem den Datenfluss zwischen Sensoren und Internetdiensten modellieren, ist es hier wichtig, auch die Datenanalyse effizient in diese Werkzeuge zu integrieren. Daher werden wir Mashups nutzen, um eine Vielzahl von Werkzeugen zur Big Data Analyse nahtlos zu integrieren [10].

14.4 Forschungsfeld Datenbanksysteme

Der Lehrstuhl für Datenbanksysteme beschäftigt sich mit der Optimierung von Hauptspeicherdatenbanksystemen. Ein besonderer Fokus liegt auf der Verarbeitung neuartiger Workloads (zum Beispiel Data Mining, Geospatial, Graph, Streaming) innerhalb des Datenbanksystems. Ziel ist es, die Daten direkt im Datenbanksystem zu verarbeiten, ohne sie in externen Systemen zu transferieren, um so eine erhöhte Performanz sowie eine möglichst effiziente Ressourcennutzung zu sichern.

Die Zukunft urbaner Mobilität basiert auf der Sammlung und Auswertung von Daten mit zunehmend geographischen als auch temporalen Eigenschaften. Im TUM LLCM-Projekt nehmen Datenbanksysteme daher eine zentrale Rolle ein und stellen eine Integrationsplattform für verschiedene Mobilitätsdienste (zum Beispiel Carsharing) dar. Da für diese Dienste die Aktualität der Daten zunehmend von Bedeutung ist (Stichwort „real time awareness") und innerhalb kürzester Zeit enorme Datenmengen anfallen können, ist eine effiziente und somit zeitnahe Auswertung der Daten von großer wirtschaftlicher Bedeutung.

Das am Lehrstuhl entwickelte Hauptspeicherdatenbanksystem HyPer (www.hyper-db.de) wird im Rahmen des TUM LLCM-Projekts um eine optimierte Verarbeitung von geographischen Daten mit zeitlichem Bezug erweitert. Als erstes Ergebnis dieses Projekts ist das System HyPerSpace zu nennen, das auf der ACM SIGMOD 2016 in San Francisco vorgestellt wurde [11]. HyPerSpace erlaubt es, Taxifahrten in New York City (theoretisch jeden beliebigen Geo-annotierten Datensatz) zu analysieren. Zusätzlich zur Datenbankkomponente wurde eine webbasierte Benutzeroberfläche entwickelt, die eine interaktive Auswertung von Geodaten ermöglicht (siehe Abb. 14.3). Durch die technische Innovation, dass keine Indexstrukturen vorberechnet werden, können die Daten unmittelbar nach ihrem Eintreffen in der Datenbank analysiert werden. Der Nutzer kann neben vorgefertigten Anfragen (zum Beispiel Statistiken pro NYC Neighborhood) beliebige SQL-Anfragen auf den Daten ausführen. Die HyPerSpace-Demo wurde mit einem SIGMOD 2016 Best Demonstration Award ausgezeichnet. In zukünftiger Arbeit gilt es nun, die Performanz des Systems weiter zu optimieren, um noch größere Datenmengen in nahezu Echtzeit auswerten zu können.

Als weiteres Ergebnis dieses Projekts ist eine Arbeit zu nennen, die sich mit dem Vergleich von Hauptspeicherdatenbanksystemen mit dedizierten Streamverarbeitungssystemen beschäftigt [12]. Diese Arbeit analysiert die Benutzbarkeit- und Performanzunterschiede der beiden Systemklassen, um Ansatzpunkte für zukünftige Forschung zu iden-

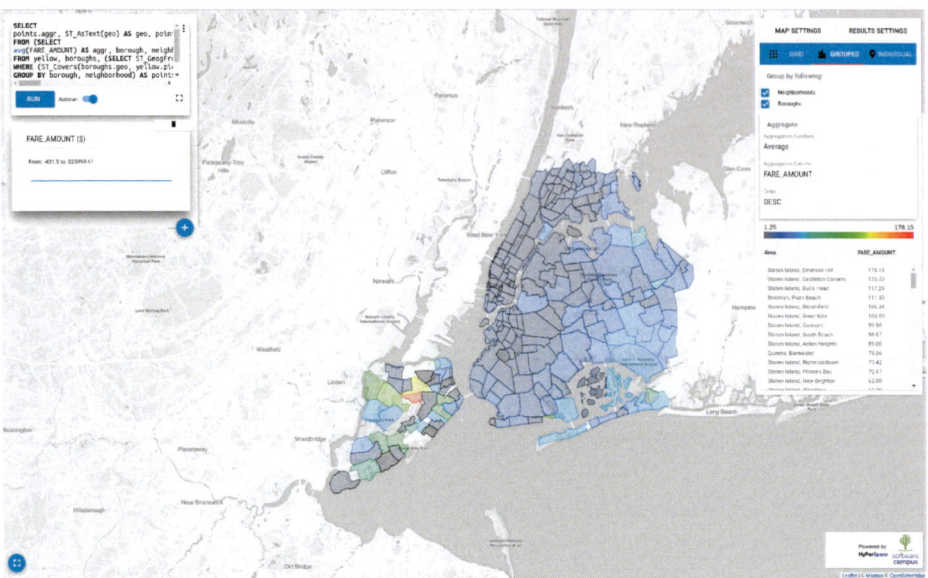

Abb. 14.3 HyPerMaps: Die Weboberfläche zu HyPerSpace

tifizieren. Als vielversprechend erscheint die Lockerung der ACID-Garantien für Streamingworkloads.

Eine aktuelle Herausforderung stellt insbesondere die effiziente Nutzung moderner Hardware (zum Beispiel GPUs und Koprozessoren) zur Beschleunigung von Analysen auf geographischen Daten mit Zeitbezug dar. Weitere Informationen zur Forschung am Lehrstuhl für Datenbanksysteme finden Sie in [13].

14.5   Forschungsfeld Verteilte Systeme

Im Rahmen des TUM LLCM-Projekts beschäftigt sich der Lehrstuhl für Connected Mobility mit der Bereitstellung von Diensten für mobile Endbenutzer basierend auf IoT-Geräten und deren durch Sensoren gesammelten Informationen. Es wird eine Plattform entwickelt, die es gestattet, von einzelnen Sensoren und ihren Funktionen zu abstrahieren und Anfragen („Aufträge") an Sensoren entsprechend ihrer funktionalen, räumlichen oder zeitlichen Anforderungen auf die Gesamtheit der IoT-Geräte zu verteilen. Die Plattform führt IoT-Geräte und Dienstanbieter unter Wahrung ihrer jeweiligen Interessen zusammen und gestattet Nutzern den anbieterübergreifenden – kontrollierten und koordinierten – Zugriff auf IoT-Geräte. Die Nutzer können der Plattform über das Dienstangebot auf die in ihrer Nähe befindlichen IoT-Geräte sicher und flexibel zugreifen, wobei die Dienste dann gezielt Aufträge an IoT-Geräte stellen. Verschiedene Aufträge werden durch Virtualisierung voneinander isoliert, so dass keine unbeabsichtigten Informationsflüsse zwischen

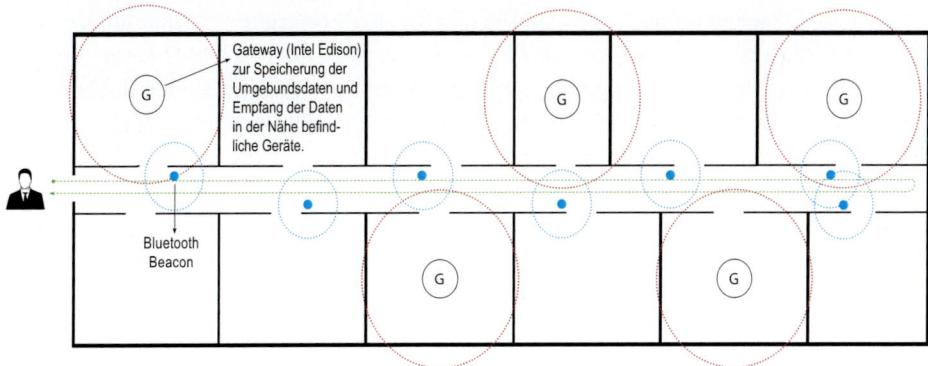

Gateway (Intel Edison)
zur Speicherung der
Umgebundsdaten und
Empfang der Daten
in der Nähe befind-
liche Geräte.

Bluetooth
Beacon

Abb. 14.4 Aufbau der IoT-Testumgebung

verschiedenen Diensten stattfinden und somit die Privatsphäre und Sicherheit der Benutzer hinsichtlich der verarbeiteten Sensordaten gewährleistet werden kann.

Dazu wird eine Testumgebung am Lehrstuhl aufgebaut (siehe Abb. 14.4), aus IoT-Geräten (Intel Edisons), die mit Temperatur-, Feuchtigkeits-, Lichtintensitäts-, Lautstärke- und Bewegungssensoren ausgestattet sind. Alle Sensorwerte werden gesammelt und lokal (auf jedem IoT-Gerät) sowie zentralisiert in einer speziellen Zeitreihen-Datenbank (InfluxDB) gespeichert. Die Nutzung von Unikernels zur Virtualisierung erhöht nicht nur die Sicherheit, sondern auch Portabilität. Ein erstes Einsatzgebiet ist das Projekt „Smarte Lichtmasten" der Stadt München zur Erkennung von Glatteis.

Außerdem arbeitet der Lehrstuhl an der Realisierung einer Proximity-Plattform, die unterschiedliche Mechanismen zur Erkennung von räumlicher Nähe bereitstellt. Dazu wird die bestehende Testumgebung um batteriebetriebene Bluetooth-Low-Energy-Beacons erweitert. Diese übertragen konfigurierbare Standortdaten mit einstellbarer Sendestärke und -häufigkeit und unterstützen beispielsweise die Nutzerlokalisierung. Dazu sammelt das Smartphone eines Nutzers die Informationen von in der Nähe befindlichen Bluetooth-Beacons und vergleicht diese entweder mit lokal gespeicherten Datensätzen oder greift auf eine Serverdatenbank zu – unter Einsatz homomorpher Verschlüsselung, so dass der Nutzer zwar eine Position ermitteln kann, der Server davon keine Kenntnis erlangt.

In der Testumgebung werden zusätzliche Umgebungsdaten von den Intel-Edison-Geräten gespeichert: (1) WLAN-Signale mit SSID, MAC-Adresse vom Access-Point und die Signalstärke, (2) Bluetooth-Signale mit MAC-Adresse vom Bluetooth-Controller, Bluetooth-Geräte-Name und die Signalstärke und (3) Beacon-Informationen mit Beacon-ID, Standort, Temperatur, Signalstärke und Sendeleistung. Jeder Ort zeichnet sich durch andere Umgebungseigenschaften aus, so dass sich Nutzer durch den Abgleich der Sensordaten vom Smartphone mit denen der Testumgebung lokalisieren können. Um die Privatsphäre der Nutzer zu schützen, entscheidet jeder selbst, welche Informationen an welche Dienste übermittelt werden sowie wo und wie der Aufenthaltsort berechnet wird.

Da diese Umgebungsdaten unter Umständen die Identifizierung von Smartphone-Nutzern erlauben, wird ein Ansatz namens *Privacy Preserving Hub* (P^{2}Hub) [14] verfolgt, um die Privatsphäre der Nutzer zu schützen. Drittanbieter-Apps erhalten keinen direkten Zugriff auf die Sensordaten des Smartphones. Das mobile Betriebssystem nutzt eine zusätzliche Schicht, die mittels Virtualisierung die Sensordaten direkt von der Hardwareschicht abfragt und in einem verschlüsselten externen Datencontainer speichert. Eine Steuerinstanz erhält die Anfragen der Drittanbieter-Apps und entscheidet anhand der Benutzereinstellungen, welche Daten an die Drittanbieter-App übermittelt werden.

14.6   Forschungsfeld Security Engineering

Connected Mobility erfordert das Zusammenspiel von verschiedenen Teilsystemen und Stakeholdern. Jedes System unterliegt bestimmten gesetzlichen, regulatorischen und selbstauferlegten Pflichten. Im Rahmen des Projekts wird ein konzeptionelles und technisches Accountability-Rahmenwerk entwickelt, das Verletzungen dieser Pflichten feststellen und deren Ursachen eingrenzen kann. Zudem kann es Verantwortlichkeiten feststellen helfen.

Accountability [15] ist im TUM LLCM Kontext eine generelle Eigenschaft eines soziotechnischen Systems, die Fragen nach dem „Warum" aufgetretener Ereignisse oder Ereignisketten semi-automatisiert beantworten soll, zum Beispiel: Warum hat mein selbstfahrendes Auto zu spät gebremst? Wann sind meine Daten an eine externe Partei gesendet worden? Accountability ist insbesondere aufgrund der wachsenden Komplexität und der dynamischen Rekonfiguration heutiger und zukünftiger Systeme eine erstrebenswerte Eigenschaft, weil zur Entwicklungszeit Funktions- und Informationssicherheit aufgrund sich dynamisch verschiebender Systemgrenzen nicht immer angemessen adressiert werden kann. Aus diesem Grund muss post mortem zumindest die Analyse der Fehlerursachen ermöglicht werden, um diese in Zukunft zu verhindern.

Grundlage für Accountability ist ein Verständnis von Kausalität, das auch im heutigen Stand der Technik nicht definiert genannt werden kann [16, 17]. Am Lehrstuhl für Software-Engineering werden auf Grundlage diverser Arbeiten zum Thema Security Engineering, insbesondere der verteilten Daten-Nutzungskontrolle, verschiedene dieser theoretisch formulierten Algorithmen als Teil des Frameworks implementiert, um Accountability zu gewährleisten. Diese Algorithmen verarbeiten die Logfiles von verschiedenen Teilsystemen, die zur Laufzeit erstellt werden. Anschließend werden diese Logfiles aggregiert zu einem Logfile für das gesamte soziotechnische System. Die Kausalitätsanalyse erfolgt auf Basis dieses Gesamtlogfiles und bildet sogenannte Counterfactuals. Diese beantworten die Frage nach dem „warum" über die Analyse von alternativen Abläufen des Systems, zum Beispiel hätte das selbstfahrende Auto gebremst, wenn Komponente A ordnungsgemäß funktioniert hätte?

Des Weiteren soll eine Feedbackschleife aufgebaut werden, die Einfluss auf das Logging nimmt. Werden zum Beispiel verschiedene Komponenten immer gemeinsam analysiert, weil die Log-Files diese nicht einzeln erfassen, kann eine Rückkopplung aus der Kausalitätsanalyse sein, die Granularität der Logfiles zu verfeinern. Ebenfalls kann der Fall eintreten, dass verschiedene Systemereignisse, die für die Analyse wichtig sind, noch nicht erfasst werden (was üblicherweise erst nach einem Fehlverhalten erkannt wird). Diese müssen dann zukünftig ebenfalls durch ein angepasstes Logging erfasst werden.

14.7 Innovative Use Cases

Für den Erfolg des TUM LLCM Service-Plattform ist es essentiell, dass die Plattform von Beginn an für die intendierten Nutzer attraktive und vom Wettbewerb differenzierende Use Cases zur Verfügung stellt. Für eine Mobilitätsplattform können einerseits Use Cases über Partnerverträge oder OEM-Verträge risikoarm realisiert werden, andererseits ist es für den Plattformentwickler erstrebenswert, innovative neue Use Cases zunächst exklusiv anbieten zu können. Hier eröffnen sich besondere Chancen durch die Zusammenarbeit mit Forschungsabteilungen, Universitäten und Startups. Im Folgenden werden die im Rahmen des TUM LLCM Projekts entwickelten innovativen Use Cases beschrieben.

Verkehrsmanagement bei Großereignissen

Großereignisse, sowie vorhersehbare und nicht vorhersehbare Notfall- oder Extremsituationen, gefährden die Funktionsfähigkeit des Verkehrssystems. Um die negativen Wirkungen solcher Ereignisse zu minimieren, müssen die Behörden innerhalb kürzester Zeit Entscheidungen treffen und Maßnahmen umsetzen. Hierbei besteht die Fragestellung: wie sollte, bzw. kann das Verkehrssystem auf kurzfristige Anforderungen optimal reagieren?

Bei Großereignissen implementieren die Behörden üblicherweise Maßnahmen, die in Handbüchern und Checklisten hinterlegt sind, die nicht unbedingt der vorliegenden Situation entsprechen. Im Projekt wird ein Algorithmus entwickelt, der aus Vorschlägen bestehender Entscheidungsunterstützungssysteme in Echtzeit geeignete Maßnahmen ableitet. Ein neuartiger wissenschaftlicher Zugang zu dieser Thematik liegt in der Nutzung des Konzepts der Belastbarkeit (Resilienz), mit dem definiert wird, wie weit die Leistungsfähigkeit des (Verkehrs-)Systems in sehr kurzer Zeit sinken kann, ohne seine Funktionsfähigkeit zu gefährden. Durch das Hinzufügen von Raum als dritte Dimension zu diesem Konzept werden Großereignisse unter Berücksichtigung ihrer Auswirkungen auf die Netzleistungsfähigkeit, bzw. -verfügbarkeit in Raum und Zeit definiert. Mathematisch wird hierzu ein sogenanntes makroskopisches Fundamentaldiagramm (MFD) genutzt. Das MFD bildet für die Verkehrsströme des Netzes die Zusammenhänge zwischen Verkehrsdichten, Geschwindigkeiten und maximalen Kapazitäten ab. Damit ist es möglich, den Einfluss von Netzeigenschaften und des Verkehrsmanagements auf das Gesamtsystem Verkehr zu verstehen. Mit Hilfe von Verkehrssimulationen werden die Auswirkungen von Verkehrsmanagementstrategien prognostiziert und bei Bedarf so angepasst, dass jedes Subnetzwerk idealerweise seinen optimalen Arbeitsbereich erreicht.

Umweltsensitives Verkehrsmanagement

Zu den negativen Wirkungen des Straßenverkehrs auf die Umwelt zählen lokale verkehrs-bezogene Emissionen wie Schadstoffe und Lärm, wodurch viele gesundheitliche Schäden entstehen. Besonders der urbane Raum wird durch die hohen Immissionen belastet, die in vielen zentralen Orten sogar über den gesetzlichen Grenzwerten liegen. Der Use Case be-schäftigt sich mit dem Umgang mit kritischen Emissionssituationen bzw. dem proaktiven Schutz vor Immissionsbelastungen durch kurzfristige-Verkehrsmanagementmaßnahmen.

Die Integration von aktuellen Umwelt- und Verkehrsdaten in die städtische Verkehrs-steuerung kann einen erheblichen Beitrag zu einer umweltverträglicheren urbanen Mo-bilität und damit Erhöhung von Lebensqualität liefern. Im Rahmen des Projekts wird ein Gesamtkonzept entwickelt, das durch dynamische Verkehrssteuerung unter Nutzung von neuen Datenquellen, Integration von neuen Fahrzeugen mit alternativen Antrieben sowie entsprechend erweiterten Verkehrs- und Umweltmodellen (siehe Abb. 14.5) loka-le Emissionen reduziert. Der Use Case generiert damit einen deutlichen praxisrelevanten Mehrwert gegenüber der derzeitigen Praxis, die primär auf die Optimierung des Verkehrs-ablaufs im öffentlichen und privaten Verkehr hin ausgerichtet sind.

Im Projekt werden neben der eigentlichen methodischen Verfahrensentwicklung auch Anforderungen an Inhalt und Qualität der Daten, sowie gegebenenfalls Datenschnittstel-len der TUM LLCM Plattform aufgestellt. Das System zum umweltsensitiven Verkehrs-management wird generisch definiert und implementiert, so dass Übertragungen auf ver-schiedene Einsatzszenarien möglich sind. Im Rahmen des Projektes wird anhand von Daten der Landeshauptstadt München ein konkretes Szenario getestet, um die Wirkun-gen im Hinblick auf die Ziele des städtischen Verkehrsmanagements und der städtischen Luftreinhaltung sowie Lärmminderung exemplarisch aufzeigen zu können.

Kollaborative und soziale Mobilitätsdienste

Ein Schwerpunkt des Lehrstuhls für Connected Mobility (Prof. Ott) und des ehemali-gen Lehrstuhls für Angewandte Informatik/Kooperative Systeme (Prof. Schlichter) lag und liegt auch an Konzepten zur interaktiven Unterstützung von Benutzern und Benut-zergruppen. Eine kontextsensitive und kollaborative Bereitstellung von Information und Kooperation erscheint besonders nützlich in mobilen Szenarien. Das Teilprojekt analy-siert bestehende Mobilitätsdienste und neue Ideen für soziale und kollaborative Dienste. Darauf aufbauend wird eine Anwendung zur personalisierten Unterstützung mobiler Be-nutzer prototypisch entwickelt und evaluiert. Beispiele für existierende Mobilitätsdienste sind Anwendungen zur kollaborativen Verkehrsinformation und intermodalen Routenpla-

Abb. 14.5 Beispiel eines
Verkehrssimulationsmodells
VISSIM [18]

nung, Mitfahr- und Carsharing-Dienste oder zur Empfehlung einzelner Points of Interest
(POIs) wie Sehenswürdigkeiten oder Restaurants [19].

Der Lehrstuhl arbeitet dabei unter anderem an interaktiven Empfehlungssystemen
(engl. recommender system) und hat als ersten Prototyp eine mobile Anwendung zur
Planung von Städtereisen erstellt [20]. Die Lösung empfiehlt interessante POIs zwischen
zwei Punkten in einer Stadt und kombiniert diese zu einer sinnvollen Route, die auf einer
Karte visualisiert wird (siehe Abb. 14.6). Die Auswahl der POIs erfolgt durch Abfrage
von Social Media Quellen auf Basis von angegebenen Interessen des Benutzers. Der
aktuelle Fokus beinhaltet eine genauere Untersuchung der Empfehlung von Sequenzen
von POIs sowie eine Berücksichtigung von Kontextfaktoren wie dem Wetter. Darüber
hinaus arbeitet der Lehrstuhl an einem Gruppenszenario und der Integration öffentlicher
Bildschirme.

Abb. 14.6 Mobiler Prototyp
[20]

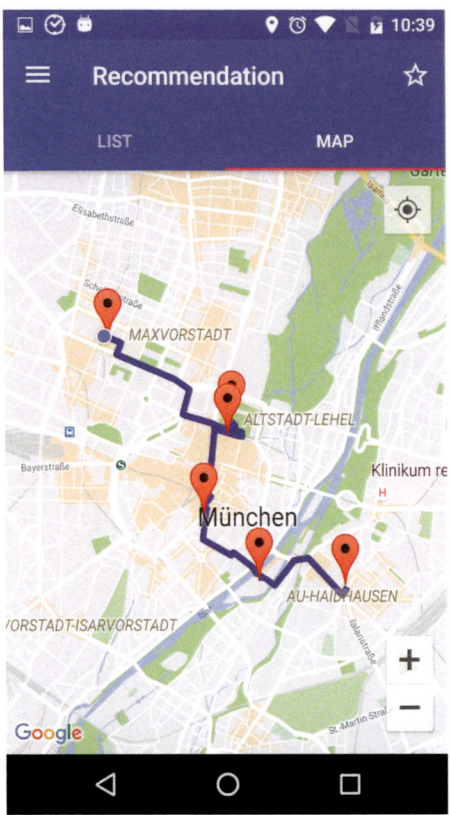

Crowdsourcing von Indoor-Karten

Für viele Dienste im Rahmen von Mobilitätsplattformen ist es essentiell, Lokationen in Gebäude wie zum Beispiel Gleise, Fahrstühle, Parkplätze zu beschreiben und dem Nutzer adäquat darzustellen. Aktuelle Kartendienstanbieter bieten bereits in Teilen auch Indoor-Karten an. Indoor-Karten sind jedoch aufwendig zu erstellen und bieten nicht die ausreichende semantische Geo-Information für Dienste. Ziel dieses Use Cases ist die Gewinnung und Integration von Indoor-Karten, Koordinaten, Routing und Positionierung für Mobilitätsplattformen. Dies umfasst Werkzeuge zur Integration und Erstellung von Karten, das Geo-Coding als auch die plattformübergreifenden Schnittstellen.

Aktuelle mobile Geräte umfassen immer mehr hochwertige Sensoren für Bewegungs- und Umfelderkennung und ermöglichen somit detaillierte Bewegungs- und Kontextmodelle auch in Gebäuden ohne GPS zu erfassen. Damit kann über Crowdsourcing Ansätze eine semantisch annotierte, nutzbare Karte von Gebäuden erstellt werden. Hierzu werden verschiedene Sensoren, Satellitenbilder für die Gebäudeumrisse als auch semantische Kontextdaten wie zum Beispiel Kalendereinträge von Nutzern verwendet. Dabei spielt die Entwicklung integrierter Datenmodelle und Plattform APIs für die Gebäudestrukturen und Lokationen auf Basis existierender Standards wie CityGML und IndoorGML eine besondere Rolle.

14.8   Vernetzung mit relevanten Akteuren

Wie bereits eingangs beschrieben ist eine weitere wesentliche Leistung des Projekts die Vernetzung von Mobilitätsanbietern, Serviceanbietern, Entwicklern und Nutzern auf persönlicher, organisatorischer und technischer Ebene (siehe Abb. 14.7). Ziel der Vernetzung ist es, einen aktiven Beitrag zur Etablierung eines Mobilitätsmarktplatzes und Ökosystems zu leisten. Dazu arbeitet das Projektteam mit zahlreichen Akteuren aus der Wirtschaft, Industrie und Politik zusammen. Neben dem engen Austausch mit BMW und Siemens, die im Schwesterprojekt Connected Mobility Lab (CML) verwandte Themen bearbeiten, finden gemeinsame Arbeiten mit der UnternehmerTUM, Start-Ups und Software Firmen aus dem Umfeld Connected Mobility statt, beispielsweise Moovel, Iteratec und msg systems. Um innovative Ansätze zum städtischen Verkehrsmanagement liefern zu können, findet darüber hinaus auch ein Austausch mit öffentlichen Einrichtungen statt, wie der Landeshauptstadt München, der Münchener Verkehrsgesellschaft (MVG) und der Deutschen Bahn.

Durch Lehrveranstaltungen, Hackathons, Praktika und Abschlussarbeiten ist eine weitere Vernetzungsgrundlage im Projekt vorhanden. Beim diesjährigen HackaTUM, dem

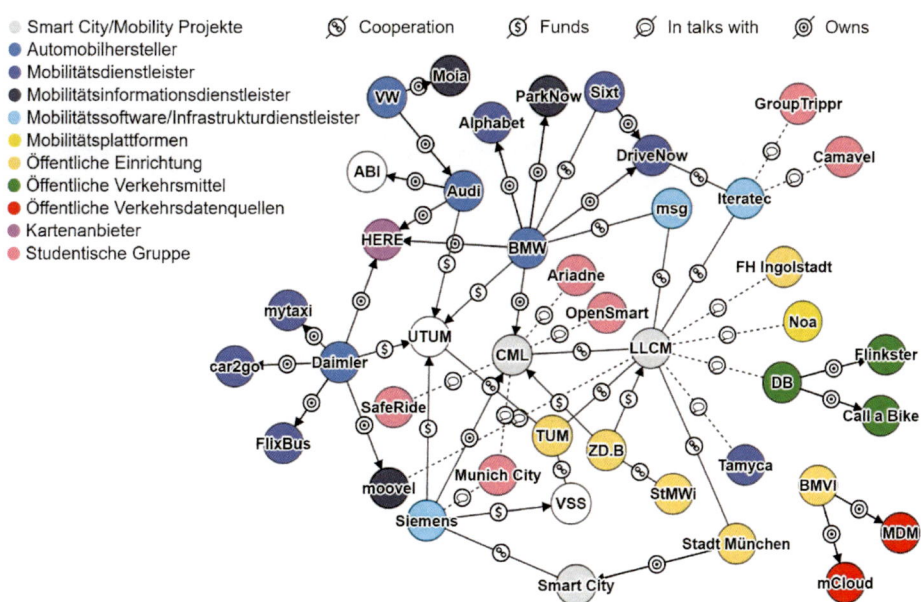

Abb. 14.7   Vernetzung mit relevanten Akteuren

ersten Hackathon der Informatikfakultät initiiert von Projektbearbeitern, wurde ein Wochenende lang neben den Themen IoT und Mobile Applications auch das Thema Mobility Services von teilnehmenden Studenten bearbeitet. Den anwesenden Firmen wurde die Möglichkeit gegeben, aktuelle Problemstellungen zu präsentieren und von Teilnehmern bearbeiten zu lassen. In ganzjährig stattfindenden Lehrveranstaltungen bearbeiten Studentengruppen ebenfalls Mobilitätsthemen in Zusammenarbeit mit Unternehmen. Darüber hinaus liefern Abschlussarbeiten erste Ergebnisse zu praxisnahen Fragestellungen, die in Kooperation mit Unternehmen evaluiert werden. Diese führen zu Ergebnissen, die teilweise unmittelbar in der Wirtschaft und Industrie Anwendung finden.

Der Austausch und Dialog mit Akteuren des Ökosystems nimmt einen wesentlichen Anteil am Entwicklungsprozess des Living Lab Connected Mobility ein. Zur Identifikation weiterer Diskussions- und Kooperationspartner stellt das Projektteam auf zahlreichen Veranstaltungen die Lösungs- und Unterstützungsangebote des TUM LLCM vor. Mit diesen Aktivitäten entsteht ein lebendiges Ökosystem in Form eines Marktplatzes mit zahlreichen Dienstanbietern, Mehrwertdienstleistern und Dienstkonsumenten.

14.9   Zusammenfassung und Ausblick

Im Markt der Mobilitätsdienstleister zeigt sich, dass fast ausschließlich das Modell des zweiseitigen Marktes zum Einsatz kommt: Mobilitätsdienstleister interagieren über ihre Plattform direkt mit den Mobilitätskunden und streben nach der größtmöglichen Marktmacht. Zu diesem Zweck werden Bewegungsdaten auf Seite der Plattformbetreiber zentralisiert gesammelt und können nur dort verwertet werden.

Die Interessen des Nutzers werden durch diese Praxis nur zweitrangig berücksichtigt. Durch die enorme Marktmacht der Plattformbetreiber ist der Nutzer gemeinhin gezwungen, der Erfassung und Verarbeitung seiner persönlichen Daten zuzustimmen. Das Problem in der Zentralisierung sämtlicher Mobilitätsdaten auf wenige kommerzielle Anwender besteht darin, dass innovative neue Ideen unter Umständen nicht realisiert werden. Einerseits sind kleine, neue Märkte für etablierte Plattformanbieter nicht ausreichend attraktiv – das sogenannte „Innovator's dilemma", andererseits können kleine Anbieter keine umfangreichen Mobilitätsdaten nutzen, um den „long tail" des Marktes zu erschließen. Zudem stellt die Erfassung und Verwaltung sensibler Daten oft ein juristisches Risiko dar.

Vor diesem Hintergrund erscheinen neue Betreibermodelle für Datenplattformen attraktiv, die als vertrauensvoller Intermediär zwischen dem Nutzer und dem Dienstanbieter agieren. Ein solches Modell könnte durch eine Genossenschaft verkörpert werden, die in den Händen ihrer Nutzer rein nutzerorientiert handelt und eine sinnvolle Balance aus Privatsphäre und der Ermöglichung von zeitgemäßen Mobilitätsdienstleistungen garantiert.

In Folgeprojekten zum TUM LLCM werden alternative Betreibermodelle in interdisziplinären Projektverbünden erforscht. Die Informatik bildet dabei das Bindeglied zu den Sozial- und Politikwissenschaften, zu den Wirtschaftswissenschaften sowie zur Rechtswissenschaft.

14.10   Danksagung

Das TUM LLCM Projekt wird finanziert vom Bayerischen Staatsministerium für Wirtschaft und Medien, Energie und Technologie (StMWi) durch das Zentrum Digitalisierung.Bayern (ZD.B), einer Initiative der Bayerischen Staatsregierung.

Literatur

1. Veit, D., Clemons, E., Benlian, A., Buxmann, P., Hess, T., Kundisch, D., Leimeister, J.M., Loos, P., Spann, M. 2014. Geschäftsmodelle: Eine Forschungsagenda für die Wirtschaftsinformatik. *Wirtschaftsinformatik* 56, 1, 55–64.
2. Osterwalder, A., Pigneur, Y., Bernarda, G., Smith, A. 2014. *Value Proposition Design: How to create products and services customers want*. John Wiley & Sons, Hoboken, New Jersey.
3. Krcmar, H., Böhm, M., Friesike, S., Schildhauer, T. 2011. Innovation, Society and Business: Internet-based Business Models and their Implications. *1st Berlin Symposium on Internet and Society*, 1–33.
4. Schweiger, A., Nagel, J., Böhm, M., Krcmar, H. 2016. Platform Business Models. In *Digital Mobility Platforms and Ecosystems*, Faber, A., Matthes, F., Michel, F., Ed. TU München, Munich, 66–77.
5. Schreieck, M., Wiesche, M., Krcmar, H. 2016. Design and Governance of Platform Ecosystems – Key Concepts and Issues for Future Research. In *European Conference on Information Systems (ECIS)*, Istanbul, Turkey.
6. Matthes, F. 2016. Supporting Organizational Efficiency and Agility through Model-Based Collaboration Environments. In *Supporting Organizational Efficiency and Agility: Models, Languages and Software Systems*, Dagstuhl, Germany.
7. Ross, J., Weill, P., Robertson, D. 2006. *Enterprise Architecture as Strategy: Creating a Foundation for Business Execution*. Harvard Business Press, Brighton.
8. Roth, S., Hauder, M., Matthes, F. 2013. Collaborative evolution of enterprise architecture models. In *8th International Workshop on Models at Runtime (Models@run.time 2013)*, Miami, USA.
9. Matthes, F., Neubert, C., Schneider, A. 2013. Fostering Collaborative and Integrated Enterprise Architecture Modeling. In *Journal of Enterprise Modelling and Information Systems Architectures*.
10. Mahapatra, T., Gerostathopoulos I., Prehofer, C. 2016. Towards Integration of Big Data Analytics in Internet of Things Mashup. In *7th International Workshop on the Web of Things*, Stuttgart, Germany.
11. Pandey, V., Kipf, A., Vorona, D., Mühlbauer, T., Neumann, T., Kemper, A. 2016. High-Performance Geospatial Analytics in HyPerSpace. In *Proceedings of the 2016 International Conference on Management of Data*. ACM, 2145–2148.
12. Kipf, A., Pandey, V., Böttcher, J., Braun L., Neumann, T., Kemper A. 2017. Analytics on Fast Data: Main-Memory Database Systems versus Modern Streaming Systems. In *20th International Conference on Extending Database Technology*, Venice, Italy.
13. Kemper, A., Leis, V., Neumann T. 2017. Die Evolution des Hauptspeicher-Datenbanksystems HyPer – von Transaktionen und Analytik zu Big Data. *Informatik-Spektrum*.
14. Haus, M., Cozzolino, V., Ding, A. Y., Ott, J. 2016. P2Hub: Private Personal Data Hub for Mobile Devices. In *Proceedings of the 17th ACM International Symposium on Mobile Ad Hoc Networking and Computing (MobiHoc)*.

15. Weitzner, D., Abelson, H., Berners-Lee, T., Feigenbaum, J., Hendler, J., Sussman, G. 2008. Information accountability. In *Communications of the ACM*, 82–87.
16. Gössler, G., Le Métayer, D. 2013. *A General Trace-Based Framework of Logical Causality* RR-8378.
17. Halpern, J., Pearl, J. 2005. Causes and Explanations: A Structural-Model Approach – Part I: Causes. In *Proceedings of the Seventeenth Conference on Uncertainy in Artificial Intelligence*, San Francisco.
18. TUM-Lehrstuhl für Verkehrstechnik.
19. Herzog D., Wörndl, W. 2016. Collaborative and Social Mobility Services. In *Digital Mobility Platforms and Ecosystems*, Faber, A., Matthes, F., Michel, F., Ed. TU München, Munich.
20. Laß C., Wörndl, W., Herzog, D. 2016. A Multi-Tier Web Service and Mobile Client for City Trip Recommendations. In *International Conference on Mobile Computing, Applications and Services (MobiCASE)*, Cambridge, Great Britain.

Das Münchner Wissenschaftsnetz

Vergangenheit, Gegenwart, Zukunft

Heinz-Gerd Hegering, Helmut Reiser und Dieter Kranzlmüller

Zusammenfassung

Das Münchner Wissenschaftsnetz (MWN) verbindet alle Münchner Universitäten und Hochschulen sowie viele weitere Forschungseinrichtungen im Großraum München. Es wird vom 1962 gegründeten Leibniz-Rechenzentrum betrieben. Dieser Beitrag beschreibt die wechselvolle Geschichte und die rasante Entwicklung des MWN in den letzten 50 Jahren, an der sich auch die verschiedenen Versorgungskonzepte und -paradigmen sowie Forschungsfragestellungen widerspiegeln. Neben der Historie wird auch die Gegenwart mit der aktuellen technischen und organisatorischen Struktur dargestellt. Ein Blick in die Zukunft, mit den Herausforderungen, die sich für ein derart großes, offenes Wissenschaftsnetz stellen, schließt den Beitrag ab.

15.1 Einleitung

Das Internet ist in unserer heutigen Gesellschaft allgegenwärtig und liefert uns unterschiedlichste IT-Dienste, die wir im täglichen Gebrauch einsetzen. Dies gilt auch und insbesondere für die Wissenschaft und die Münchner Wissenschaftler verlassen sich auf das Münchner Wissenschaftsnetz (MWN). Dabei ist die IT-Diensteentwicklung über 50 Jahre hinweg ein Spiegel der technischen Möglichkeiten, die aufgrund der Informatik-Forschung und der Verfügbarkeit von IT-Systemen jeweils gegeben waren. Die IT-Dienste basieren auf IT-Infrastrukturen, denen IT-Versorgungskonzepte zugrunde liegen [1]. Beispiele wichtiger IT-Versorgungskonzepte der letzten 50 Jahr im MWN sind in zeitlicher Reihenfolge:

H.-G. Hegering · H. Reiser · D. Kranzlmüller (✉)
Leibniz-Rechenzentrum (LRZ) Garching und Ludwig-Maximilians-Universität München
München, Deutschland

© Springer-Verlag GmbH Deutschland 2017
A. Bode et al. (Hrsg.), *50 Jahre Universitäts-Informatik in München*,
DOI 10.1007/978-3-662-54712-0_15

1964–1977: Isolierte Systeme mit ersten externen Datenstationen (im LRZ mit TR4 und TR440)

1977–1994: Mainframe-Betrieb mit Fernzugriffsnetz (im LRZ mit CDC-Systemen)

Ab 1981–1985: Aufkommen von offener Vernetzung und Arbeitsplatzsystemen und kooperative dezentrale Grundversorgung

Ab 1992–1999: Serverbasierte Versorgung und Grids

Ab 2000–2008: Mobile Systeme und Cloud-Computing

Mit jedem neuen DV-Versorgungsparadigma, das bestimmt ist durch die Art der Vernetzung (Fernzugriffsnetze, lokale Netze, Dienstnetze, Internet und Internet-Dienste, WLAN bis hin zu Clouds) oder durch einen neuen IT-Ressourcentyp (Vektorrechner, Parallelrechner, aber auch Wechselspeicher, Bandspeicher, PCs, CAD-Systeme, Plotter, Smartphones etc.) oder durch standardisierte Anwendungs- und Unterstützungspakete kamen neue Dienste und neue Anwendungstypen, aber auch neue Managementanforderungen und Forschungsfragestellungen hinzu. Dies wird hier anhand des sehr umfangreichen Münchener Wissenschaftsnetzes erläutert, das in vielerlei Hinsicht sowohl national als auch international oft eine Vorreiterrolle einnehmen konnte.

15.2 Die Versorgungskonzepte der ersten Zeit – Isolierte, zentrale Systeme

Das Versorgungskonzept in den 60er und 70er-Jahren war gekennzeichnet durch eine zentrale Aufstellung von Rechnern, die überwiegend im lokalen Stapelverarbeitungsmodus liefen, evtl. auch bereits mit ersten rudimentären Fernstationen, die später zusätzlich zum Fernstapelbetrieb einen einfachen Dialogbetrieb über Textsichtgeräte zuließen. Dienste waren damals vornehmlich die Bereitstellung von Rechenkapazität sowie Programmier- und Algorithmenberatung, die natürlich zentral stattfand. Eine Rechnernutzung war anfangs noch nicht Allgemeingut und zunächst auf einige Disziplinen beschränkt.

Bereits 1965 beschaffte das LRZ zur 1964 in Betrieb genommenen TR4 eine Datenfernübertragungsanlage der Firma Siemens, bestehend aus Fernschaltgeräten N FG und Peripheriegeräten wie Fernschreibanlage ZBT 1/1, Streifenschreiber T typ 68d und Lochstreifensender T send 61d sowie Blattschreiber T typ 100, um damit eine Außenstelle ausstatten zu können. Fernschreiber verwendeten digitale asynchrone Übertragung mit Start- und Stoppbits und nutzten meist einen 5-Bit-Code gemäß ITA2, so dass eine Übertragungsrate von i. d. R. 6,67 Zeichen/s resultierte. Mit dem System TR440 war es ab 1970 möglich, neben dem Stapelbetrieb einen Dialogbetrieb aufzubauen und über Datenübertragungsstrecken auch Fernstapelstationen (RJE) zu betreiben. Dazu nutzte der TR440 als Vorrechner den Prozessrechner TR86 S, der als Multiplexer für alle zeichenorientierten Geräte diente. Dieser bediente einen Fernschreibmultiplexer, der als zentrales Steuerelement eine Taktzentrale für Telex-Anschlusselektroniken hatte. Datenfernbetriebseinheiten

DFE300 ermöglichten es, an den TR86 Phasenmodems (Datenübertragungsgeräte DM-PhM 2400) für die synchrone Übertragung binär codierter Nachrichten auf Fernsprechwegen in beiden Richtungen anzuschließen, wobei die Datenrate wahlweise auf 600, 1200 oder 2400 Bit/s einstellbar war. Für Datensicherungszwecke und Fehlermeldungen wurde bei dem Modem auch ein Hilfskanal mit 75 Bits/s vorgesehen. Das TR440-System erlaubte die Bildung von baumartigen Netzen aus TR86-Vorrechnern und daran angeschlossenen Fernstapel- oder Dialogstationen. Als Verbindungen wurden gewidmete Leitungen oder Datenübertragungsstrecken der Post unterstützt. Die Startkonfiguration 1971 umfasste 4 graphische Bildsichtgeräte und 42 Fernschreiber im LRZ-Gebäude, 1972 (1974) gab es schon 13 (24) Außenstationen mit 20 (60) Fernschreiber, ferner 11 Textsichtgeräte.

Mainframe-Betrieb mit Fernzugriffsnetz

Dieses Versorgungsparadigma war gekennzeichnet durch das Aufkommen von herstellerspezifischen Netzarchitekturen wie SNA, Transdata und eben auch von CDC mit entsprechender Systemunterstützung (Timesharing-BS) für einen effektiven Fernstapelbetrieb und gleichzeitig einen in Hinblick auf Reaktionszeiten und Anschlusszahlen sehr ordentlichen Dialogbetrieb. Abb. 15.1 zeigt das Fernzugriffsnetz im Jahr 1975. Die Übertragungsraten lagen bei 9,6 bis 48 kbit/s und die Entfernungen zwischen den Standorten betrugen i. d. R. wenige Kilometer bis maximal gut 15 km.

Der Betrieb eines großen Fernzugriffs-Netzes war Ende der 70er-Jahre eine neue Herausforderung, für die es damals kaum Vorbilder gab. Zunächst einmal sind die logistischen Anforderungen zu nennen wie die Schaffung von aufwändigen Gebäude-Infrastrukturen (Doppelböden, Stromversorgung, Klimatisierung) für die Außenstationen mit Knotenrechnern und leistungsfähigen Fernstapelstationen, die Verteilung von Betriebsmaterialien und die systemtechnische Betreuung eines räumlich weit verteilten Gesamtsystems. Schwieriger waren jedoch die Anpassung von Beratungs- und Informationsdiensten, denn der Benutzer kam im Allgemeinen nicht mehr in das RZ. Ein neu zu entwickelndes Informationswesen musste sowohl benutzerrelevante Aspekte des Netz- und Systemstatus (in Bezug auf die Ressourcen und den eigenen Auftrag) als auch den Dialog zwischen Benutzern oder Benutzer und Betreiber abdecken. Letzteres betraf die Verteilung von Betriebsanleitungen, eine SW-unterstützte Benutzerführung sowie elektronische Schwarze Bretter und „Kummerkästen". Alle solche neuartigen Dienste wurden vom LRZ damals in Eigenregie konzipiert, programmiert und betrieben; man betrat damals echtes Neuland als Konsequenz der neuen Fernzugriffs-Netze. Das LRZ stellte sich diesen Herausforderungen bereits ab 1977, in den KfR-Empfehlungen der DFG werden sie erst in den 80er-Jahren genannt.

Das proprietäre, von CDC-Mainframes abhängige AEG-Netz lief zunächst zufriedenstellend, machte aber wegen der Software-Mischlösung zunehmend Schwierigkeiten bei Software-Upgrades des Mainframes. Ab 1980 wurde es mit dem Aufkommen offener Netzstrukturen schrittweise bis 1985 abgelöst.

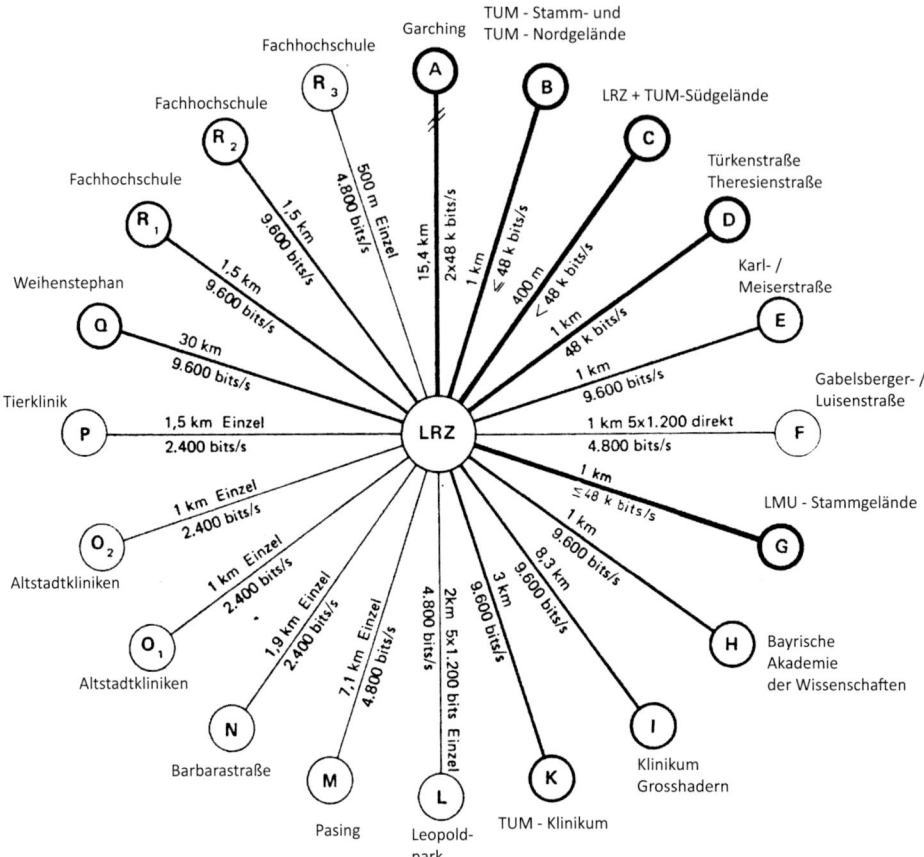

Abb. 15.1 CDC-AEG Netz im Jahr 1975 [1]

Offene Netze und Arbeitsplatzsysteme

Die erste breitenwirksame Durchdringung der Hochschullandschaft mit DV-Systemen fand faktisch erst nach dem Aufkommen von Arbeitsplatzrechnern und offenen, d. h. hersteller-unabhängigen Netzstrukturen statt, als das neue DV-Versorgungsparadigma der dezentralen kooperativen Grundversorgung mit großartigen Förderprogrammen (CIP, WAP, NIP) propagiert wurde. Die KfR-Richtlinien sprachen neben der traditionellen Zentrallösung erstmalig in den Empfehlungen 1988–1991 die Möglichkeit eines mehrstufigen Versorgungskonzeptes an, vertieften die Überlegungen in den Empfehlungen 1992–1996 und prägten den Begriff der dezentralen kooperativen Grundversorgung erst für den Zeitraum 1996–2000.

Das diesem Versorgungsparadigma sehr bald angepasste Dienstleistungsangebot des LRZ umfasste beispielsweise eine Beschaffungsberatung für dezentrale DV-Systeme ein-

schließlich Software-Beratung, SW-Ausleihe, Sammellizenzen, Netzanschluss-Unterstüt-
zung, Schulung von Netz- und Systemadministratoren, Erstellung von Werkzeugen zur
Unterstützung verteilter Systeme und Anwendungen sowie die forcierte Unterstützung
von neu aufkommenden Internet-Diensten usw.

Im Dezember 1982 erfolgte am LRZ die deutschlandweit erste Installation eines
10 Mbit-Ethernet-LAN mit NET/ONE-Komponenten der Firma Ungermann-Bass. Zunächst wurde es als Pilot-Netz mit 100 m Koaxialkabel und wenigen Transceivern
betrieben (Kosten damals fast 100.000 DM), nach erfolgversprechenden Experimenten
wurde dann das LRZ-Gebäude flächendeckend mit Ethernet-Koaxialkabel (über 800 m)
versorgt. Ab 1985 folgten planmäßig die Gebäude der Ludwig-Maximilians-Universität
München (LMU) und der Technischen Universität München (TUM).

Das LRZ führte bereits 1984 umfangreiche Produktevaluationen mit der ersten PC-Ge-
neration durch und publizierte „Entscheidungskriterien für den Einsatz und die Auswahl
von dezentralen Arbeitsplatzsystemen in Hochschulumgebung". Das LRZ-Wissen konnte
auch gut eingebracht werden in das Arbeitsplatz-Projekt LEO des SFB49.

Ende 1985 war die Ersetzung des proprietären AEG-Netzes abgeschlossen. Das neue,
offene Netz war bis 1990 über Brücken (Bridges) gekoppeltes Ethernet mit einer Übertragungsrate von 10 Mbit/s. Ferner wurden lokale X.25-Netze mit X.25-PADs als An-
schlussmöglichkeit für Dialoggeräte (Julia 100) und PCs mit asynchroner Schnittstelle
aufgebaut. Ende 1985 waren an 60 verschiedenen Standorten (Knoten) 9 große Stapelstationen, 5 kleine Stapelstationen, 46 PADs, 660 Datenendgeräte und 20 größere Rechner
angeschlossen; unter den 660 Datenendgeräten befanden sich 140 Arbeitsplatzrechner.

Bereits 1985 wurde mit dem Anschluss an EARN/Bitnet und einem weltweiten E-
Mail Dienst die internationale Zusammenarbeit und Kommunikation für die Wissenschaft
gestärkt. Bevor es überhaupt ein nationales Forschungsnetz gab, wurde 1988, unter Federführung des LRZ, das Bayerische Hochschulnetz (BHN) aufgebaut, das alle bayerischen
Hochschulen mittels 64 Kbit/s Standleitungen untereinander verband.

Zum Umfang des Lokalnetzes nennt der Jahresbericht 1988 [2]: 12.000 m Koax-Kabel,
13.000 m Glasfaserkabel, 24 Sternkoppler (Repeater) mit 1200 angeschlossenen Geräten
bzw. Systemen. Dieses war die technische Basis des vom LRZ betriebenen Münchner
Hochschulnetzes (MHN), an dem alle Institute der Münchner Hochschulen angeschlossen
waren. Ab November 1990 wurde eine bessere Strukturierung des stadtweiten Backbone-
Netzes durch die Aufstellung von Routern realisiert und dem Anschluss ans deutsche
Forschungsnetz folgte ein Jahr später (1991) der Anschluss ans Internet.

Ab 1992 wurde das MHN weiter strukturiert, indem alle größeren Standort-Areale mittels eines Kernnetzes auf Basis eines FDDI-Rings mit 100 Mbit/s verbunden wurden. Um
zu höheren Übertragungsraten im Backbone-Netz des MHN zu kommen, musste von den
bisherigen Kupfer-basierten elektrischen Übertragungsstrecken auf Lichtwellenübertra-
gung übergegangen werden. Dazu wurde im Dezember 1992 mit der DBP-Telekom ein
Vertrag über die langjährige Nutzung von 29 dark-fibre Glasfaserstrecken im Münchner
Einzugsbereich abgeschlossen. Damit wurde die Grundlage für ein flexibles, hochwertiges
und in der Bandbreite frei skalierbares Backbone gelegt.

Aber auch bei den Weitverkehrsnetzen war das LRZ innovativ aktiv. Zusammen mit dem RRZE Erlangen war das LRZ im Rahmen von DFN-Projekten 1991 beteiligt beim DQDB-MAN-Testbed, 1994 beim regionalen Testbed Bayern (155 Mbit/s über ATM) und 1998–2000 beim Gigabit-Testbed Süd (WDM und 2,4 Gbit/s). Immer ging es um erste Pilotierungen für die Weiterentwicklungen beim deutschen Forschungsnetz, und zwar in Hinblick auf Protokollarchitekturen, Fertigungstiefe des Dienstnetzes und Bandbreitensteigerungen. Das LRZ stellte bereits 1989 eine eigene Netzplanungs- und Entwicklungsgruppe auf.

Allgemeine Internet-Dienste wurden ab 1992 eingeführt, sie verlangten u. a. die Unterstützung von E-Mail- und Web-Plattformen und relevanten Entwicklungswerkzeugen. Auch die Beratungsstrukturen mussten sich ändern: Online-Beratung, Etablierung von Help-Desks und Trouble-Ticket-Systemen.

Besonders wichtig war es auch immer den Nutzern die Möglichkeit zu geben, das MWN und die Dienste des LRZ auch von zu Hause aus zu nutzen. Einerseits wurden deshalb Studentenwohnheime ans MWN angeschlossen. Andererseits wurde 1996 der erste Wählzugangsserver (ISDN und analog) installiert, 1998 ein „uni@home"-Vertrag mit der Telekom geschlossen, um mit einer 0180-Nummer zum Ortstarif die Wählzugänge benutzen zu können. In der Spitze waren zur Jahrtausendwende 1000 Kanäle verfügbar die monatlich für mehr als 1 Mio. Wählverbindungen genutzt wurden. Mit dem Aufkommen der DSL-Dienste wurden die Einwahlserver dann sukzessive obsolet und wieder abgebaut.

Das MHN war inzwischen aufgrund seiner Leistungsfähigkeit, aber auch aufgrund seiner Flächenabdeckung im Großraum München so attraktiv, dass weitere Wissenschaftseinrichtungen (z. B. MPG, FhG, HGF, Museen, Studentenwerk, weitere Hochschulen etc.) es auch mitnutzten. Deshalb wurde 1999 das MHN in MWN (Münchner Wissenschaftsnetz) umbenannt. Das MWN wurde an die nächste Generation des DFN-Wissenschaftsnetzes G-WiN mit 622 Mbit/s bei einer monatlich ins Internet transportierten Datenmenge von 16.000 Gbyte angeschlossen.

Serverbasierte Versorgung und Grids

Universalsysteme hatten noch alle Anwendungen auf einem System beherbergt, unabhängig von ihren teils sehr unterschiedlichen Anforderungen in Hinblick auf CPU- und Speicherbedarf, Laufzeiten, Kommunikationsverhalten oder Sicherheits- und Verfügbarkeitsanforderungen. Das Aufkommen von preiswerten Servern und Clusterarchitekturen bot hier etwa ab 1990 eine neue Lösung in Form von Funktionstrennung und Funktionsdedizierung sowie passgenauer Konfiguration mit der Folge einer effizienteren Nutzung der Ressourcen. Dieses Vorgehen funktionierte natürlich nur in dem Maße erfolgreich und innovativ für einen Pilotanwender, wenn der sich auch wieder forschungsmäßig intensiv mit den Voraussetzungen für ein Monitoring und Controlling der ja verteilten Ressourcen auseinandersetzte. Auch eine grundlegende Beschäftigung mit Virtualisierungskonzepten für Server, Netze und Speichersysteme gehörte dazu. Das LRZ war Ausgangspunkt für das die drei Münchner Universitäten LMU, TUM und Universität der Bundeswehr (UniBW) überspannende Munich Network Management Team [3], das sich zu einem der größten universitär basierten Forschungsteams auf dem Gebiet IT-Management entwickelte und hohes internationales Ansehen erreichte.

15.3   Technische Architekturen

Das Münchner Wissenschaftsnetz wurde in den letzten Jahrzehnten mehrmals sowohl in der Struktur als auch in der Technik grundlegend um- und immer weiter ausgebaut. Dabei waren technologische Sprünge und Neuentwicklungen auch immer Treiber für die Weiterentwicklung im MWN.

Bei nahezu gleich gebliebenen Faserkosten hat sich die Bandbreite seitdem um den Faktor 10.000 erhöht. Aus dem Zentralrechner der 60er-Jahre des letzten Jahrhunderts mit drei zentral angeschlossenen Ein-/Ausgabegeräten mit einer Bandbreite von 6,67 Zeichen/s hat sich ein komplexes Netz entwickelt, das fast 600 Gebäudeareale miteinander verbindet. Aus dem zentralen, sternförmigen Netz mit einer überschaubaren Anzahl an Außenstandorten (vgl. Abb. 15.1) hat sich ein großes, komplexes, mehrfach redundantes Backbone Netz mit unterschiedlichsten Kundenklassen (Universitäten, Hochschulen, sonstige Forschungseinrichtungen, staatliche Museen und Sammlungen, Studentenwohnheime, etc.) mit einer Fülle unterschiedlichster Anforderungen entwickelt (vgl. Abb. 15.2).

Das Backbone ist mehrfach redundant, ausfallsicher und wird aus 15 Routern gebildet (vgl. Abb. 15.3). Die Anbindung von Gebäudearealen an das Backbone erfolgt mit bis zu 80 Gbit/s. Im Backbone selbst kommen Bandbreiten von 100 Gbit/s, mehrfach 40 Gbit/s und mehrfach 10 Gbit/s zum Einsatz. Im MWN sind mehr als 1400 Switches sowie über 3500 WLAN Accesspoints im Einsatz, die für die Versorgung der Münchner Universitäten und Hochschulen sowie weiterer Forschungseinrichtungen dienen und von nahezu 150.000 Menschen (Studierende und Mitarbeiter) genutzt werden. Innerhalb einer Woche nutzen 200.000 bis 300.000 verschiedene Geräte Netz- und sonstige Dienste des LRZ. Die Anbindung an das nationale sowie an internationale Wissenschaftsnetze und das Internet erfolgt über zwei unabhängige Faserstrecken zum SuperCore des Deutschen Forschungsnetzes (X-WiN) in Garching und Erlangen mit je 2×10 Gbit/s, ab 2018 mit 2×29 GBit/s. Zusätzlich wurde bereits 2003 eine redundante Anbindung über den lokalen Provider M-net mit einer automatischen Umschaltung im Fehlerfall vom X-WiN zu M-net, zur Sicherung des Internet-Zugangs, realisiert.

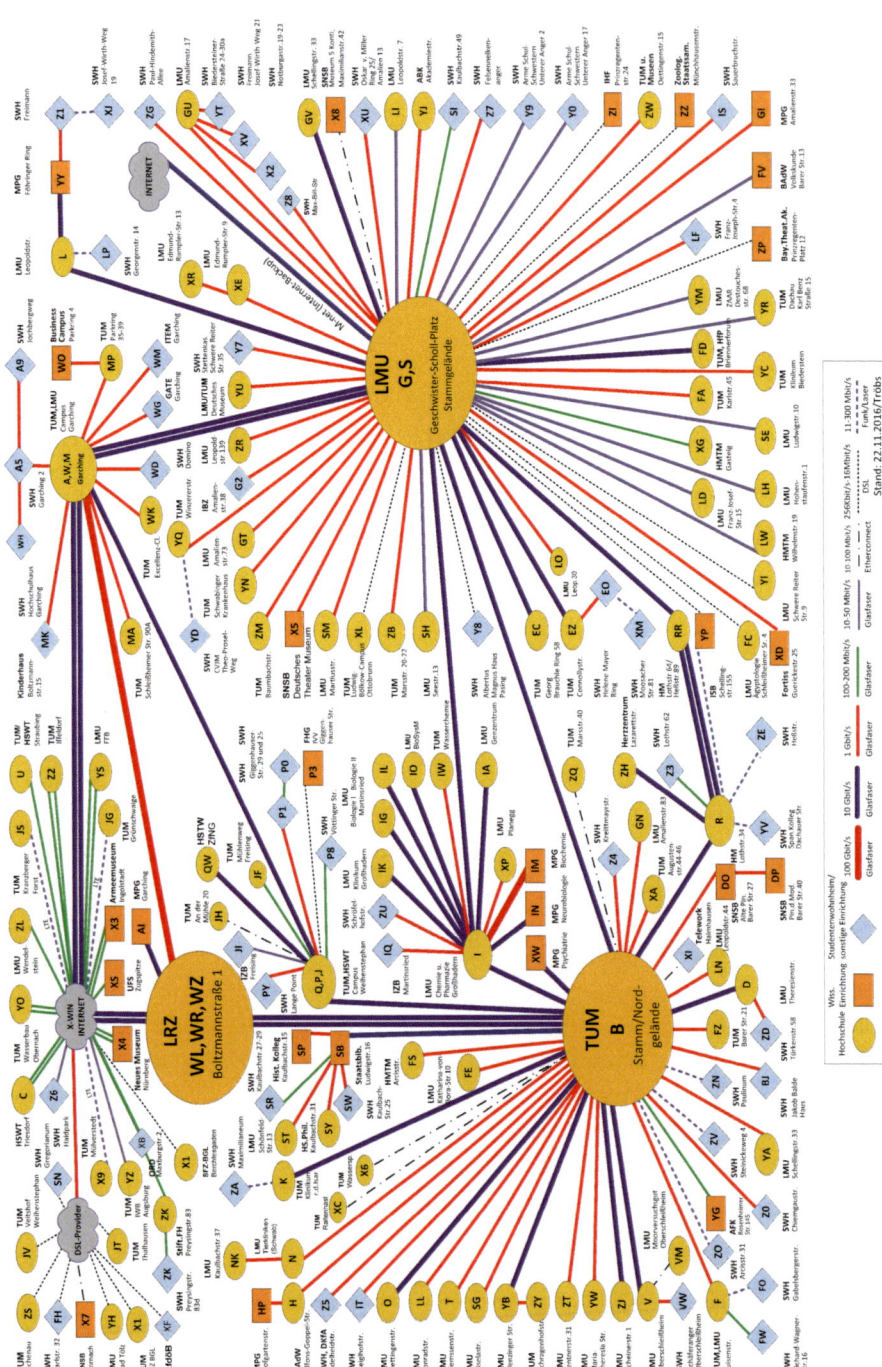

Abb. 15.2 Logische Struktur des MWN. (Stand November 2016)

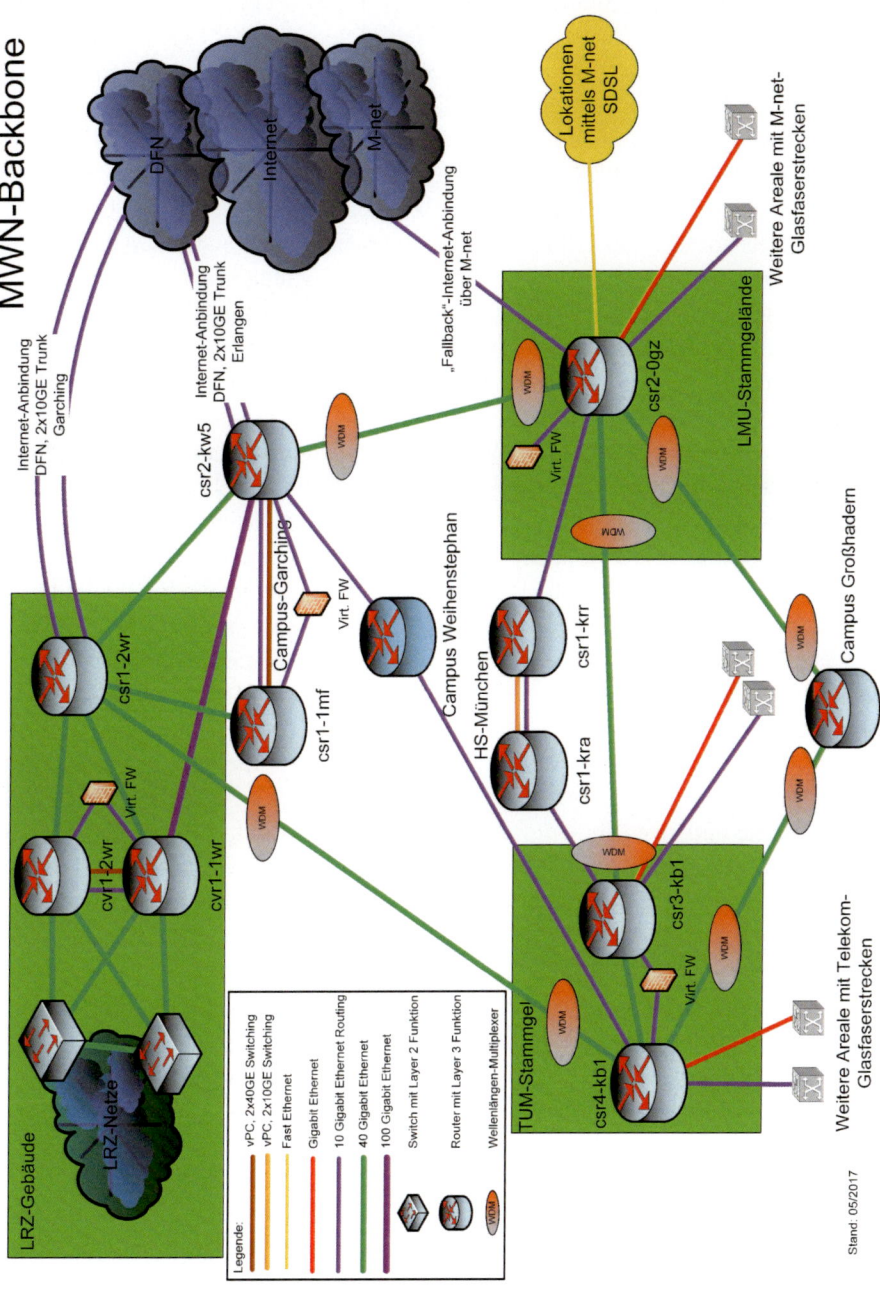

Abb. 15.3 MWN Backbone 2017

15.4   Jüngere Vergangenheit und Gegenwart

Kommunikation für das Facility-Management, Daten- und Sprachkommunikation waren
sowohl von den Protokollen als auch der Technik strikt getrennt von den Datennetzen und
wurden über eigene physisch getrennte Infrastrukturen und Netze geführt. Bereits ab 1991
wurde begonnen, abgesetzte Telefonanlagen mit Multiplexern über das Datennetz (MWN)
zu koppeln und damit auf teure S2M Schnittstellen verzichten zu können. Dies wurde sukzessive auf weitere Anlagenteile ausgedehnt. Mittlerweile ist eine Koppelung über IP der
Normalfall. Im Jahr 2004 wurde am LRZ die erste Voice over IP (VoIP) Telefonanlage
mit IP-Telefonen und Standard-SIP Schnittstelle in einen (Test-)Betrieb genommen, die
dann 2006 in den Produktivbetrieb übernommen wurde. Eine ähnliche Entwicklung zeigte sich bei der Gebäudeautomation und dem Facility Management. Proprietäre Protokolle
zur Gebäudeautomation und -Steuerung werden über IP-Kapselung Standort-übergreifend
miteinander gekoppelt. Die Zahl der dezentralen Gebäudeüberwachungs- und Steuerungs-
systeme konnte damit drastisch reduziert werden.

Bereits Ende des Jahres 2000 wurde der erste WLAN Access Point (APs) im Münchner
Wissenschaftsnetz in Betrieb genommen (vgl. Abb. 15.4). Anfangs war diese Technologie ein sehr zartes Pflänzchen, dessen Entwicklung auch durch den langfristigen Verleih
von WLAN-Karten durch das LRZ etwas beflügelt werden sollte. Im Jahr 2008 wurde der
1000 AP aufgebaut mit in der Spitze 2000 gleichzeitig angemeldeten Geräten. Bis 2013
wurden die APs als „fat-APs" betrieben, dann wurde die Architektur hin zu Controller-ba-
sierten APs geändert. Aktuell sind über 3500 APs im Betrieb und im Maximum mit über
37.000 gleichzeitig aktiven Geräten. Ein Ende des Wachstums ist derzeit nicht absehbar.
Insbesondere stellt sich auch immer öfter die Frage nach einer flächendeckenden Vollver-
sorgung, bei der nicht nur die allgemeinen Räume, sondern auch Labors und Büros der
Wissenschaftler versorgt werden. Dies zieht nicht nur höhere Investitionskosten, sondern
auch entsprechende Budgets bei der notwendigen regelmäßigen Erneuerung der APs nach
sich.

Die europäische Initiative eduroam (education roaming) hat sich weltweit als absolu-
tes Erfolgsmodell erwiesen. Damit können reisende Wissenschaftler und Studierende an
allen teilnehmenden Einrichtungen mit den Zugangsdaten ihrer Heimateinrichtungen Zugang zu Netz und Internet erhalten. Abb. 15.5 fasst die Nutzerzahlen pro Woche aus dem
MWN von Juli 2014 bis Ende 2016 zusammen. Sowohl die Münchner Nutzer von Eduroam innerhalb (blau) und außerhalb (grün) des MWN als auch die Zahl der Gäste (gelb),
die Eduroam bei ihren Besuchen in München nutzen, nimmt zu.

Ab 2014 gelang es die Ausweitung von eduroam über die Campus Grenzen hinaus
auszudehnen. Die Stadt München hat seitdem eduroam in ihrem City-WLAN-Netz mit
ausgestrahlt, um Forschung und Lehre sowie reisende Wissenschaftler in München zu
unterstützen. Dieses, auch als eduroam-off-campus bezeichnete Konzept wurde 2015/16
in eine bayernweite Ausschreibung des Freistaates für ein offenes WLAN in Bayern
übernommen. Über diese Ausschreibung können staatliche Behörden, Kommunen und

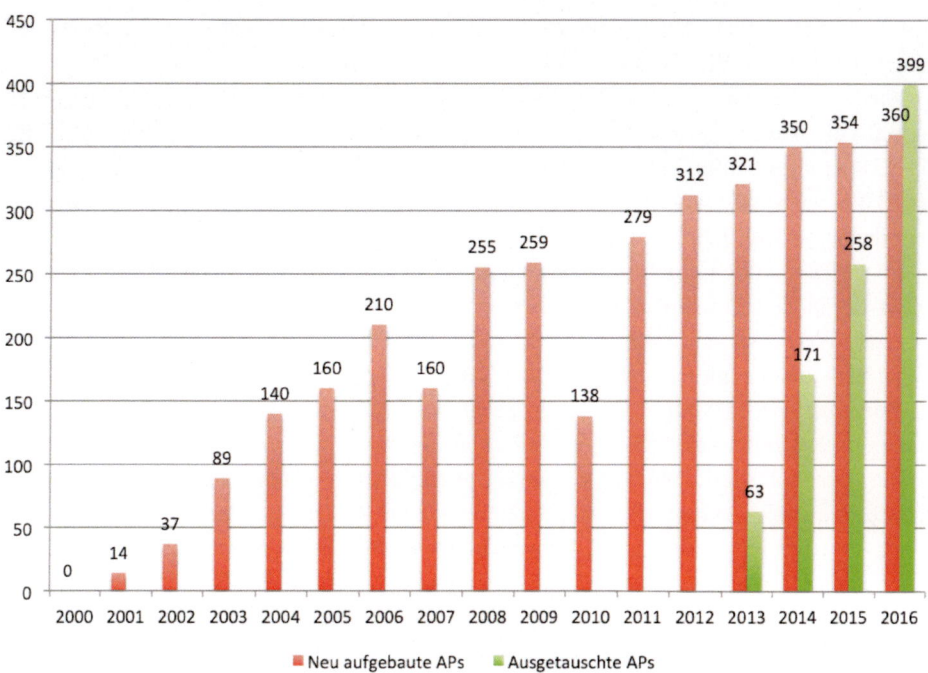

Abb. 15.4   Anzahl der neu aufgebauten bzw. ersetzten Access Points im MWN pro Jahr

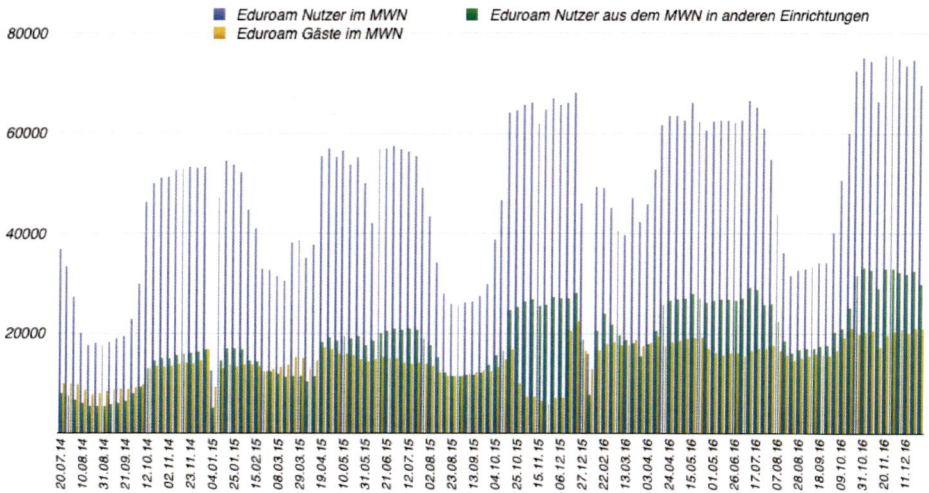

Abb. 15.5   Anzahl der Eduroam Nutzer pro Woche im und aus dem MWN

Landkreise ein offenes WLAN mit der Netzkennung @BayernWLAN realisieren lassen. Auch hier wird auf allen @BayernWLAN APs auch eduroam mit ausgestrahlt.

Auch bei den eingesetzten Protokollen nimmt das LRZ an Innovationen teil, um Vorteile für die Nutzer des MWN aus innovativen Entwicklungen zu ziehen. So wurde z. B. ab 2004 ein Testbetrieb für IPv6 gestartet. Im Jahr 2010 wurde beschlossen alle Nutzer im MWN mit Dual-Stack IPv4 und IPv6 zu versorgen. Dieses ehrgeizige Projekt konnte innerhalb von zwei Jahren umgesetzt werden.

Es gab auch das Ende älterer bewährter Netztechnologien: Abschaltung der letzten ATM-Komponenten beim Maschinenwesen (2004) und Abschaltung des letzten FDDI-Interface (2005) sowie die Ersetzung der restlichen Ethernet-Koaxialkabel durch strukturierte Verkabelung mit leistungsfähigeren Kabeln.

Zurzeit ist das MWN mit folgenden Technologie-Entwicklungen konfrontiert: weiterhin enorme Bandbreitensteigerung bei Festnetzen und Funknetzen, Miniaturisierung von Endgeräten und deren mobile Nutzung (z. B. Smartphones, kundenanpassbare Apps), immense Weiterentwicklung des Internet, z. B. Internet of Things, Cloud-Computing, Big Data, usw., sowie immer stärkere Anwendung von Visualisierungstechniken gepaart mit Interaktionen zwischen Anwender und Programm sowie haptischer Rückkopplung.

Das Ziel einer ubiquitären und pervasiven Hochschullandschaft rückt näher und auf die Hochschulen und deren Rechenzentren warten zum Teil völlig neue Herausforderungen in Bezug auf IT-Versorgungsparadigmen, nämlich integral IT-gestützte Hochschulprozesse in Lehre, Forschung und Verwaltung, ferner ein rigoroses Dienstmanagement sowie qualitativ und quantitativ belastbare Dienstleistungskataloge.

Das MWN unterscheidet sich aber nicht nur durch seine Größe, sondern auch durch seine Offenheit, die die wissenschaftliche Nutzung erfordert, sowie durch verteilte Verantwortlichkeiten fundamental von „normalen" Unternehmensnetzen. Das LRZ ist für den Betrieb des MWN vom Backbone bis zur Datendose des einzelnen Wissenschaftlers oder Studierenden verantwortlich, kann aber keine Vorgaben machen, welche Geräte mit welchen Betriebssystemen und Software an diesen Datendosen oder im WLAN betrieben werden. Dies steht in der Verantwortung der Universitäten bzw. der Nutzer. Während also Unternehmensnetze i. d. R. „nur" vor Angriffen von außen geschützt werden, müssen im MWN auch externe Systeme vor Angriffen aus dem MWN geschützt werden. Während des Semesters nutzen in der Spitze 200.000 bis 300.000 Geräte das Münchner Wissenschaftsnetz. Durch die mehr als 100.000 Studierenden stellt sich die Frage von „Bring your own device" (BYOD) gar nicht, sondern ist ein Faktum, dem Netz- und Sicherheitsbetrieb Rechnung tragen müssen. Innerhalb des MWN lässt sich deshalb ein gewisser Prozentsatz infizierter Systeme gar nicht vermeiden. Für das MWN ist es wichtig diese Systeme möglichst frühzeitig zu detektieren und möglichst automatisch zu verhindern, dass von diesen Systemen weitere Rechner innerhalb, aber auch außerhalb des MWN angegriffen werden. Dazu wurden eigene Sicherheitssysteme entwickelt, die in der Lage sind, über Heuristiken und ein Strafpunkte-System auffällige Rechner zu erkennen, ggf. automatisch zu sperren und dabei den Nutzer darüber zu informieren, welche Probleme auf dem System erkannt wurden und wie diese zu beheben sind. Da die Anzahl der

Mitarbeiter im LRZ CSIRT (Computer Security Incident Response Team) gering ist, bestand, auch vor dem Hintergrund des rasanten Wachstums der Nutzer- und Gerätezahlen, der Bedarf nach hoher Automatisierung und einer sehr strukturierten Vorfallsbearbeitung. Für letztere wurde ein Security-Incident-Response (SIR) Prozess eingeführt, der regelt, wie bei einem Sicherheitsvorfall zu reagieren ist. Dieser Prozess hat die Behandlung von Sicherheitsvorfällen deutlich beschleunigt und auch inhaltlich verbessert. Auch beim Sicherheitsmonitoring wird mit Hilfe eines Security Incident and Event Management Systems (SIEM) ein hoher Grad an Automatisierung und automatisierter Analyse erreicht. Das SIEM sammelt Informationen von verschiedensten Sensoren (Log-Dateien, Firewalls, IDS-Systemen, Netzkomponenten, Netflows, sflows, etc.), verdichtet und korreliert diese und leitet dann nur noch konsolidierte Alarme und Events an das Sicherheitsmanagement weiter. Damit entfällt größtenteils die manuelle und sehr aufwändige Analyse von verschiedensten Datenquellen und die Anzahl der Alarme, die ein Mitarbeiter bewerten und ggf. bearbeiten muss, reduziert sich drastisch.

15.5   Ausblick

Die technische Struktur, die Anforderungen, die Nutzerstruktur, die angeschlossenen Geräte sowie die versorgten Areale des MWN haben sich in den letzten Jahrzehnten drastisch geändert [4]. Forschung und Lehre ohne Netzanschluss ist heute undenkbar. Dies gilt nicht nur für klassische Universitätsstandorte, sondern auch für Forschungsstationen „in-the-middle-of-nowhere" wie z. B. auf dem Wendelstein oder der Zugspitze, mitten in einem riesigen Forstgebiet, für die Teiche der Fischzuchtforschung, für die Ställe der Veterinärmedizin, ja selbst die Klimakammern der Ökophysiologie benötigen heute Netzanschluss. Dies führt einerseits zu einer sehr großen Vielfalt der zu unterstützenden Technologien, Geräte und Protokolle, aber auch zur Notwendigkeit Netzanschlüsse an sehr entlegenen Orten mit keiner oder sehr schlechter Netzinfrastruktur zur Verfügung stellen zu können. Andererseits ist das MWN aber auch mit einem erheblichen Bandbreitenwachstum durch wissenschaftliche Großprojekte wie den Large Hadron Collider am CERN in Genf, das Square-Kilometer-Array (SKA), die Genomdaten der Sequenzierer, oder andere Big Data Anwendungen konfrontiert und muss bedarfsgerecht und zeitnah die Bandbreiten der Netze den Anforderungen der Kunden anpassen können. Insbesondere im Großraum München nehmen die Nutzerzahlen sowie die Anzahl der Geräte weiterhin drastisch zu, gleichzeitig verändert sich das Nutzungsverhalten grundlegend hin zu einer weiterhin sehr stark zunehmenden mobilen Nutzung auch außerhalb der Universitätsgebäude und des Campus. Dies führt dazu, dass der Bedarf bei Festnetz-Anschlüssen stagniert, die Geräteanzahl im WLAN und im Mobilfunk aber explodiert. Der Nutzer wird künftig auch bei der mobilen Nutzung hohe Bandbreiten und eine ähnlich hohe Zuverlässigkeit wie im Festnetz erwarten, dabei aber gleichzeitig ein nahtloses und transparentes Roaming zwischen verschiedenen Standorten und auch Technologieklassen (z. B. zwischen WLAN und Mobilfunk) voraussetzen. Dies stellt sowohl eine technologische als auch betrieblich große Herausforderung dar. Daneben wird vom MWN zunehmend auch gefordert, kundenindividuell Netze mit individuell definierten, zugesicherten Bandbreiten und SLAs, hoher Verfügbarkeit und Ausfallsicherheit, getrennt von der „normalen" MWN-Infrastruktur, zwischen nahezu beliebigen Standorten im MWN, realisieren zu können.

Mit der zunehmenden Durchdringung aller Lebensbereiche mit IT sowie dem Internet of Things (IoT) werden sich diese Herausforderungen noch deutlich verschärfen. Künftig wird eine riesige Anzahl an sehr einfachen, sehr kleinen und im Hinblick auf ihre technischen Fähigkeiten, unterstützte Protokolle und Sicherheitseigenschaften sehr stark reduzierte Gerätevielfalt wie Sensoren, Aktoren, Wearables, u. ä. zum Einsatz kommen. Dies führt zu einer deutlichen Zunahme an zu unterstützenden Protokollen, aber auch zu großen Herausforderungen im Bereich Sicherheit. Wenn IoT Devices gar nicht in der Lage sind Sicherheitsmechanismen zu nutzen oder zu implementieren, müssen ganz neue Sicherheitskonzepte erarbeitet werden. Gleiches gilt für die Aktualisierung der Software und das Management dieser Geräte. Andernfalls geht von IoT Devices – wie 2016 schon zu beobachten war – eine ausgesprochen ernstzunehmende Gefahr aus, dass diese im Rahmen von Botnets genutzt werden, um kaum kontrollierbare DDoS-Angriffe durchzuführen, die das Opfer mit riesigen Datenmengen überfluten. Diese und andere Gefahren und Risiken zu minimieren, ist eine wissenschaftliche, aber auch eine betriebliche Aufgabe, die uns in den nächsten Jahren beschäftigen wird.

Innovationsbereitschaft, Innovationsfähigkeit und Mitgestaltungskompetenz zeigt sich nicht nur in aktiver Teilnahme an Pilotprojekten und Testbeds, sondern setzt auch aktive Forschung in relevanten Informatikbereichen voraus. Dabei kann man sich aber in einem Rechenzentrum nicht auf z. B. rein methodenorientierte oder algorithmenorientierte Forschung beschränken, sondern muss zusätzlich immer auch eine praxis- und kundenorientierte sowie kostenbezogene „Brille" aufhaben. Das führt dazu, dass geeignete Evaluationskriterien für neu aufkommende Technologien, Methoden oder Produkte häufig erst einmal selbst systematisch entwickelt und deren Erfülltsein oder Anwendbarkeit in einer konkreten Konfiguration oder Einsatz-Umgebung getestet werden müssen. Solche zusätzlichen Kriterien, die die „reine" Forschung häufig nicht beachtet, sind z. B. Kompatibilität mit vorhandenen Investitionen oder Standardisierung, Anpassbarkeit an Kunden-, Verkehrs- oder Lastprofile, Bedienbarkeit, Wartbarkeit, Erfordernisse von IT-Dienstmanagementprozessen [5], Kosten für Investitionen, das „Customizing" sowie den Betrieb etc.

Mit dem Münchner Wissenschaftsnetz stellt das LRZ seit mehr als 50 Jahren nicht nur moderne IT-Infrastrukturen mit entsprechenden IT-Versorgungskonzepten zur Verfügung, sondern es liefert zuverlässig und effizient zukunftsorientierte IT-Dienste, die die Wissenschaftler in München und darüber hinaus für ihre tägliche Arbeit benötigen.

Literatur

1. Hegering, H.-G.: 50 Jahre LRZ : Das Leibniz-Rechenzentrum der Bayerischen Akademie der Wissenschaften. Chronik einer Erfolgsgeschichte 1962–2012, Garching, 2012, ISBN 3000383336
2. Leibniz-Rechenzentrum: Jahresbericht 1988 des Leibniz-Rechenzentrums, 1988
3. Munich Network Management Team, www.mnmteam.org
4. Reiser, H., Metzger, S.: Das Münchner Wissenschaftsnetz (MWN) – Konzepte, Dienste, Infrastruktur und Management; 2016, https://www.lrz.de/services/netz/mwn-netzkonzept/
5. Brenner, M., Hegering, H.-G., Reiser, H., Richter, C., Schaaf, T., Introducing process-oriented IT Service Management at an Academic Computing Center: An Interim Report. In: IFIP/IEEE International Symposium on Integrated Network Management (IM2009), New York, USA, Juni 2009

Weiterführende Literatur
6. Leibniz-Rechenzentrum: LRZ Berichte, https://www.lrz.de/wir/berichte/

Computer Vision für 3D Rekonstruktion

Daniel Cremers

Zusammenfassung

Im folgenden Artikel wird aufgezeigt, wie die Bildverarbeitung (engl. Computer Vision) sich über die letzten Jahre von einem Nischenthema zu einem der einflussreichsten und aktivsten Forschungsfelder der Informatik entwickelt hat. Am Beispiel der kamerabasierten 3D Rekonstruktion wird deutlich, wie die entsprechenden Methoden enorm an Praxistauglichkeit gewonnen haben: Durch neue Entwicklungen in der mathematischen Modellierung, in den Algorithmen, der numerischen Optimierung und der Hardware entstehen eine Vielzahl von leistungsstarken Verfahren, die ein ganzes Spektrum an Anwendungen eröffnen von der präzisen Analyse der Bewegungsabläufe eines Gymnasten bis hin zur Steuerung selbstfahrender Automobile.

16.1 Vom Nischenthema zum Mainstream

Im Laufe der letzten Jahrzehnte hat sich „Computer Vision" – im deutschen oft mit den Begriffen Robotersehen, Computersehen oder Bildverarbeitung bezeichnet – von einem kleinen Nischenthema zu einem der aktivsten Forschungsgebiete der Informatik entwickelt: Die drei wichtigsten Tagungen – nämlich die *International Conference on Computer Vision (ICCV)*, die *European Conference on Computer Vision (ECCV)* und die *Conference on Computer Vision and Pattern Recognition (CVPR)* wachsen Jahr für Jahr rapide an. Die *CVPR* hat beispielsweise aktuell den höchsten h-index sämtlicher Konferenzen weltweit. Und Fachzeitschriften wie *IEEE Transactions on Pattern Analysis and Machine Intelligence* oder das *International Journal of Computer Vision* zählen zu den Informa-

D. Cremers (✉)
Lehrstuhl für Bildverarbeitung und Mustererkennung, Fakultät für Informatik, Technische Universität München
Boltzmannstraße 3, 85748 Garching, Deutschland

© Springer-Verlag GmbH Deutschland 2017
A. Bode et al. (Hrsg.), *50 Jahre Universitäts-Informatik in München*,
DOI 10.1007/978-3-662-54712-0_16

tikzeitschriften mit dem höchsten Impact. Die Computer Vision Community ist seit jeher eine hochgradig interdisziplinäre Community mit Wissenschaftlern aus Fächern wie Informatik, Mathematik, Elektrotechnik, Physik oder Psychologie.

Auch in der Öffentlichkeit spielt das Thema Computer Vision inzwischen eine zunehmend zentrale Rolle. Während man vor 10 Jahren dem Laienpublikum noch erklären musste, was Computer Vision oder Bildverarbeitung bedeutet und wozu das möglicherweise nützlich ist, liest man heute fast täglich etwas zu diesem Thema auf den Titelseiten der Zeitungen: Mal geht es um selbst-fahrende Autos, die mit Hilfe von Kameras und anderen Sensoren ihre Umwelt erfassen und analysieren, um Hindernisse zu vermeiden und das Auto sicher durch den komplexen Verkehr zu bringen. Mal geht es um autonom fliegende Drohnen, die sich mit Kameras in ihrer Umgebung lokalisieren, um beispielsweise in Katastrophenszenarien nach Überlebenden zu suchen oder in der Landwirtschaft das Pflanzenwachstum zu kontrollieren. Mal geht es um bildbasierte Diagnostik in der Medizin, wo Computer-Vision Algorithmen eingesetzt werden, um Tumore in CT Bildern zu lokalisieren oder die Herzbewegung in Ultraschallvideos zu analysieren. Und mal geht es um Themen wie computerisierte Gesichts-, Mimik- oder Gestenerkennung für die Mensch-Maschine-Interaktion.

Warum die Community so wächst und woher das öffentliche Interesse an unserem Forschungsfeld kommt, hat viele Gründe:

Erstens wird zunehmend deutlich, dass die Reproduktion der menschlichen Wahrnehmung im Computer eine der größten Hürden ist für die Unterstützung des menschlichen Alltags durch intelligente Maschinen. Während für Menschen Schachspielen schwierig und das Erkennen von Gesichtern leicht ist, ist es nämlich für Computer genau anders herum: Das Schachspiel folgt einer kleinen Zahl präzise definierter Regeln, die ein Computer mit genug Rechenleistung problemlos auf viele Züge im Voraus berechnen kann. Bei der Gesichtserkennung dagegen, sind die Regeln oder Prinzipien nicht offensichtlich und damit im Computer nicht leicht reproduzierbar. Das Erkennen vertrauter Gesichter und das Erfassen der Gemütslage unserer Gesprächspartners, auf das wir Menschen über Jahrtausende der Evolution optimiert sind, ist aber auch für Maschinen unabdingbar, wenn sie mit Menschen sinnvoll interagieren sollen.

Zweitens hat die Computer Vision Community nach jahrzehntelanger Entwicklung der methodischen Grundlagen in den letzten Jahren wichtige Durchbrüche in der praktischen Umsetzung erzielt, mit denen relevante Technologien wie selbstfahrende Autos und intelligente Mensch-Maschine-Interaktion möglich werden. Diese praktischen Durchbrüche basieren auf enormen Fortschritten in der mathematischen und algorithmischen Modellierung, aber auch auf Entwicklungen in der Hardware von schnelleren und hochauflösenden Kameras bis hin zu schnelleren Rechenarchitekturen wie multi-core CPUs oder GPUs. Für konkrete Fragestellungen lässt sich dieser Fortschritt genau quantifizieren: Während die Berechnung einer pixelgenauen Korrespondenz zwischen zwei Fotos – in der Fachwelt oft als *optischer Fluss* bezeichnet [1] – beispielsweise vor 20 Jahren noch eine ganze Nacht erfordert hat, lässt sich dasselbe Problem heute sehr viel präziser mit Geschwindigkeiten von 60 Bildpaaren pro Sekunde lösen.

Drittens eröffnet die Omnipräsenz von Kameras im Alltag – in Smartphones, in Laptops, Tablets, Fahrzeugen oder kommerziellen Drohnen – eine Vielzahl von spannenden Computer Vision Anwendungen. Während man als Computer Vision Forscher in den 80er-Jahren noch mühsam nach geeigneten Fotos suchen musste und anschließend tausende Verfahren an ein und demselben Testbild evaluiert wurden, quillt das Internet heutzutage über von Bildern und Videos.

16.2 3D Rekonstruktion und SLAM

Beispielhaft soll hier die Entwicklung im Bereich 3D Rekonstruktion skizziert werden, einem der heiligen Grale der Computer Vision. Wie schafft man es, aus den typischerweise nur zwei-dimensionalen Kameraabbildern die dreidimensionale Welt möglichst originalgetreu im Computer zu rekonstruieren? Und wie kann man sowohl die Bewegung einer Kamera als auch die 3D Struktur der beobachteten Welt berechnen? Diese Herausforderung bezeichnet man im englischen mit „*Simultaneous Localization and Mapping (SLAM)*".

Manche dieser Fragestellungen sind bereits seit über hundert Jahren erforscht worden. So zeigte der österreichische Mathematiker Erwin Kruppa beispielsweise schon 1913 [2], dass man – gegeben fünf Paare korrespondierender Punkte in zwei Kamerabildern – deren drei-dimensionale Position und die Bewegung der Kamera (bis auf endlich viele Lösungen) eindeutig rekonstruieren kann. Auf Basis dieser und ähnlicher Arbeiten ist seit den 80er-Jahren eine Vielzahl von Algorithmen entstanden, um Kamerabewegung und 3D Punktwolken aus Kamerabildern zu rekonstruieren [3].

In den letzten Jahren zeichnet sich hier allerdings ein Paradigmenwechsel ab. Denn die Arbeit von Kruppa ist in zweierlei Hinsicht irreführend: Erstens sehe ich beim Einschalten einer Videokamera nicht eine kleine Anzahl von Punkten, sondern eine große Menge von Farben. Aus diesen Farben eine endliche Menge Punkte zu extrahieren, ist ein zwangsläufig heuristisches und fehleranfälliges Unterfangen. Zweitens ist auch die Korrespondenz dieser Punkte zu entsprechenden Punkten in anderen Kamerabildern keineswegs gegeben. Diese Korrespondenz zuverlässig zu berechnen, ist schwierig und oftmals sehr rechenaufwändig. Im Gegensatz zu klassischen Rekonstruktionsverfahren, die in einer Vorverarbeitung Merkmalspunkte extrahieren und diese in Korrespondenz bringen [3], setzen sich zunehmend *direkte Methoden* durch, die 3D Geometrie und Kamerabewegung unmittelbar aus den Kamerabildern bestimmen.

So haben Faugeras und Keriven beispielsweise 1997 zeigen können [4], dass sich direkt aus mehreren Bildern (bei bekannter Kameraposition!) mit Hilfe von Level Set Methoden dichte Geometrie (nicht nur eine Punktwolke) mit berechnen lässt.

Während die Rekonstruktionen von Faugeras und Keriven nur *lokal* optimal waren und daher eine geeignete Initialisierung erforderlich war, basieren die Rekonstruktionen in Abb. 16.1 auf *konvexen Relaxationsverfahren*, die keine Initialisierung erfordern und darauf abzielen, die beweisbar besten Rekonstruktionen zu berechnen [5]. Kernidee dieser

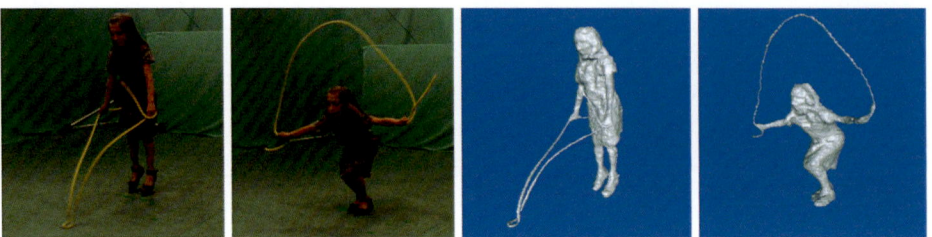

Abb. 16.1 3D Rekonstruktion aus synchron gefilmten Handlungen [5]

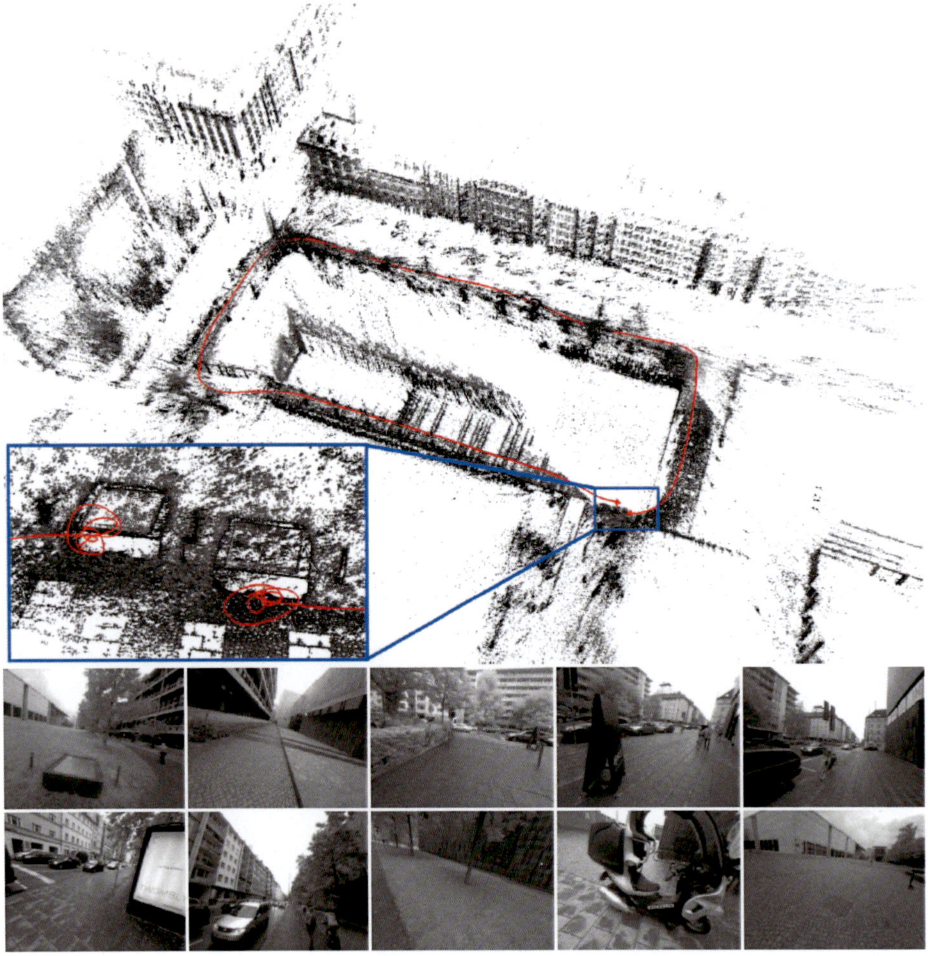

Abb. 16.2 Präzise Rekonstruktion der Kamerabewegung und Geometrie in Echtzeit [7]

Verfahren ist es, das ursprünglich nicht-konvexe Optimierungsproblem durch ein konvexes Problem so zu approximieren, dass die Lösung des konvexen Problems möglichst nah an der Lösung des ursprünglichen Problems liegt. Die Ergebnisse in Abb. 16.1 belegen, dass man aus Kameradaten inzwischen selbst solch filigrane Strukturen wie das Seil eines seilspringenden Kindes zuverlässig und über die Zeit rekonstruieren kann.

Auch wenn Laser-Scanner weiterhin höhere Genauigkeiten in der 3D Rekonstruktion ermöglichen, liegen die Vorteile kamerabasierter Verfahren auf der Hand: Kameras sind deutlich günstiger, sie sind omnipräsent, sie sind kleiner und leichter und sie ermöglichen zeitlich hochaufgelöste 3D Rekonstruktionen wie die in Abb. 16.1 gezeigten. Klein, leicht und schneller bedeutet beispielsweise, dass sie geradezu ideal geeignet sind, um auch kleinere Drohnen autonom fliegen zu lassen: Nanocopter mit Nutzlasten von wenigen Gramm können beispielsweise problemlos mit einer Kamera ausgestattet autonom geflogen werden.

Die gleichzeitige Berechnung von Geometrie und Kamerabewegung (SLAM) ist ein vergleichsweise schwierigeres Problem, weil es eine Art Henne-Ei-Problem ist: Denn die Rekonstruktion erfordert die Kamerapositionen und die Kamerapositionen erfordern die Geometrie. Auch für dieses gekoppelte Optimierungsproblem haben sich direkte Methoden wie *LSD-SLAM* [6] und dessen Nachfolger *DSO* [7] als deutlich leistungsstärker durchgesetzt. Quantitative Vergleiche mit State-of-the-Art Verfahren zeigen, dass sich durch die direkte Nutzung der gesamten verfügbaren Farbinformation sowohl die Genauigkeit als auch die Robustheit von SLAM Verfahren annähernd verdoppeln lassen [7]. Die entstehenden Algorithmen erlauben das echtzeitfähige Verfolgen einer frei bewegten Kamera mit einer Genauigkeit im Promillebereich – siehe Abb. 16.2. Derartige Verfahren werden eine zentrale Komponente der selbstfahrenden Autos bilden, denn sie erlauben eine präzise Lokalisierung des Autos und eine detailgenaue Kartierung der 3D Umgebung in Echtzeit direkt aus dem Auto heraus – siehe Abb. 16.3.

16.3   Ausblick

Derartige Technologien werden zunehmend in unserem Alltag Einzug finden. Wir werden sie im Smartphone antreffen in Form von Apps, die uns innerhalb von Gebäudekomplexen wie Bahnhöfen oder Flughäfen mithilfe der eingebauten Kamera zu einem gewünschten Laden oder Treffpunkt navigieren. Sie erlauben uns, mit Hilfe des Smartphones Objekte unserer Umwelt zu erfassen und als 3D Modell zu virtualisieren – beispielsweise, um sie in Computerspiele zu integrieren oder um sie auf 3D Druckern zu kopieren. Oder in Form von Komponenten eines selbstfahrenden Autos: Sie können sich selbst lokalisieren, die 3D Umgebung erfassen, Hindernisse vermeiden und auf diese Weise die Passagiere sicher durch den Verkehr befördern.

Auch was die methodische Umsetzung angeht, tun sich neue Alternativen auf. So stellt sich beispielsweise die Frage, ob 3D Rekonstruktion und SLAM auch mit tiefen neuronalen Netzen berechenbar sind. Diese Verfahren feiern in vielen Bereichen der Computer

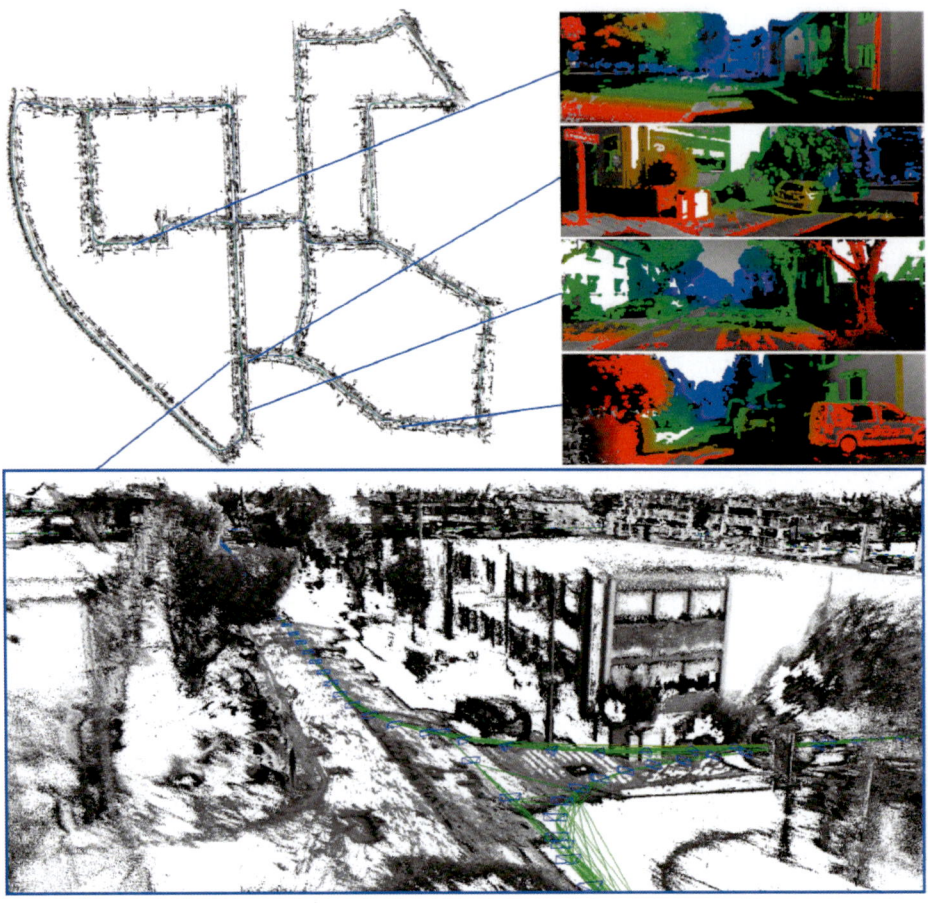

Abb. 16.3 Echtzeitfähiges Visual SLAM für selbstfahrende Autos [6]

Vision Community seit gut fünf Jahren große Erfolge, denn für Herausforderungen wie Objekterkennung, Klassifikation und semantische Segmentierung sind sie deutlich leistungsstärker als bisherige Verfahren [8]. Es zeichnet sich ab, dass zumindest gewisse Aspekte der 3D Rekonstruktion sich mit diesen Verfahren lösen lassen. Hauptvorteil solcher Verfahren ist es, dass sie mit Hilfe großer Mengen von Trainingsdaten in großem Umfang Wissen über die uns umgebende 3D Welt in die Verfahren einbringen können.

Literatur

1. Horn, B. K., & Schunck, B. G. (1981). Determining optical flow. *Artificial intelligence*, *17*(1-3), 185–203.
2. Kruppa, E. (1913). Zur Ermittlung eines Objektes aus zwei Perspektiven mit innerer Orientierung. Hölder.

3. Hartley, R., & Zisserman, A. (2003). Multiple view geometry in computer vision. Cambridge University Press.
4. Faugeras, O., & Keriven, R. (1998). Complete dense stereovision using level set methods. European conference on computer vision (ECCV).
5. Oswald, M. R., Stühmer, J., & Cremers, D. (2014). Generalized connectivity constraints for spatio-temporal 3D reconstruction. European Conference on Computer Vision (ECCV).
6. Engel, J., Schöps, T., & Cremers, D. (2014). LSD-SLAM: Large-scale direct monocular SLAM. European Conference on Computer Vision (ECCV).
7. Engel, J., Koltun, V., & Cremers, D. (2017). Direct Sparse Odometry, IEEE Transactions on Pattern Analysis and Machine Intelligence. To appear.
8. Krizhevsky, A., Sutskever, I., & Hinton, G. E. (2012). Imagenet classification with deep convolutional neural networks. In *Advances in Neural Information Processing Systems* (NIPS).

Manfred Broy

Zusammenfassung

Die Informatik hat sich auf Basis früher Pionierarbeiten Ende der 60er-Jahre an der Technischen Universität München als wissenschaftliches Fach etabliert, zuerst als Neben-, dann als Hauptfach und Diplomstudiengang. Die Arbeiten in Forschung und Lehre wurden von diesem Zeitpunkt an in mehreren Stufen ausgebaut. War die Informatik zunächst ein Nischenfach mit nur eingeschränkter Relevanz, zunächst darum bemüht, als wissenschaftliches Fach Profil zu gewinnen und seinen Platz im Spektrum der Wissenschaften einzunehmen, so zeigte sich schnell das hohe wirtschaftliche Potential, bedingt durch exponentielle Leistungszunahme der Informationstechnik und die hohe Attraktivität der Funktionalität leistungsstarker Software in den unterschiedlichen Anwendungsgebieten, sowohl eingebettet als auch auf klassischen Informatiksystemen. Dies führte dazu, dass die Informatik in atemberaubender Geschwindigkeit an Bedeutung gewann. In den Zeiten der Digitalisierung wird Informatik zum Schlüsselfach. Dies bedeutet ungeahnte Perspektiven, stellt neue Anforderungen an die Entwicklung der Informatik, denen gerade in der Informatik an der Technischen Universität München durch gezieltes und beständiges Ausbauen der Informatik von Anfang an Rechnung getragen werden muss und wird.

17.1 Die Vorzeit

Informatik ist die Wissenschaft von der Information und insbesondere deren Verarbeitung mit maschinellen Mitteln. Die Wurzeln der Informatik reichen weit zurück. Die Erfindung der Schrift, erste Anfänge der Archivierung von Information sind stark mit Konzepten

M. Broy (✉)
Zentrum Digitalisierung Bayern
Garching, Deutschland

© Springer-Verlag GmbH Deutschland 2017   197
A. Bode et al. (Hrsg.), *50 Jahre Universitäts-Informatik in München*,
DOI 10.1007/978-3-662-54712-0_17

der Informatik verbunden. Früh hat die Mathematik sich mit Algorithmen beschäftigt, häufig zunächst ausgerichtet auf manuell durchführbare Algorithmen, beispielsweise in der Arithmetik, aber auch erste Ansätze von Maschinen angefangen mit so elementaren Konzepten wie dem Abakus, dem Rechenbrett, bis hin zu komplexen mechanischen Rechenmaschinen. Daneben waren in vielen Tätigkeitsbereichen der Menschen Algorithmen von Bedeutung. Etwa beim Weben und Stricken und auch in der Industrialisierung kann man algorithmische Muster erkennen.

Die moderne Informatik entstand im 20. Jahrhundert, interessanterweise zunächst stärker auf theoretischer Seite durch Arbeiten zu Fragen der Berechenbarkeit und Entscheidbarkeit sowie erste Modelle für Algorithmen wie Turing-Maschinen oder partiell rekursiven Funktionen. Im 2. Weltkrieg wurde weltweit an ersten programmierbaren Rechenmaschinen gearbeitet – zunächst oft noch mit mechanischen oder elektromechanischen Vorstellungen, bald aber dann auch auf elektronischer Basis. Konrad Zuse erbaute im Jahr 1941 den ersten Rechner, der universellen Charakter hat, das heißt vollprogrammierbar ist und zumindest im Prinzip beliebige Algorithmen ausführen kann. Auch in England und USA fanden Arbeiten statt, zunächst ausgelöst durch militärische Fragestellungen, nicht zuletzt für die Entschlüsselung von Code.

17.2   Der Aufbruch

Nach dem 2. Weltkrieg setzt die Entwicklung der Informatik dann auf breiter Front ein. Eine Fülle unterschiedlicher Rechenmaschinen wird konstruiert. Bald entstehen erste Programmiersprachen. Hier ist die Münchner Informatik richtungsweisend beteiligt mit den Arbeiten von Friedrich L. Bauer und Klaus Samelson zum Thema Algol und Algol 60, eine bahnbrechende, richtungsweisende Sprache, die bis heute Programmiersprachen maßgeblich prägt und beeinflusst.

Nachdem in den 50er und 60er-Jahren Rechenmaschinen allmählich an Leistungsfähigkeit gewinnen, wird immer stärker deutlich, dass es umfangreicherer Software bedarf, um diese Rechenmaschinenmöglichkeiten voll zu nutzen. Man erkennt, dass das Problem, Software zu bauen, kritischer, umfangreicher und komplexer ist als zunächst angenommen. Auch hierbei ist die Münchner Informatik mit Professor Friedrich L. Bauer richtungsweisend. Bauer organisiert die Tagung zum Thema Software Engineering 1968 in Garmisch im Auftrag der NATO, die die Geburtsstunde der modernen Software-Entwicklung und des Software Engineerings darstellt.

17.3   Das Fach

Davon ausgehend erkennen die Beteiligten, welche Herausforderungen in der Entwicklung von Software liegen. Es formiert sich das Fach Informatik. Erste Vorlesungen werden konzipiert und gehalten, Studiengänge entstehen.

Die 70er-Jahre sind geprägt von Arbeiten zu den Grundlagen der Informatik, aber auch durch die Weiterentwicklung der Rechner und der dafür benötigten Software. Bereits in den 60er-Jahren stehen Fragen moderner Betriebssysteme stark im Vordergrund. Gleichzeitig wird über das Wesen der parallelen Verarbeitung gearbeitet, über Fragen der Spezifikation und Beschreibung der Semantik von Programmen, die Rolle der Datenbanken und der langfristigen Datenhaltung. Erste eingebettete Software-Systeme entstehen.

17.4 Die Verbreitung

Bereits Ende der 70er-Jahre sind Rechner längst nicht mehr nur hinter den Türen von Laboren zu finden. Erste Kleinrechner, die zu relativ günstigen Preisen zugänglich sind, werden von Spezialisten und Tüftlern genutzt. Die Informatik der TU München entwickelt das erste Betriebssystem für Kleinrechner.

Die 80er-Jahre sind geprägt von der Ausbreitung der Rechner in Form von Tischrechnern in allen Bereichen der Wirtschaft, aber auch immer stärker in privaten Haushalten. Gleichzeitig entstehen immer mehr eingebettete Systeme. Viele technische Systeme sind heute ohne eingebettete Systeme nicht mehr denkbar.

17.5 Der Aufwuchs – Anwendungsfächer

Die Münchner Informatik verbreitet sich thematisch und wächst in den 70er und 80er-Jahren zu einer vollen wissenschaftlichen Disziplin, allerdings immer noch stark auf Kernfragen der Informatik konzentriert. Die Zeiten sind geprägt durch die intensive Auseinandersetzung mit anderen Fächern zu der Frage, wie diese Informatikthemen für sich übernehmen. Es wird eine immer intensivere Diskussion geführt über die Rolle in der Informatik in den Anwendungsfächern.

Wie sich schnell zeigt, werden viele Anwendungsfächer, wie beispielsweise in der Vermittlungstechnik von Software dominiert. In Folge wenden sich die Anwendungsfächer stärker der Informatik zu. Eine schwierige Herausforderung, die auch in München nicht ohne Auseinandersetzungen abgeht, ist die Frage, welche Anteile der angewandten Informatik in den Informatikfakultäten selber bearbeitet werden und welche Teile eher in den Anwendungsfächern.

In München wird die Informatik in den 80er-Jahren schrittweise ausgebaut und wächst bis Ende der 80er, Anfang der 90er-Jahre auf 12 Lehrstühle an. In Anwendungsfächern entstehen informatiknahe Lehrstühle, so etwa in der Elektrotechnik und im Maschinenbau. Anfang der 90er-Jahre wird erstmals deutlich sichtbar, in welchem Maße der Informatik eine umfassende Bedeutung zuwächst. Das bereits in den 70er-Jahren entstandene Internet wird immer stärker spürbar, zunächst eher im akademischen Betrieb in der Nutzung von E-Mail, mit der Erfindung des World Wide Web immer stärker auch für eine Fülle von unterschiedlichen Nutzungsvorstellungen. Die sogenannte Internet-Bubble beginnt sich abzuzeichnen.

17.6 Die 90er-Jahre – Aufbruch in die Anwendungen

Die Lage der Informatik ist zur Zeit der „Internet Bubble" durchaus zwiespältig. Einerseits würde es die Informatik als immer noch junges Fach schnell überfordern, sich in allen Anwendungsgebieten zu betätigen und konsequenterweise Lehrstühle und Professuren zu diesen Anwendungsgebieten einzurichten, war doch die Informatik noch viel zu sehr beschäftigt, ihre Kernthemen zu entwickeln und die neuen technischen Herausforderungen im Bereich der Netze, der eingebetteten Systeme, der datenintensiven Systeme zu bewältigen. Andererseits ist die Einrichtung von Informatiklehrstühlen in Anwendungsfächern grundsätzlich problematisch, besteht doch die Gefahr, dass diese Professuren sich von der Informatikentwicklung abkoppeln. Diese Problematik ist auch eng verknüpft mit der Frage der Lehrveranstaltungen zu Informatik in anderen Fakultäten und letztlich auch mit der Organisation der Informatikinfrastruktur in anderen Fakultäten. Zwangsläufig entstanden hier nicht immer ganz glückliche Kompromisse.

Die Münchener Informatik geht Ende der 90er-Jahre den Weg von der bis dahin auf die zentralen Themen der Informatik ausgerichteten Fakultät, ohne von dieser Orientierung Abstand zu nehmen, in Richtung zentraler Anwendungsfächer. Fünf neue Lehrstühle entstehen. Besonders bemerkenswert ist die Einrichtung der Wirtschaftsinformatik – eine Wirtschaftsinformatik in einer Fakultät für Informatik, also mit starker Informatikdominanz – was im Zeichen der Digitalisierung eine richtungsweisende Entscheidung. Darüber hinaus entstehen ein Lehrstuhl für Grafikanwendungen und ein Lehrstuhl für Medizinanwendungen. Über Stiftungsprofessuren werden nach und nach weitere Lehrstühle und Professuren realisiert, so dass wichtige Themen der Informatik nicht unbearbeitet bleiben, wenn es auch selbst für eine große wie die Münchener Informatik völlig unmöglich ist, das gesamte Fächerspektrum abzudecken, weder zu Kernfragen der Informatik selbst noch zu relevanten Anwendungsgebieten.

17.7 An der Schwelle zum 21. Jahrhundert – Informatik überall

An der Schwelle zum 21. Jahrhundert zeigt sich, dass Informatik zur dominierenden Disziplin wird. Internet, Worldwide Web, eingebettete Softwaresysteme und mobile Kommunikation, insbesondere das Smartphone sowie die enge Synergie zwischen praktisch allen Anwendungsgebieten und modernen Informatiksystemen, getragen von der weiter exponentiellen Beschleunigung der Leistungsfähigkeit der Informationstechnik, führen zu einem beispiellosen Hype dieser Technologie. Unter Stichworten wie Cyber Physical Systems, digitale Transformation, Digitalisierung und digitale Businessmodelle nimmt die Entwicklung einen Verlauf, der dazu führt, dass globale dominierende Wirtschaftsunternehmen große Internetkonzerne sind, dass sich praktisch alle relevanten Bereiche der Wirtschaft einem schnellen Wandel durch Digitalisierung ausgesetzt sehen.

Dies bringt Herausforderungen für die Informatik. War sie in der Vergangenheit eher ein technisches Fach und wissenschaftlich gesehen oft eine Hilfsdisziplin, so wird sie zu einer eigenen wissenschaftlichen Methode und dominiert gerade im Wirtschaftsbereich immer mehr die Wettbewerbsfähigkeit der Firmen. Die Wechselwirkung der Informatik mit Geschäftsmodellen wird für Unternehmen essentiell. Im zentralen Branchen der Wirtschaft wie in der Automobilindustrie, der Automatisierungstechnik, den Medien, der Finanzindustrie, in der Medizin und in der Energiewirtschaft werden die Verbindung von Informatik mit den Anwendungsfächern und neue Geschäftsmodelle auf Basis von Software in diesem Umfeld Wettbewerbs entscheidend.

17.8   Die Herausforderungen der Zukunft

In den Zeiten der Digitalisierung und des digitalen Wandels wird Informatik zur zentralen Leitdisziplin. Dies lässt sich in wirtschaftlicher Hinsicht schon daraus ersehen, dass in wenigen Jahren heute weltweit dominierende Unternehmen entstanden sind, die im Kern Softwarefirmen sind, dass Informatiktechnik und Informatikgeräte von allen Menschen alltäglich genutzt werden und für die Menschen eine zentrale Rolle einnehmen, wie etwa Smartphone und World Wide Web. Da Software in allen technischen Geräten eingebettet ist und diese Geräte immer stärker an das Internet angebunden werden, Stichwort Internet der Dinge, wird Software zur dominierenden Disziplin.

Die Gesellschaft, aber auch die Wirtschaft ist durch die Digitalisierung einem dramatischen Wandel unterworfen. Softwaretechnik wird in vielerlei Hinsicht zur entscheidenden Kompetenz für die Unternehmen – Stichwort „Software is eating the world". Die Befähigung, große Softwaresysteme zu schaffen, über weite Strecken weiterzuentwickeln und wirtschaftlich zum Einsatz zu bringen, wird eine der zentralen Führungsaufgaben in den Unternehmen. Eine entscheidende Fähigkeit in Unternehmen ist es, Geschäft, Unternehmensentwicklung und Software Know-how zu verbinden.

Hier liegen große Herausforderungen für die Informatik. Insbesondere auch in der Ausbildung muss die Informatik in Zukunft und schon jetzt darauf achten, Absolventen auszubilden, die erstklassiges Informatik-Know-how mit der Fähigkeit verbinden, Firmen strategisch zu führen und im Wettbewerb und in ihren Geschäftsmodellen weiter zu entwickeln.

Die Schwelle zur Informationsgesellschaft ist längst überschritten. Wir leben in den Zeiten der vernetzten, datengetriebenen Wirtschaft und Gesellschaft. Die Herausforderungen dieser Epoche sind nur zu bewältigen, wenn die wissenschaftliche Informatik in diesem Zusammenhang ihre Aufgabe klar sieht und aufgrund ihrer Kompetenz und Einsichten gestaltet – nicht nur im wissenschaftlichen, auch im wirtschaftlichen, öffentlichen, politischen und ethischen Raum.

Zeitfracht Medien GmbH
Ferdinand-Jühlke-Straße 7
99095 Erfurt, Deutschland
produktsicherheit@kolibri360.de